数字逻辑系统与设计

——学习指导及习题解析

徐　维　编

科 学 出 版 社

北　京

内 容 简 介

本书是依据目前国内广泛使用的《数字电子技术基础》教材编写的教学辅导资料。

本书每章由四部分组成，即本章要点、典型例题解析、自测题及自测题解答。其中，本章要点是一线教师根据多年教学经验提炼出来的，而典型例题解析和自测题则都精选自现有的教材及辅导丛书。主要内容包括：逻辑代数基础、逻辑门电路、组合逻辑电路、触发器、时序逻辑电路、脉冲信号的产生和整形电路、半导体存储器、可编程逻辑器件、D/A 和 A/D 转换。

本书每章试题都紧扣课程教学大纲、由易到难、循序渐进，是电子、信息、自动控制、机电、计算机等在校大学生及自学考生必备的教学辅导资料。

图书在版编目(CIP)数据

数字逻辑系统与设计——学习指导及习题解析/徐维编. —北京：科学出版社，2005

ISBN 978-7-03-015205-3

Ⅰ.数… Ⅱ.徐… Ⅲ.①数字逻辑-逻辑系统-高等学校-解题 ②数字逻辑-逻辑设计-高等学校-解题 Ⅳ.TP302.2-44

中国版本图书馆 CIP 数据核字(2005)第 038621 号

责任编辑：杨 凯 崔炳哲/责任制作：魏 谨

责任印制：赵德静/封面设计：飞天创意

北京东方科龙图文有限公司 制作

http://www.okbook.com.cn

科学出版社 出版

北京东黄城根北街 16 号

邮政编码：100717

http://www.sciencep.com

骏杰印刷厂 印刷

科学出版社发行 各地新华书店经销

*

2005 年 9 月第 一 版 开本：B5(720×1000)

2014 年 1 月第六次印刷 印张：12 1/2

字数：241 000

定 价：28.00 元

前　言

本书是根据最新的《数字电子技术基础》课程大纲要求，并在作者多年教学研究工作中积累的丰富经验的基础上完成的。编写该书的目的旨在帮助读者在学习教材资料的同时，更好地理解基本概念，掌握基本的解题方法；启发逻辑思维的能力，提高分析问题和解决问题的能力。

本书是多年教学经验的总结，以例题的形式系统地论述了数字逻辑电路的基本理论和电路的分析与设计方法，在例题与自测题的选材上注重典型性和实用性。全书共分九章，主要包括逻辑代数基础、逻辑门电路、组合逻辑电路、触发器、时序逻辑电路、脉冲信号的产生和整形电路、半导体存储器、可编程逻辑器件、D/A和A/D转换等。书中每一章的编写分四个部分：本章要点、典型例题解析、自测题及自测题解答。其中，本章要点为本章的知识点，可以帮助读者在学习的过程中，对课程教材相应章节的知识点进行复习和整理，使之便于记忆；典型例题解析是针对现行教材中例题太少的原因编写的，书中的例题在详细介绍解题步骤的同时，注重讲述解题思路、方法和技巧，通过例题的训练，使读者学会应用所学知识对具体问题求解；各章配有相当数量的自测题，可以帮助读者在理解书本内容的前提下，全方位地检查自己对已学知识的掌握程度。每一道题都附有详细的标准答案，方便读者自学。另外，从内容上讲，本书可以配合不同版本的《数字电子技术基础》教材使用。

本书由徐维担任主编，杜玉华、董良威担任副主编。另外，担任本书编写的还有蒋渭忠、彭颖、胡圣尧等，在此一并表示感谢。

限于作者水平，书中难免有错误和不当之处，敬请读者批评指正。

编　者

前言

目　录

第 1 章 逻辑代数基础

本章要点

1. 数制与码制

(1) 数 制

有关数的进位规则见表 1.1。

表 1.1 数的进位规则

数 制	数 码	进位规则	权
十进制	0, 1, 2, 3, 4, 5, 6, 7, 8, 9	逢十进一，即 9+1=10	10^i
二进制	0, 1	逢二进一，即 1+1=10	2^i
八进制	0, 1, 2, 3, 4, 5, 6, 7	逢八进一，即 7+1=10	8^i
十六进制	0,1,2,3,4,5,6,7,8,9,A,B,C,D,E,F	逢十六进一，即 F+1=10	16^i

十进制→二进制 整数部分除 2 取余倒排；小数部分乘 2 取整法。

十进制→八进制 整数部分除 8 取余倒排；小数部分乘 8 取整法。

十进制→十六进制 整数部分除 16 取余倒排；小数部分乘 16 取整法。

二、八、十六进制→十进制 按权位展开。

二进制→八进制 整数部分从低位到高位每 3 位二进制数为一组，最后一组不足 3 位加 0 补足 3 位；小数部分则从小数点右侧起每 3 位二进制数为一组，最后一组不足 3 位，则在低位加 0 补足 3 位为止，然后每组按权展开用八进制数码表示。

二进制→十六进制 整数部分从低位到高位每 4 位二进制数为一组，最后一组不足 4 位加 0 补足 4 位；小数部分则从小数点右侧起每 4 位二进制数为一组，最后一组不足 4 位，则在低位加 0 补足 4 位为止，然后每组按权展开用十六进制数码表示。

八进制数(或十六进制)→二进制 将每位八进制数(或十六进制数)用3位(4位)二进制数表示。

(2) 码 制

BCD码

二-十进制代码(BCD码) 将0～9十个十进制数用4位二进制数表示的代码，如8421BCD码、5421BCD码、2421BCD码及余3码等。

格雷码

格雷码 相邻两组代码只有一位不同，其余各位都相同。

奇偶校验码

奇偶校验码 由传输的信息码和一位校验位(0，1)组成。在奇校验码中，信息码和校验位使1的个数为奇数个。在偶校验码中，信息码和校验位使1的个数为偶数个。

2. 逻辑函数的化简

(1) 公式化简法

逻辑变量

逻辑变量 用两种相反状态来描述事物则可设为逻辑变量。用符号表示例如A、B等，它们的取值有两种，即0或1。

逻辑函数

逻辑函数 当逻辑变量A_1，A_2，A_3，…，A_n的取值全部确定后，F的取值也被惟一确定，则称F是关于A_1，A_2，A_3，…，A_n的逻辑函数。记为$F(A_1, A_2, A_3, \cdots, A_n)$，$F$的取值也只有两种，即0或1。

逻辑函数的表示方法有很多，例如真值表、逻辑函数式、逻辑图和卡诺图等。

逻辑代数中的基本运算、公式及定理如下所示。

基本运算

① 基本运算：与运算$F=A\cdot B$；或运算$F=A+B$；非运算$F=\overline{A}$。

组合逻辑运算

② 组合逻辑运算：与非运算$F=\overline{A\cdot B}$；或非运算$F=\overline{A+B}$；与或非运算$F=\overline{AB+CD}$；异或运算$F=A\oplus B=\overline{A}B+A\overline{B}$；同或运算$F=A\odot B=\overline{A}\,\overline{B}+AB$。

基本公式

③ 逻辑代数的基本公式见表1.2。

表1.2 基本公式

名 称	基本公式
变量与常量之间的关系	$A\cdot 0=0$　$A\cdot 1=A$　$A+0=A$　$A+1=1$
变量自身之间的关系	$A\cdot A=A$　$A+A=A$　$A\cdot\overline{A}=0$　$A+\overline{A}=1$
吸收律	$A+AB=A$　$A(A+B)=A$
去因子	$A+\overline{A}B=A+B$　$A(\overline{A}+B)=AB$
消项	$AB+\overline{A}C+BC=AB+\overline{A}C$ $(A+B)(\overline{A}+C)(B+C)=(A+B)(\overline{A}+C)$

续表 1.2

名 称	基本公式
摩根定理	$\overline{AB}=\overline{A}+\overline{B}$ $\overline{A+B}=\overline{A}\,\overline{B}$
还原律	$\overline{\overline{A}}=A$

基本定理

④ 逻辑代数的基本定理见表 1.3。

表 1.3 基本定理

名 称	说 明
代入定理	任何一个含有变量 A 的等式，如果将所有出现 A 的位置都带以一个逻辑函数式，则等式仍成立
对偶定理	对于任何一个逻辑函数式 F，将其中所有的“·”换成“+”，“+”换成“·”，“0”换成“1”，“1”换成“0”，并保持原来的优先级，用 F' 表示
反演定理	对于任何一个逻辑函数式 F，将其中所有的“·”换成“+”，“+”换成“·”，“0”换成“1”，“1”换成“0”，原变量变成反变量，反变量变成原变量，并保持原来的优先级，用 $\overline{F}$ 表示

最简与或式

最简与或式 逻辑函数式中乘积项(与项)的个数最少；每个乘积项的变量数最少。

化简规则

逻辑函数的公式法化简规则见表 1.4。

表 1.4 化简规则

方 法	说 明
并项法	利用 $AB+A\overline{B}=A$，将两项合并成一项，消去一个变量
吸收法	利用 $A+AB=A$ 和 $AB+\overline{A}C+BC=AB+\overline{A}C$，消去多余项
消去法	利用 $A+\overline{A}B=A+B$，消去多余变量
配项法	利用 $A+\overline{A}=1$ 乘以某个与项，将其变为两项，并和它项合并，再进行化简

(2) 卡诺图化简法

◉ **最小项**

最小项

① 最小项定义：在 n 变量的逻辑函数中，若每个乘积项(与项)都以这 n 个变量为因子，而且这 n 个变量都以原变量或反变量形式出现，并且只出现一次，则此乘积项称为 n 变量逻辑函数的最小项。一个 n 变量的逻辑函数最多只能有 2^n 个最小项，例如，$F(A, B)$最多只能有 4 个最小项：$\overline{A}\,\overline{B}$、$\overline{A}B$、$A\overline{B}$和 AB。

② 最小项的编码：用编号 m_i 表示，下标 i 的数值为最小项二进制编码所对应的十进制数。最小项的编码规则是原变量用 1 表示，反变量用 0 表示。则三变量逻辑函数的最小项分别为

$$\overline{A}\,\overline{B}\,\overline{C}=m_0 \quad \overline{A}\,\overline{B}C=m_1 \quad \overline{A}B\overline{C}=m_2 \quad \overline{A}BC=m_3$$

$$A\overline{B}\ \overline{C}=m_4 \quad A\overline{B}C=m_5 \quad AB\overline{C}=m_6 \quad ABC=m_7$$

③ 最小项性质：对于任何一个最小项，只有一组变量取值，使其值为1，其余值均为0；任意两个最小项之积为0；全体最小项之和为1。

④ 最小项表达式：$F=\sum_{i=0}^{2^n-1} m_i$，例如，$F=\overline{A}BC+A\overline{B}C+AB\overline{C}+ABC=m_3+m_5+m_6+m_7=\sum m(3,5,6,7)$。

◉ **最大项**

最大项

① 最大项定义：在 n 变量的逻辑函数中，若每个和项都含有 n 个变量，而且每个变量都以原变量或反变量形式出现，并且只出现一次，则此和项称为 n 变量逻辑函数的最大项。一个 n 变量的逻辑函数最多只能有 2^n 个最大项，例如，两个变量函数 $F(A,B)$ 最多只能有4个最小项：$(\overline{A}+\overline{B})$、$(\overline{A}+B)$、$(A+\overline{B})$及$(A+B)$。

② 最大项的编码：用编号 M_i 表示，下标 i 的数值为最大项二进制编码所对应的十进制数。最大项的编码规则是：原变量用0表示，反变量用1表示。则三变量逻辑函数的最大项分别为

$$\overline{A}+\overline{B}+\overline{C}=M_7 \quad \overline{A}+\overline{B}+C=M_6 \quad \overline{A}+B+\overline{C}=M_5$$

$$\overline{A}+B+C=M_4 \quad A+\overline{B}+\overline{C}=M_3 \quad A+\overline{B}+C=M_2$$

$$A+B+\overline{C}=M_1 \quad A+B+C=M_0$$

③ 最大项性质：对于任何一个最大项，只有一组变量取值为0，其余值均为1；两个不同的最大项之和都为1；全体最大项之积为0。

④ 最大项表达式：$F=\prod_{i=0}^{2^n-1} M_i$，例如，$F=(A+B+\overline{C})(A+\overline{B}+\overline{C})(\overline{A}+B+\overline{C})(\overline{A}+\overline{B}+\overline{C})=M_1\cdot M_3\cdot M_5\cdot M_7=\prod M(1,3,5,7)$

⑤ 最大项与最小项之间的关系：$M_i=\overline{m_i}$，$m_i=\overline{M_i}$。

⑥ 函数 F 由最小项形式转换为最大项形式为

$$F=\prod_{k\neq i}\overline{m_k}=\prod_{k\neq i}M_k$$

⑦ 函数 F 由最大项形式转换为最小项形式为

$$F=\sum_{k\neq i}\overline{M_k}=\sum_{k\neq i}m_k$$

卡诺图

◉ **逻辑函数的卡诺图**

将输入变量分为两组标注在图的两侧，第一组变量的所有取值组合安排在图的最左列，第二组变量的所有取值组合安排在图的最上边，则行和列两组变量取值组合所构成的每一个小方格代表了逻辑函数的一个最小项。

相邻最小项

◉ **相邻最小项**

在卡诺图中相邻方格的变量组合之间只允许一个变量取值不同，即有公共边的最小项几何相邻；对折重合的小方格相邻；循环相邻。

卡诺图的结构

◉ **卡诺图的结构**

卡诺图的结构如图1.1所示。

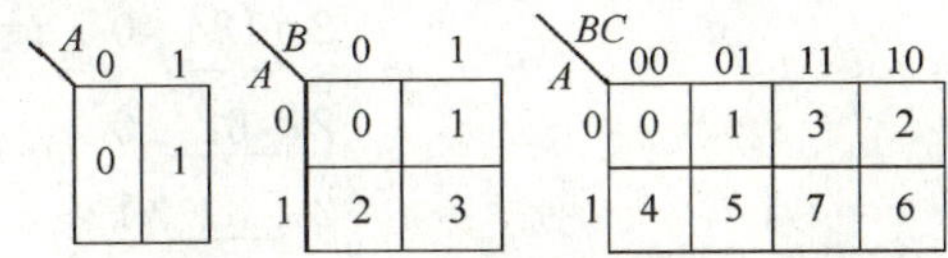

AB\CD	00	01	11	10
00	0	1	3	2
01	4	5	7	6
11	12	13	15	14
10	8	9	11	10

AB\CDE	000	001	011	010	110	111	101	100
00	0	1	3	2	6	7	5	4
01	8	9	11	10	14	15	13	12
11	24	25	27	26	30	31	29	28
10	16	17	19	18	22	23	21	20

图1.1 卡诺图的结构

说明：卡诺图中的数字对应最小项 m_i 的脚标。

◉ **卡诺图表示逻辑函数**

先把逻辑函数化成最小项之和的形式，再根据逻辑函数所包含的变量数画出相应的最小项卡诺图，然后对应于函数式中所包含的最小项，相应的方格中填入1，其余方格中填入0。

◉ **用卡诺图化简逻辑函数**

① 画出表示欲化简逻辑函数的包围圈。

② 按照合并规则合并最小项。

③ 写出最简与或表达式。

◉ **画包围圈原则**

① 包围圈所含小方格数为 2^i 个（$i=1, 2, 3, \cdots$）。

② 包围圈内的最小项必须循环相邻，不是循环相邻的最小项不能合并。

③ 包围圈尽可能大，个数尽可能少。

④ 允许重复圈，但每个包围圈至少应有一个未被其他圈包围过的最小项。

⑤ 孤立的最小项单独画包围圈。

典型例题解析

例 1.1 将十进制数$(124.56)_D$转换成二进制数、八进制数、十六进制数，使其误差$\varepsilon<2^{-4}$。

解 (1)二进制数

整数部分：

除数	被除数/商	余数	
2	124	0	最低位
2	62	0	
2	31	1	
2	15	1	
2	7	1	
2	3	1	
2	1	1	最高位
	0		

小数部分：

$$0.56\times2=1.12\cdots\cdots1$$
$$0.12\times2=0.24\cdots\cdots0$$
$$0.24\times2=0.48\cdots\cdots0$$
$$0.48\times2=0.96\cdots\cdots0$$

所以，转换后的结果为1111100.1000。

(2) 八进制数

整数部分：

除数	被除数/商	余数	
8	124	4	最低位
8	15	7	
8	1	1	最高位
	0		

小数部分：

$$0.56\times8=4.48\cdots\cdots4$$
$$0.48\times8=3.84\cdots\cdots3$$
$$0.84\times8=6.72\cdots\cdots6$$
$$0.72\times8=5.76\cdots\cdots5$$

所以，转换后的结果为147.4365。

(3) 十六进制

整数部分：

$$\begin{array}{r|ll} 16 & 124 & 12(C) \quad \text{最低位} \\ \hline 16 & 7 & 7 \quad \text{最高位} \\ \hline & 0 & \end{array}$$

小数部分：

$0.56\times16=8.96\cdots\cdots8$

$0.96\times16=15.36\cdots\cdots15(F)$

$0.36\times16=5.76\cdots\cdots5$

$0.76\times16=12.16\cdots\cdots12(C)$

所以，转换后的结果为7C. 8F5C。

例1.2 将下列数转换为十进制数：

$(1011.011)_2$；$(8ED.C7)_{16}$；$(17.53)_8$

解 $(1011.011)_2=(1\times2^3+0\times2^2+1\times2^1+1\times2^0+0\times2^{-1}+1\times2^{-2}+1\times2^{-3})_{10}$

$=(8+2+1+0.25+0.125)_{10}=(11.375)_{10}$

$(8ED.C7)_{16}=(8\times16^2+14\times16^1+13\times16^0+12\times16^{-1}+7\times16^{-2})_{16}$

$=(2048+224+13+0.75+0.0273)_{10}$

$=(2285.7773)_{10}$

$(17.53)_8=(1\times8^1+7\times8^0+5\times8^{-1}+3\times8^{-2})10$

$=(8+7+0.625+0.046875)^{10}$

$=(15.671875)_{10}$

例1.3 将下列二进制数转换成八进制及十六进制：

$(1001011.010)_2$；$(1110010.1101)_2$

解 (1) $(1001011.010)_2=\underline{001}\ \underline{001}\ \underline{011}.\underline{010}=(113.2)_8$

$(1001011.010)_2=\underline{0100}\ \underline{1011}.\underline{0100}=(4B.4)_{16}$

(2) $(1110010.1101)_2=\underline{001}\ \underline{110}\ \underline{010}.\underline{110}\ \underline{100}=(162.64)_8$

$(1110010.1101)_2=\underline{0111}\ \underline{0010}.\underline{1101}=(72.D)_{16}$

例1.4 将下列十进制数转换成8421BCD：

$(451.78)_{10}$；$(8126)_{10}$

解 $(451.78)_{10}=(0100\ 0101\ 0001.0111\ 1000)_{8421BCD}$

$(8126)_{10}=(1000\ 0001\ 0010\ 0110)_{8421BCD}$

例1.5 求表1.5的逻辑函数式：

表 1.5

输入			输出	输入			输出
A	B	C	F	A	B	C	F
0	0	0	0	1	0	0	1
0	0	1	1	1	0	1	0
0	1	0	0	1	1	0	0
0	1	1	0	1	1	1	0

解 逻辑函数式为

$$F=\overline{A}\,\overline{B}\,C+A\,\overline{B}\,\overline{C}$$

例 1.6 求下列逻辑函数的对偶函数：

(1) $F=A\cdot\overline{B+\overline{D}}+(AC+BD)E$

(2) $F=\overline{\overline{AB}+C+D+E}$

(3) $F=(A+B)(B+AC)+D$

解 (1) $F'=(A+\overline{B\cdot\overline{D}})[(A+C)\cdot(B+D)+E]$

(2) $F'=\overline{\overline{A+B}\cdot C\cdot D\cdot E}$

(3) $F'=[A\cdot B+B\cdot(A+C)]\cdot D$

例 1.7 求下列逻辑函数的反函数：

(1) $F=AB+(\overline{A}+B)(C+D+E)$

(2) $F=[A+(B\overline{C}+CD)\cdot E]+G$

(3) $F=\overline{ABC+\overline{AB}}(A+BC)$

解 (1) $\overline{F}=(\overline{A}+\overline{B})(A\overline{B}+\overline{C}\,\overline{D}\,\overline{E})$

(2) $\overline{F}=\overline{A}\cdot[(\overline{B}+C)(\overline{C}+\overline{D})+\overline{E}]\cdot\overline{G}$

(3) $\overline{F}=ABC+\overline{AB}+\overline{A}\cdot(\overline{B}+\overline{C})$

例 1.8 将下列逻辑函数化成最大项：

(1) $F=\overline{A(\overline{B}+\overline{C})}$

(2) $F=AB+A\overline{C}$

解 (1) $F=\overline{A(\overline{B}+\overline{C})}=\overline{A}+BC=(\overline{A}+B)(\overline{A}+C)$

$=(\overline{A}+B+\overline{C}C)(\overline{A}+C+\overline{B}B)$

$=(\overline{A}+B+C)(\overline{A}+B+\overline{C})(\overline{A}+C+B)(\overline{A}+C+\overline{B})$

$=M_4\cdot M_5\cdot M_6=\prod M(4,5,6)$

(2) $F=AB+A\overline{C}=A(B+\overline{C})$

$=(A+\overline{B}B)(B+\overline{C}+\overline{A}A)$

$=(A+B+\overline{C}C)(A+\overline{B}+\overline{C}C)(B+\overline{C}+A)(B+\overline{C}+\overline{A})$

$=(A+B+C)(A+B+\overline{C})(A+\overline{B}+C)(A+\overline{B}+\overline{C})$

$$(B+\overline{C}+A)(B+\overline{C}+\overline{A})$$
$$=M_0 \cdot M_1 \cdot M_2 \cdot M_3 \cdot M_5$$
$$=\prod M(0, 1, 2, 3, 5)$$

例 1.9 将下列逻辑函数化成最小项：

(1) $F=\overline{A+BC}+\overline{A}B+C$

(2) $F=AB+\overline{B}C$

解 (1) $F=\overline{A+BC}+\overline{A}B+C$

$$=\overline{A+BC}+\overline{A}B+C$$
$$=\overline{A}(\overline{B}+\overline{C})+\overline{A}B+C$$
$$=\overline{A}\,\overline{B}+\overline{A}\,\overline{C}+\overline{A}B+C$$
$$=\overline{A}(\overline{B}+B)+\overline{A}\,\overline{C}+C$$
$$=\overline{A}(\overline{B}+B)(\overline{C}+C)+\overline{A}\,\overline{C}(\overline{B}+B)$$
$$+C(\overline{B}+B)(\overline{A}+A)$$
$$=\overline{A}\,\overline{B}\,\overline{C}+\overline{A}\,\overline{B}C+\overline{A}B\,\overline{C}+\overline{A}BC+A\overline{B}+ABC$$
$$=m_0+m_1+m_2+m_3+m_5+m_7$$
$$=\sum m(0, 1, 2, 3, 5, 7)$$

(2) $F=AB(C+\overline{C})+\overline{B}C(A+\overline{A})$

$$=ABC+AB\overline{C}+A\overline{B}C+\overline{A}\,\overline{B}C$$
$$=m_1+m_5+m_6+m_7$$
$$=\sum m(1, 5, 6, 7)$$

例 1.10 用公式法化简下列逻辑函数：

(1) $F=A(B+\overline{C})+A\overline{C}+\overline{B}C+B\overline{C}+B\overline{D}+\overline{B}D+ADE$

(2) $F=(A\oplus B)C+ABC+\overline{A}\,\overline{B}C$

解 (1) $F=A(B+\overline{C})+A\overline{C}+\overline{B}C+B\overline{C}+B\overline{D}+\overline{B}D+ADE$

$$=(A\overline{\overline{B}C}+\overline{B}C)+B\overline{C}+B\overline{D}+\overline{B}D+ADE$$
$$=A+\overline{B}C+B\overline{C}+B\overline{D}+\overline{B}D+ADE$$
$$=(A+ADE)+\overline{B}C+B\overline{D}+B\overline{C}+\overline{B}D$$
$$=A+\overline{B}C+B\overline{D}+B\overline{C}+\overline{B}D$$
$$=A+B\overline{C}+\overline{B}D+\overline{D}C$$

(2) $F=(A\oplus B)C+ABC+\overline{A}\,\overline{B}C$

$$=(A\oplus B)C+(AB+\overline{A}\,\overline{B})C$$
$$=C[(A\oplus B)+\overline{A\oplus B}]=C$$

例 1.11 用卡诺图化简下列逻辑函数

(1) $F=ABD+\overline{A}B\overline{D}+A\overline{CD}+\overline{AC}D+B\overline{C}$

(2) $F(A, B, C, D)=\sum m(0, 2, 5, 7, 8, 10, 13, 15)$

(3) $F(A, B, C, D) = \sum m(3, 6, 8, 9, 11, 12) + \sum d(0, 1, 2, 13, 14, 15)$

解 (1) $F = ABD + \overline{A}B\,\overline{D} + A\overline{C}\,\overline{D} + \overline{A}\,\overline{C}D + B\overline{C}$（见图1.2）

化简结果为 $F = ABD + \overline{A}B\,\overline{D} + A\overline{C}\,\overline{D} + \overline{A}\,\overline{C}D$

(2) $F(A, B, C, D) = \sum m(0, 2, 5, 7, 8, 10, 13, 15)$（见图1.3）

化简结果为 $F = BD + \overline{B}\,\overline{D}$

(3) $F(A, B, C, D) = \sum m(3, 6, 8, 9, 11, 12) + \sum d(0,1,2,13,14,15)$（见图1.4）

化简结果为 $F = \overline{A}C\overline{D} + A\overline{C} + \overline{B}D$

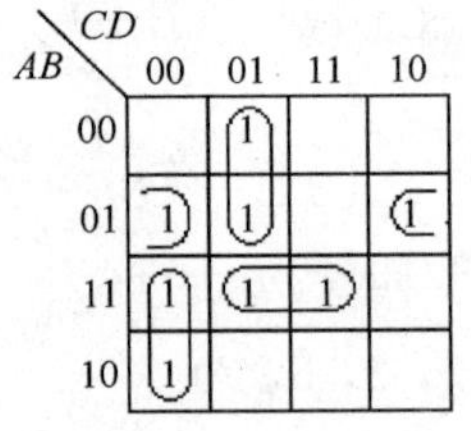

图1.2 卡诺图

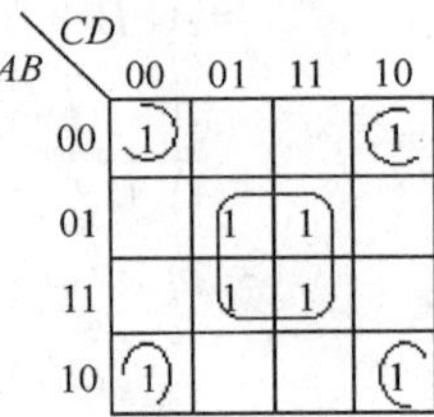

图1.3 卡诺图

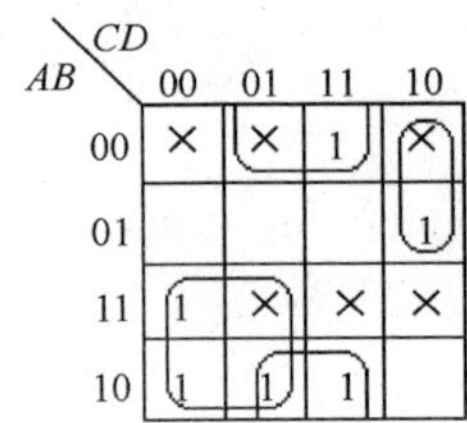

图1.4 卡诺图

自测题

1. 填空题

(1) 某逻辑函数真值表如表1.6所示，其最小项表达式为 $L(A, B, C) =$ ________，最简与或式为 $L =$ ________。

(2) 逻辑函数 $L = A\overline{B} + \overline{A}C$ 的对偶式为 $L' =$ ________，最简或与式为 $L =$ ________。

表1.6

A	B	C	L	A	B	C	L
0	0	0	0	1	0	0	1
0	0	1	0	1	0	1	1
0	1	0	0	1	1	0	0
0	1	1	1	1	1	1	0

(3) $(174)_{10} = (\qquad)_2 = (\qquad)_{8421BCD}$

(4) $(37.483)_{10} = (\qquad)_2 = (\qquad)_{16}$

(5) $(1100110011)_2 = (\qquad)_{10}$

(6) $(101110.011)_2=(\quad\quad)_{10}$

(7) $(84)_{10}=(\quad\quad)_8$

(8) $(254.76)_{10}=(\quad\quad)_8$

(9) $(4DE.C8)_{16}=(\quad\quad)_{10}$

(10) 将 $Y(A,B,C)=\sum m(3,5,6,7)$ 的最大项表示为________。

2. 选择题

(1) 同模拟信号相比，数字信号的特点是它的________性。一个数字信号只有________种取值，分别表示为________。

A. 连续性，2，0，1　　B. 数字性，2，0，1

C. 对偶性，2，0，1　　D. 离散性，2，0，1

(2) 以下说法正确的是(　　)。

A. 数字信号在大小上不连续，时间上连续，模拟信号则反之

B. 数字信号在大小上连续，时间上不连续，模拟信号则反之

C. 数字信号在大小和时间上均连续，模拟信号则反之

D. 数字信号在大小和时间上均不连续，模拟信号则反之

(3) 下列几种说法中与 BCD 码的性质不符的是(　　)。

A. 一组 4 位二进制数组成的 BCD 码只能表示 1 位十进制数

B. BCD 码是一种人为选定的 0～9 的十个数字的代码

C. BCD 码是一组 4 位二进制数，能表示 16 以内的任何一个十进制数

D. BCD 码有多种

(4) 若将一 TTL 异或门(输入端为 A，B)当作反相器使用，则 A，B 端应按(　　)连接。

A. A 或 B 中有一个接 1　　B. A 或 B 中有一个接 0

C. A 和 B 并联使用　　D. 不能实现

(5) 已知逻辑门电路的输入信号 A，B 和输出信号 Y 的波形如图 1.5 所示，则该电路实现(　　)逻辑功能。

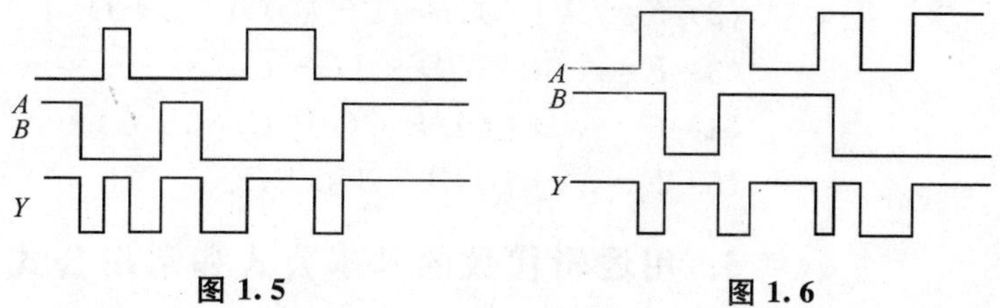

图 1.5　　图 1.6

A. 与非　　B. 异或　　C. 或　　D. 无法判断

(6) 已知逻辑门电路的输入信号 A，B 和输出信号 Y 的波形如图

1.6 所示，则该电路实现(　　)逻辑功能。

A. 与非　　B. 异或　　C. 或　　D. 无法判断

(7) 下列一组数中的最大数为(　　)。

A. $(11)_{10}$　　B. $(10110)_2$

C. $(10010001)_{8421BCD}$　　D. $(110)_8$

(8) 逻辑代数中有 3 种基本运算：(　　)、(　　)和(　　)。

A. 与，或，非　　B. 与非，或非，与或非

C. 与非，或，与或　　D. 或非，与或，与或非

(9) 已知有 4 个逻辑变量，它们能组成的最大项的个数为(　　)，这 4 个逻辑变量的任意两个最小项之积恒为(　　)。

A. 4，1　　B. 4，0　　C. 16，0　　D. 8，1

(10) 逻辑函数 $F=AB+BC+CD$ 写成最小项之和时，其结果应为 $F=\sum m(\_\_)$；写成最大项之积时，其结果应为 $F=\prod M(\quad)$。

A. 3，6，7，10，12，13，14，15；0，1，2，4，5，8，9，10

B. 3，6，7，11，12，13，14，15；0，1，2，4，5，8，9，10

C. 3，6，7，11，14，15；0，1，2，4，5，8，9，10

D. 3，6，7，11，12，13，14，15；0，1，2，8，9，10

3. 写出下列函数的反函数，并将其化成最简与或式：

(1) $F=(\overline{A}+\overline{D})(\overline{B}+\overline{C}+D)(AB+\overline{C})$。

(2) $F=(\overline{A}+\overline{B})(BCD+\overline{E})(\overline{B}+\overline{C}+\overline{E})(\overline{C}+A)$。

(3) $F=(A\oplus B)C+(B\oplus\overline{C})D$。

(4) $F=A\cdot\overline{C+\overline{B}}+\overline{A}D$。

(5) $F=A\,\overline{B}C+CD+B\,\overline{D}+\overline{C}$。

4. 依据对偶规则，写出下列函数的对偶式并化为最简与或式：

(1) $F=AB+\overline{B}\,\overline{C}+\overline{A}C$。

(2) $F=(A+C)(B+C+D)(A+B+D)+ABC$。

(3) $F=A\,\overline{B}C+CD+B\,\overline{D}+\overline{C}$。

(4) $F=\overline{\overline{A}\,\overline{D}\cdot CD\,\overline{B}}\cdot(A+C)(B+\overline{D})$。

(5) $F=(\overline{A}+B)(A+\overline{B})C+\overline{BC}$。

5. 用逻辑代数的基本公式和常用公式将下列逻辑函数化为最简与或形式：

(1) $L=A\,\overline{B}(\overline{A}CD+\overline{AD+\overline{C}\,\overline{B}})(\overline{A}+B)$。

(2) $L=A+(\overline{B+C})(A+\overline{B}+C)(A+B+C)$。

(3) $L=B\overline{C}+AB\overline{C}E+\overline{B}(\overline{AD+\overline{A}\,\overline{D}})+B(A\overline{D}+\overline{A}D)$。

(4) $L=AC(\overline{C}D+\overline{A}B)+BC(\overline{CE+\overline{AD+\overline{B}}})$。

(5) $L=A\overline{C}+ABC+AC\overline{D}+CD$。

(6) $L=AC+A\overline{C}D+A\overline{B}\,\overline{E}F+B(D\oplus E)+B\overline{C}D\overline{E}+B\overline{C}\,\overline{D}E$
$+AB\overline{E}F$。

(7) $L=A\overline{D}+\overline{A}\,\overline{C}+\overline{B}\,\overline{C}D+C$。

(8) $L=A\overline{B}D+\overline{A}\,\overline{B}\,\overline{C}\,\overline{D}+\overline{B}CD+(\overline{C+A\overline{B}})(B+D)$。

(9) $L=\overline{D(\overline{A}+\overline{B})}+(\overline{A}\,\overline{B}+BD)\overline{C}+\overline{A}\,\overline{C}BD+\overline{D}$。

6. 用卡诺图化简法化简下列函数：

(1) $F=AB+\overline{A}C+\overline{B}C$。

(2) $F=ABC+ABD+A\overline{C}D+\overline{C}\,\overline{D}+A\overline{B}C+\overline{A}C\overline{D}$。

(3) $F=(A\overline{B}+B)C\overline{D}+\overline{(A+B)(C+\overline{B})}$。

(4) $F=C\overline{D}(A\oplus B)+\overline{A}B\overline{C}+\overline{A}\,\overline{C}D$
（给定的约束条件为 $AB+CD=0$）。

(5) $F=A\overline{C}+\overline{A}C+\overline{B}C$。

(6) $F(A, B, C)=\sum m(0, 1, 2, 5, 6)$。

(7) $F(A, B, C, D)=\sum m(0, 1, 2, 3, 4, 6, 7, 8, 9, 10, 11, 14)$。

(8) $F(A, B, C, D)=\sum m(0, 1, 4, 6, 8, 9, 10, 12, 13, 14, 15)$。

(9) $F(A, B, C, D)=\sum m(2, 3, 4, 6, 8, 10, 11, 12, 13, 14, 15)$。

(10) $F(A, B, C, D)=\sum m(2, 3, 5, 6, 7, 8, 9, 12, 13, 15)$。

(11) $F(A, B, C, D)=\sum m(3, 6, 8, 9, 11, 12)+\sum d(0, 1, 2, 13, 14, 15)$。

(12) $F(A, B, C, D)=\sum m(0, 1, 2, 3, 6, 8)+\sum d(10, 11, 12, 13, 14, 15)$。

(13) $F(A, B, C, D)=\sum m(2, 4, 6, 7, 12, 15)+\sum d(0, 1, 3, 8, 9, 11)$。

(14) $F(A, B, C, D)=\sum m(1, 2, 4, 12, 14)+\sum d(5, 6, 7, 8, 9, 10)$。

(15) $F(A, B, C, D)=\sum m(3, 4, 5, 7, 8, 9, 10, 11)$

$+\sum d(0,1,2,13,14,15)$。

7. 用代数法证明：

(1) $X\oplus Y=\overline{\overline{\overline{XY}X}\cdot\overline{\overline{XY}Y}}$

(2) $A(B\oplus C)=(AB)\oplus(AC)$

8. 若已知 $XY=XZ$，则 $Y=Z$，正确吗？为什么？

自测题答案

1. (1) $\overline{A}BC+A\overline{B}\,\overline{C}+A\overline{B}C$　　$\overline{A}BC+A\overline{B}$

   (2) $(A+\overline{B})(\overline{A}+C)$　　$(\overline{A}+\overline{B})(A+C)$

   (3) 10101110　　000101110100

   (4) 100101.01111011　　25.7B

   (5) 819

   (6) 46.375

   (7) 124

   (8) 376.605

   (9) 1246.78125

   (10) $\prod M(0,1,2,4)$

2. (1) D　(2) D　(3) C　(4) A　(5) D　(6) B　(7) C　(8) A

   (9) C　(10) B

3. (1) $AD+C$

   (2) $AB+\overline{A}C+E$

   (3) $\overline{C}\,\overline{D}+B\overline{C}+\overline{A}\,\overline{B}C+AB\overline{D}$

   (4) $A\overline{B}+AC+\overline{A}\,\overline{D}$

   (5) $\overline{A}\,\overline{B}C\overline{D}$

4. (1) $\overline{A}B\overline{C}+A\overline{B}C$

   (2) $AC+ABD+BCD$

   (3) $AB\overline{C}D$

   (4) $AC+B\overline{D}$

   (5) $A\overline{B}\,\overline{C}$

5. (1) 0

   (2) A

   (3) $B\overline{C}+A\overline{D}+\overline{A}D$

   (4) $ABCD\overline{E}$

   (5) $A+CD$

(6) $AC+AD+A\overline{E}F+BD\overline{E}+B\overline{D}E$

(7) $\overline{A}+\overline{D}+\overline{B}+C$

(8) $B\overline{C}+\overline{B}D+\overline{AC}$

(9) $AB+\overline{D}+\overline{A}\,\overline{C}$

6. (1) $AB+C$

(2) $A+\overline{D}$

(3) $\overline{A}\,\overline{B}+B\overline{C}+C\overline{D}$

(4) $B+\overline{A}D+AC$

(5) $\overline{B}C+\overline{A}C+A\overline{C}$

(6) $\overline{A}\,\overline{B}+\overline{B}C+B\overline{C}$,或 $\overline{A}\,\overline{C}+\overline{B}C+B\overline{C}$

(7) $\overline{B}+C\overline{D}+\overline{A}C+\overline{A}\,\overline{D}$

(8) $AB+\overline{B}\,\overline{C}+B\overline{D}+A\overline{D}$

(9) $AB+\overline{B}C+B\overline{D}+A\overline{D}$

(10) $A\overline{C}+BD+\overline{A}C$

(11) $A\overline{C}+\overline{B}D+\overline{A}C\overline{D}$

(12) $\overline{A}\,\overline{B}+C\overline{D}+\overline{B}\,\overline{D}$

(13) $\overline{A}C+CD+\overline{C}\,\overline{D}$

(14) $\overline{A}\,\overline{C}D+B\overline{D}+C\overline{D}$

(15) $\overline{A}\,\overline{C}+D+\overline{B}$

7. (1) 证明：右边 $=\overline{\overline{\overline{\overline{XY}X}}\cdot\overline{\overline{\overline{XY}Y}}}=\overline{XY}X+\overline{XY}Y$

$=(\overline{X}+\overline{Y})(X+Y)$

$=X\overline{Y}+\overline{X}Y=X\oplus Y=$ 左边

(2) 证明：右边 $=AB\overline{AC}+\overline{AB}AC$

$=AB(\overline{A}+\overline{C})+(\overline{A}+\overline{B})AC$

$=AB\overline{C}+A\overline{B}C$

$=A(B\oplus C)=$ 左边

8. 不正确。因当 $X=0$ 时，即使 $Y\neq Z$，原等式仍然成立。

第 2 章 逻辑门电路

本章要点

本章主要介绍数字集成电路中的基本逻辑单元——门电路。通过对双极门(TTL 门)和单极门(CMOS 门)的认识，在正确理解 TTL 和 CMOS 门电路的结构和工作原理的基础上，熟练地掌握 TTL 和 CMOS 门电路的逻辑功能、电气特性(输入特性和输出特性)、参数指标和使用方法。常见的双极型门有 TTL 与非门，TTL 反相器(同与非门相似)、集电极开路门、三态门；单极型门有 CMOS 反相器、与非门、或非门、传输门。本章重点要求掌握门电路的电气特性和使用方法，具体包括以下部分：

- TTL 与非门结构、功能和电气特性。
- 集电极开路门(OC 门)电路结构、原理和应用。
- 三态门(TS)电路结构、原理和应用。
- CMOS 反相器的结构、工作原理及特性。
- CMOS 传输门的结构、工作原理及特性。
- CMOS 门与 TTL 门的比较。

1. TTL 集成逻辑门

(1) TTL 与非门的电路结构

标准的 TTL 与非门电路 CT7400 的电路如图 2.1 所示，电路由输入级、中间放大级和输出级(也称推拉输出级或图腾输出级)三部分组成。

(2) 电路工作原理

◉ **开　态**

开态

VT_5 饱和导通时电路所处的状态。当 A 和 B 都为高电平时，VT_1 的基极电流将流向 VT_2。于是 VT_2 和 VT_5 饱和导通，$V_5\approx 0.7V$，$V_{C2}\approx 1V$，所以 VT_3 和 VD_4 截止，输出为低电平。

◉ **关　态**

关态

VT_5 截止时电路所处的状态。当 A 和 B 输入至少有 1 个为低电平时，$I_{B1}=I_{iL}$，VT_1 的 $V_{B1}\approx 1V$，VT_2、VT_5 截止，VT_3、VD_4 饱和导通，输出为高电平。所以电路的逻辑功能为 $F=\overline{A\cdot B}$。

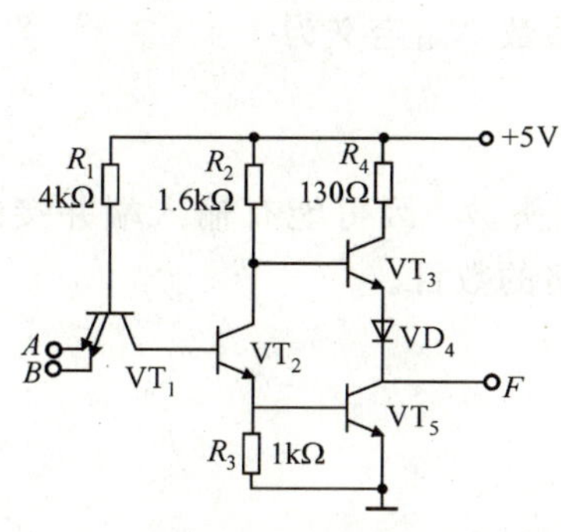

图 2.1　电路

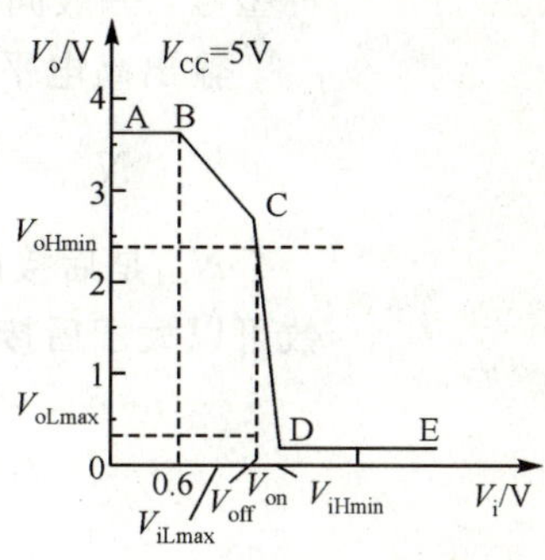

图 2.2　TTL 与非门的电压传输特性曲线

(3) TTL 与非门的外特性及有关参数

◉ **电压传输特性曲线**

电压传输特性

电压传输特性是指输出电压随输入电压变化的函数关系，即 $V_o=f(V_i)$。TTL 与非门的电压传输特性曲线如图 2.2 所示。它由 AB 段(截止区，对应关态)、BC 段(对应线性区)、CD 段(转折区)和 DE 段(饱和区，对应开态)四部分组成。

① AB 段(截止区)：输入电压大约在 0～0.6V 的范围内，VT_1 饱和导通，VT_2、VT_5 截止，输出高电平 $V_o=3.6V$。

② BC 段(线性区)：随着输入电压的增大，VT_2、VT_3、VD_4 都处于放大状态，输入电压跟随输入电压，V_i 大约在 0.6～1.3V 范围内变化，此时 VT_5 仍截止。

③ CD 段(转折区)：输入电压进一步增大，将使 VT_5 进入放大状态，电路进入转折区。此时输入电压大约在 1.3～1.4V 范围内变化，VT_2、VT_5、VD_4 均导通。此时输入电压的微小变化，将引起输出电压急剧下降为低电平。转折区相当于 VT_5 从开始导通至饱和为止的区域。

④ DE 段(饱和区)：此时 VT_5 进入饱和区，输入电压 $V_i\geqslant 1.4V$，输出低电压 $V_o\approx 0.3V$。

◉ **输出特性曲线**

输出特性曲线

输出特性曲线分为输出低电平特性曲线(灌电流负载特性)和输出高电平特性曲线(拉电流负载特性)两种，分别如图 2.3 和图 2.4 所示，输出特性反映了逻辑门带负载的能力。

输出低电平扇出系数 N_{oL} 定义为

$$N_{oL}=\frac{I_{oL\,max}}{I_{iL\,max}}$$

输出低电平扇出系数反映了集成逻辑门电路带负载能力的大小，它表示允许驱动同类门的最大数目。同类门并不一定是同一种型号，一般同类门的 I_{iLmax} 是相同的。

输出高电平扇出系数 N_{oH} 定义为

$$N_{oH}=\frac{I_{oH\,max}}{I_{iH\,max}}$$

N_{oH} 是后接门的端头数，因可能有输入端并接的情况，端头数可以大于后接门电路的数目。

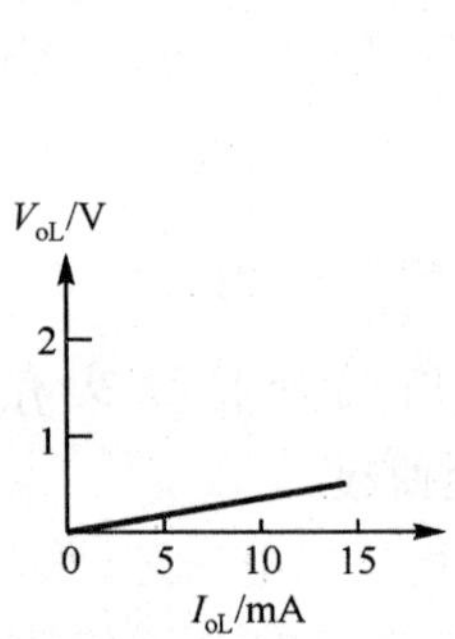

图 2.3 输出低电平特性

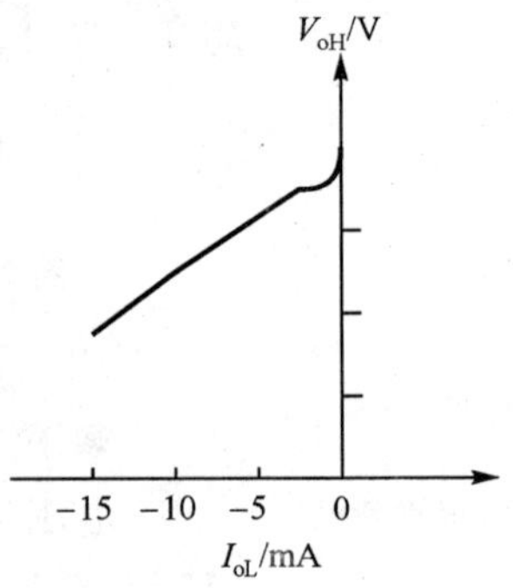

图 2.4 输出高电平特性

◉ **输入特性曲线**

输入特性曲线

输入特性曲线（$I_i=f(V_i)$）是指输入电流在一定范围内随输入电压变化而变化的关系曲线，其曲线如图 2.5 所示。

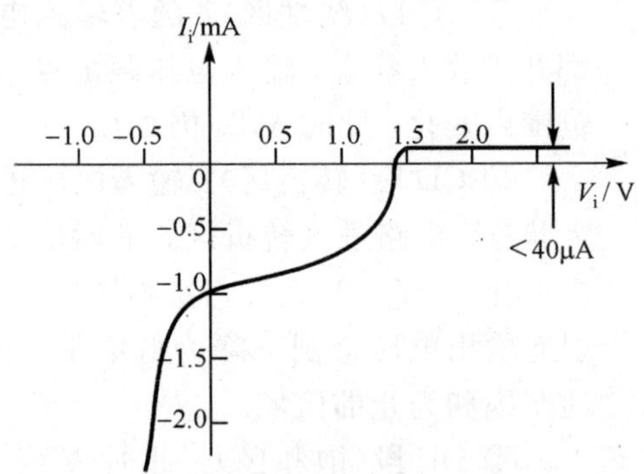

图 2.5 电流随电压变化而变化的关系曲线

2. 集电极开路门（OC 门）、三态门的使用特点

一般 TTL 集成门（也包括 CMOS 门）输出端彼此不能并接，

否则容易烧坏器件。而有些实际应用中又需要多个门的输出端并接，如总线传输，因此产生了 TTL 集电极开路门、TTL 三态门和 CMOS 三态门。

(1) OC 门使用特点

在使用时，输出端要通过外接电阻 R_L(1.5～2.5kΩ)接至电源。OC 门可用作电平转换和总线传输。

(2) 三态门的使用特点

三态

三态门的三态是指输出为低电平、高电平和高阻三种状态。当器件的控制端号 EN 为使能电平(有的为低电平，有的为高电平)时，器件就被选通，输出逻辑值为 0 或 1；反之，器件处于非工作状态，输出端对外呈现高阻态，相当于该器件与外界呈现断路状态。

使用时，当多个三态门的输出端并接在一起时，任何时刻只允许一个门被选通，否则就会出现一般集成门输出端并接时的同样后果，造成器件损坏或不能正常工作。

3. CMOS 与非门、或非门及 NMOS 与非门、或非门

这些门电路分别由 CMOS 倒相器、NMOS 倒相器构成。而这些与非门、或非门可进一步构成其他逻辑电路，其电路结构和工作原理不再一一介绍。

典型例题解析

例 2.1 电路如图 2.6 所示，试计算当输入端分别接 0V、5V 和悬空时，输出端电压 V_o 的数值。

解 在数字电路中，晶体管一般工作在两种状态，即截止状态或饱和状态，NPN 晶体管的截止条件是 $V_{BE}<0.7V$，导通的条件是 $V_{BE}>0.7V$。当晶体管已经导通时，判断晶体管工作状态时，一般先假设晶体管处于临界饱和状态，在计算实际的基极电流 I_B 的大小时，再看饱和条件的公式 $I_B \geq I_{BS}=\dfrac{V_{CC}-0.2}{\beta R_C}$ 是否成立，若等式不成立，则推翻假设，可确定晶体管处于放大状态；若成立，则可确定晶体管处于饱和状态。

本题中，为计算方便，输入级电路可等效为一电压源，如图 2.7 所示，电压源的电压与输入信号 V_i 有关，原电路可等效为图 2.8 所示电路。

由等效电源定理可得

$$V_S=\frac{R_E}{R_E+R_B}(V_i+10)+(-10)=0.8(V_i+10)-10$$

$$R_S=\frac{R_E R_B}{R_E+R_B}=\frac{5.1\times 20}{5.1+20}=4.1(k\Omega)$$

当 $V_i=0V$ 时，$V_S=-2V$，$V_{BE}<0V$，晶体管处于截止状态，$V_o=10V$。

当 $V_i=5V$ 时，$V_S=+2V$，显然，晶体管已经导通，需判断是处于放大状态还是处于饱和状态。设晶体管处于临界饱和状态，此时 $V_{BE}=0.7V$，$V_{CES}=0.2V$，

$$I_B=\frac{V_S-0.7}{R_S}=\frac{2-0.7}{4.1}=0.32(mA)$$

$$I_{CS}=\frac{10-0.2}{2}=4.9(mA)$$

$$I_{BS}=\frac{I_{CS}}{\beta}=0.16(mA)$$

由于 $I_B>I_{BS}$，所以此时晶体管处于饱和状态，进一步分析可知，晶体管处于深度饱和状态，$V_o=0.1V$。

当 V_i 悬空时，此时 V_i 的大小应由负电源（$-10V$）决定，$V_B<0V$，所以晶体管处于截止状态，$V_o=10V$。一般情况下，在数字电路中把悬空端看作高电平。

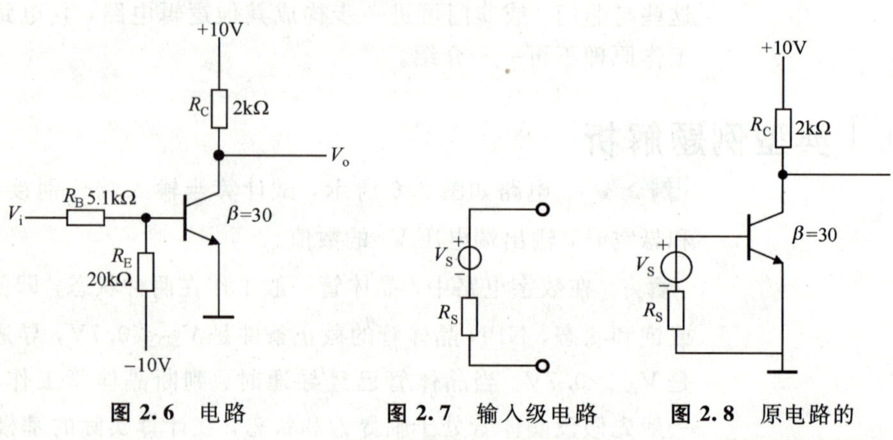

图 2.6 电路　　图 2.7 输入级电路可等效为一电压源　　图 2.8 原电路的等效电路

例 2.2 某 TTL 与非门电压传输特性如图 2.9 所示，输出高电平是允许的最低高电平 $V_{oH\,min}=2.4V$；输出低电平时允许的最高低电平 $V_{oL\,max}=0.7V$。

(1) 求该门的关门电平 V_{off} 和开门电平 V_{on} 分别为多少？

(2) 当该 TTL 与非门驱动同类负载门时，求输入高电平抗干扰容限 V_{HN} 和输入低电平抗干扰容限 V_{LN}；

(3) 当该 TTL 与非门有一个输入端接电阻 R，其余输入端悬

空时，求该门的开门电阻 R_{on} 和关门电阻 R_{off}。

解 (1) 根据关门电平 V_{off} 的定义可知，V_{off} 是使与非门保持关门状态的最大输入电压，从图 2.9 所示特性曲线可看出，当 $V_{oHmin}=2.4V$ 时所对应的输入电压为 1.3V，所以

$$V_{off}=1.3V$$

根据开门电平 V_{on} 的定义可知，V_{on} 是使与非门保持开门状态的最小输入电压，从图 2.9 所示特性曲线可看出，当 $V_{oLmax}=0.7V$ 时所对应的输入电压为 1.5V，所以

$$V_{on}=1.5V$$

(2) 求解这个问题时，首先要明确前级门的输出信号即为被驱动的后级门的输入信号；其次要明确抗干扰容限的含义。与非门输入高电平抗干扰容限 V_{HN} 是指当前级门输出高电平时处于最不利的情况下，即 $V_{oH}=V_{oHmin}$ 时，还能承受多大范围内的干扰电压才能保持后级门正常的逻辑输出低电平。当前级门输出低到小于后级门的开门电平 V_{on} 以下时，就会使后级门由正常的逻辑输出低电平变为错误的输出高电平。所以

$$V_{HN}=V_{oHmin}-V_{on}=(2.4-1.5)V=0.9V$$

同理，与非门输入低电平抗干扰容限 V_{LN} 是指当前级门输出低电平时处于最为不利的情况下，即 $V_{oL}=V_{oLmax}$ 时，还能承受多大范围内的干扰电压才能保持后级门正常的逻辑输出高电平。当前级门输出 $V_{oL}=V_{oLmax}$ 时，作为后级门的输入，如果此时有一个正向干扰电压使它升高，升高到大于后级门的关门电平 V_{off} 以上，就会使后级门由正常的逻辑输出高电平变为错误的输出低电平。所以

$$V_{LN}=V_{off}-V_{oLmax}=(1.3-0.7)V=0.6V$$

(3) 求解该问题时，首先要了解外加电阻 R 与 TTL 与非门的输入级电路的关系，如图 2.10 所示，这时 R 与 R_1 对电源 V_{CC} 构成分压器，R 上的压降 V_R 就成为该门的输入电压。

$$V_R=\frac{V_{CC}-V_{B1}}{R_1+R}R$$

若 $V_R \geqslant V_{on}$，则与非门输出低电平即处于开门状态，这时所对应的 R 临界阻值就是开门电阻 R_{on}。所以

$$\frac{V_{CC}-V_{BE1}}{R_1+R_{on}}R_{on}=V_{on} \Rightarrow \frac{5V-0.7V}{4k\Omega+R_{on}}R_{on}=1.5V$$

解得 $R_{on}=2.14k\Omega$（若需该与非门输出低电平，则应使 $R \geqslant 2.14k\Omega$）。

若 $V_R \leqslant V_{on}$，则与非门输出高电平即处于关门状态，这时所对应的 R 临界阻值就是关门电阻 R_{off}。所以

$$\frac{V_{CC}-V_{BE1}}{R_1+R_{off}}R_{off}=V_{off}\Rightarrow\frac{5V-0.7V}{4k\Omega+R_{off}}R_{off}=1.3V$$

解得 $R_{off}=1.73k\Omega$（若需该与非门输出低电平，则应使 $R\leqslant1.73k\Omega$）。

注意：讨论与非门的开门状态时，由于 VT_1 管与后面电路分流的影响，R 与 R_1 对电源 V_{CC} 不能构成真正独立的分压器，V_{BE1} 值取 0.7V，这是比较近似的计算方法，即计算出来的值比实际的值略小；讨论与非门的关门状态时，由于 VT_1 管与后面电路断开，R 与 R_1 对电源 V_{CC} 构成真正独立的分压器，V_{BE1} 取 0.7V。

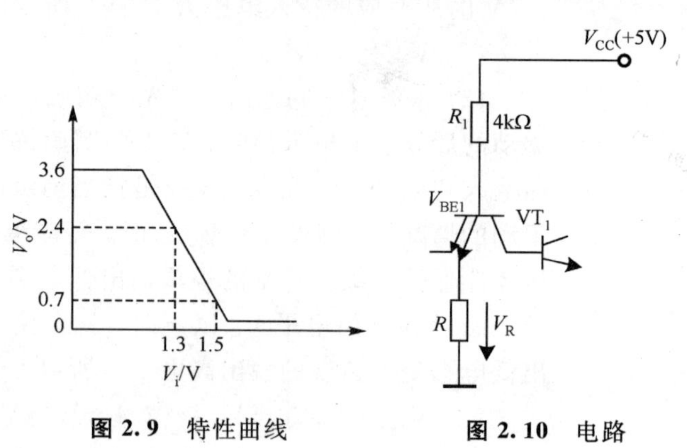

图 2.9　特性曲线　　　　图 2.10　电路

例 2.3　图 2.11 所示是某种型号的 TTL 与非门测试电路，测得图 2.11(a)所示电路的电流 I_A 为 0.4mA；对图 2.11(b)所示电路的测试，是通过对电位器 R_P 的调节，保证输出电压 $V_o\leqslant0.4V$ 的条件下，测得的电流 I_B 为 8mA。试问电流 I_A 和 I_B 各是该型号与非门的什么特性参数？该型号与非门的扇出系数 N_o 等于多少？

解　图 2.11(a)中与非门被测试的输入端通过电流表接地，因为电流表的内阻很小，相当于该输入端接地。因此测得的 I_A 就是该与非门的输入短路电流 I_{IL}，即 $I_{IL}=0.4mA$。图 2.11(b)中与非门两个输入端都悬空，该与非门内部输出级的 VT_3、VT_4 是截止的，而 VT_5 是饱和的。所以在保证输出端电平 $V_o\leqslant0.4V$ 的条件下测得的 I_B 就是该与非门输出低电平允许的最大灌电流 I_{oLmax}，即 I_{oLmax} 等于 8mA。

扇出系数 N_o 为

$$N_o=\frac{I_{oLmax}}{I_{iL}}=\frac{8mA}{0.4mA}=20$$

该型号的 TTL 与非门可驱动 20 个同类门。

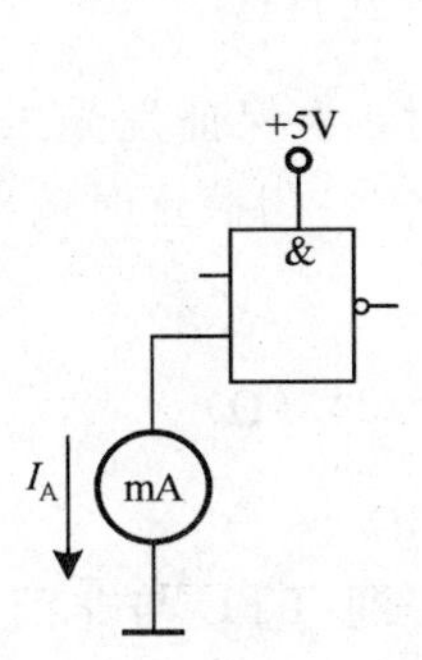

(a) 输入短路电流的测试电路

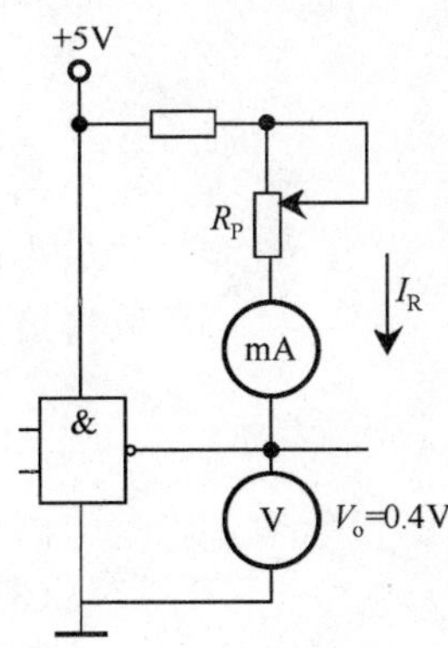

(b) 扇出系数的测试电路

图 2.11 TTL 与非门测试

例 2.4 二极管发光电路如图 2.12 所示。已知发光二极管的导通压降为 1.5V，正常发光时，$10\text{mA} \leqslant I_D \leqslant 15\text{mA}$，$V_D = 1.8\text{V}$。与非门带灌电流负载能力 $I_{oL} = 16\text{mA}$，带拉电流负载能力 $I_{oH} = -4000\mu\text{A}$，输出高电平 $V_{oH} = 3.4\text{V}$，输出低电平 $V_{oL} = 0.3\text{V}$。OC 门带灌电流负载能力 $I_{oL} = 18\text{mA}$，截止时输出漏电流 $I_{OH} = 200\mu\text{A}$，输出低电平 $V_{OL} = 0.3\text{V}$。试问：

(1) 两电路处于何种状态时发光二极管发光；

(2) 电阻 R_1 和 R_2 的取值范围；

(3) 若将图 2.12(b)中 OC 门接成具有推拉输出级的普通 TTL 与非门，会发生什么情况？

解 本题的主要问题是计算电阻 R_1、R_2 的取值范围。R_1 和 R_2 的取值范围必须保证逻辑门处于合理的工作状态。

(1) 在图 2.12(a)中，当与非门输出低电平时，发光二极管发光；在图 2.12(b)中，当 OC 门输出高电平时，发光二极管发光。

(2) 在图 2.12(a)中，当与非门输出低电平时，发光二极管发光，输出电流的最大容许值是 I_{oL}，此时 R_1 取得最小值。

$$R_{1\min} = \frac{V_{CC} - V_D - V_{oL}}{I_{oL}} = 200(\Omega)$$

当与非门输出低电平时，为保证发光二极管能发光，输出电流的最小值应大于 $I_{D\min}$，此时 R_1 取得最大值。

$$R_{1\max} = \frac{V_{CC} - V_D - V_{oL}}{I_{D\min}} = 320(\Omega)$$

因此 $200\Omega \leqslant R_1 \leqslant 320\Omega$

在图 2.12(b)中，当 OC 门输出低电平时，发光二极管截止，输出电流的最大容许值是 I_{oL}，此时 R_2 取得最小值。

$$R_{2max}=\frac{V_{CC}-V_{oL}}{I_{oL}}=261(\Omega)$$

当OC门输出高电平时，为保证发光二极管发光，输出电流的最小值应大于 $I_{Dmin}+I_{oH}$(OC门截止时输出的漏电流)，此时 R_2 取得最大值343Ω。

$$R_{2max}=\frac{V_{CC}-V_{D}}{I_{Dmin}+I_{oH}}=343(\Omega)$$

因此　$261\Omega\leqslant R_2\leqslant 343\Omega$

(3) 当将OC门换成普通TTL与非门之后，在输出低电平时，发光二极管不发光；当输出高电平时，由于与非门输出端至发光二极管正极之间没有限流电阻，故发光二极管和TTL与非门有可能烧坏。

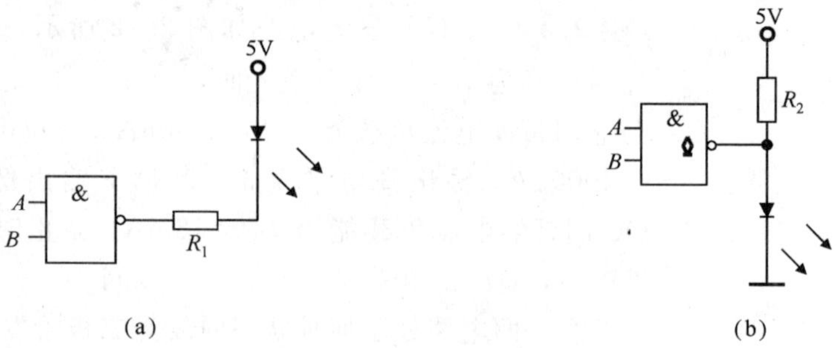

图 2.12　二极管发光电路

例 2.5　电路如图2.13(a)所示，其中 G_0，G_1，G_2，…，G_N 为TTL同系列与非门，它们的输入特性和输出特性分别如图2.13(b)、(c)和(d)所示。受功耗的限制，规定高电平输出电流不能超过400μA。已知 G_0 的输出电平满足 $V_{oH}\geqslant 3.2V$，$V_{oL}\leqslant 0.25V$。问 G_0 最多可以驱动多少个负载门?

解　由图2.13(c)可知 G_0 输出低电平时，G_0 允许的最大灌电流为 $I_{oLmax}=8mA$，再由图2.12(b)可以看出，与非门的最大低电平输入电流 $I_{iLmax}=-0.4mA$，负号表示电流流出与非门。因此

$$N_{oL}=\frac{I_{oL\,max}}{I_{iL\,max}}=\frac{8mA}{0.4mA}=20$$

当与非门 G_0 输出为高电平时，由图2.13(b)可以看出，最小高电平输入电流 $I_{iHmin}=0.02$ mA，而高电平输出电流不能超过400μA，即 $I_{oHmax}=400\mu A=0.4mA$，因此

$$N_{oH}=\frac{I_{oH\,max}}{I_{iH\,min}}=\frac{0.4mA}{0.02mA}=20$$

所以，从输出高电平还是输出低电平两种情况，G_0 最多能带

20个负载门。如果两种情况下求出结果不相同(一般情况下不相同)，则应取值较小的作为结果。如果低电平和高电平是符合标准的数值，则此类问题也可根据标准给定的数据求解，而不必查曲线。

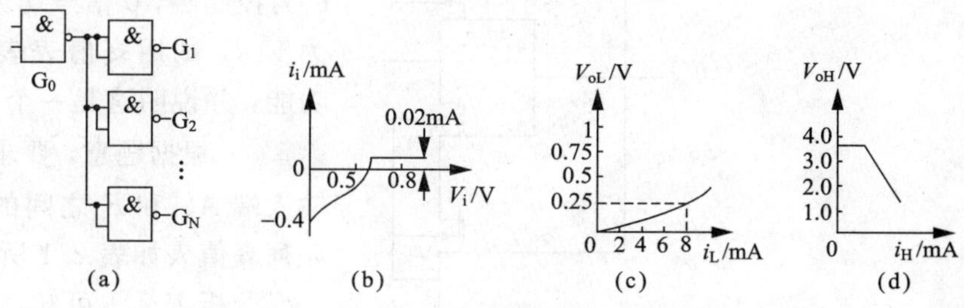

图 2.13　逻辑电路及曲线

例 2.6　电路如图 2.14(a)、(b)、(c)和(d)所示，试找出电路中的错误，并说明为什么。

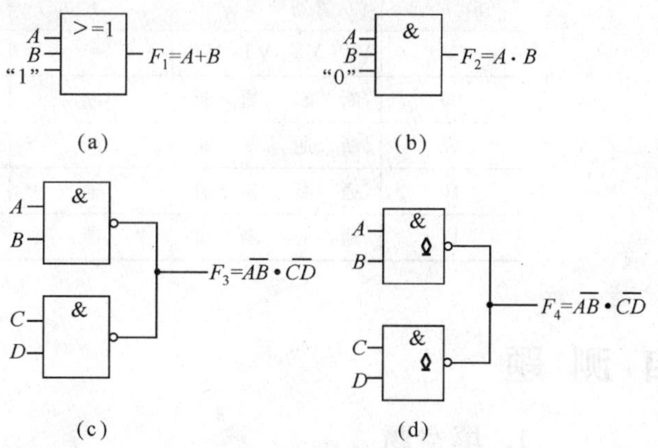

图 2.14　电路

解　图 2.14(a)：电路中多余输入端接“1”是错误的，因为或门有1个为1，该输出 F_1 恒为1，失去了或门的作用，即或门被锁住。

图 2.14(b)：电路中多余输入端接“0”是错误的，因为与门有1个为0，该输出 F_2 恒为0，失去了与门的作用，即与门被锁住。

图 2.14(c)：电路中两个与非门输出端并接是错误的，会烧坏器件。因为各个与非门的输出是由各自的输入信号决定的，当两个与非门的输出电平不相等时，两个门的输出级形成了低阻通道，使得电流过大，从而烧坏器件。

图 2.14(d)：电路的接法是错误的。电路中两个 OC 门输出

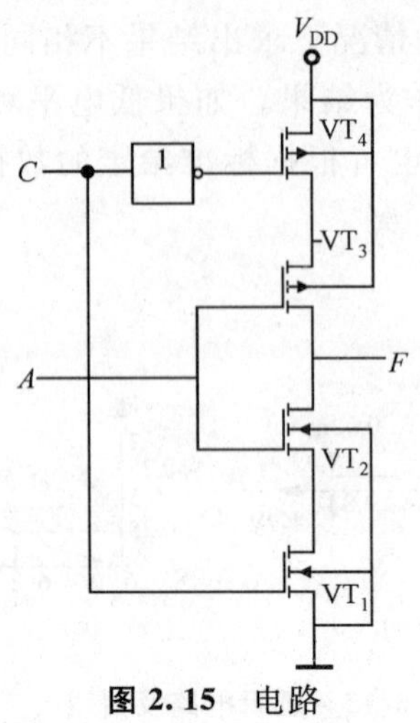

图 2.15 电路

端虽能并接，但它们没有外接电阻至电源，电路不会有任何输出电压，所以是错误的。

例 2.7 电路如图 2.15 所示，其中 C 为控制端，0 信号均为 0V，1 信号均为 V_{DD}，试用真值表表达电路的逻辑功能，并说明这是一个怎样的门电路。

解 根据题意，要求用真值表表示输入端 AC 和 F 之间的逻辑关系。为此列真值表如表 2.1 所示。

分析表 2.1 可知：当 $C=0$ 时，输出呈高阻态；当 $C=1$ 时，输出 $F=\overline{A}$。故该电路是三态非门电路。

表 2.1 例 2.7 真值表

输 入	管通断情况			输 出
CA	VT_1 VT_2 VT_3 VT_4	$F\to V_{DD}$	$F\to$地	F
00	断 断 通 断	断	断	高阻
01	断 通 断 断	断	断	高阻
10	通 断 通 通	通	断	1
11	通 通 断 通	断	通	0

自 测 题

1. 填空题

(1) 数字集成电路中的晶体三极管常工作在________和________状态。

(2) TTL 门电路输入端悬空时，应视为________；此时如果用指针式万用表测量其电压，读数约为________。

(3) 三种基本的逻辑门是________、________、________。

(4) TTL 与非门的额定高电平 $V_{oH}=$________V；额定低电平 $V_{oL}=$________V。(设电源电压为 5V)

(5) TTL 门电路的低电平噪声容限为________；高电平噪声容限为________。

(6) CT74、CT74H、CT74LS 三个系列的 TTL 集成电路，其中功耗最小的是________；速度最快的是________；综合性能指标最好的是________。

(7) 三态门的输出端可以实现________、________、________状态。

(8) 三态门的主要用途是可以________轮流传送几个不同的数据或控制信号。

(9) 用工作速度来评价 BCL、TTL、CMOS 集成电路，速度快的集成电路依次为________。

(10) TTL 与非门的两个状态通常称为关态和开态，当输入有一为低电平时，对应的是________状态；当输入全为高电平时对应的是________状态。

2. 单项选择题

(1) 如果晶体三极管的________，则该管工作于饱和区。

A. 发射结正向偏置，集电结反向偏置

B. 发射结正向偏置，集电结正向偏置

C. 发射结反向偏置，集电结正向偏置

D. 发射结反向偏置，集电结反向偏置

(2) 由 TTL 门组成的电路如图 2.16 所示。已知它们的输入短路电流为 $I_{Is}=1.6\text{mA}$，高电平输入漏电流为 $I_{iH}=40\mu\text{A}$. 试问，当 $A=B=1$ 时，G_1 的电流称为________电流，数值为________；$A=0$ 时，G_1 的电流称为________电流，数值为________。

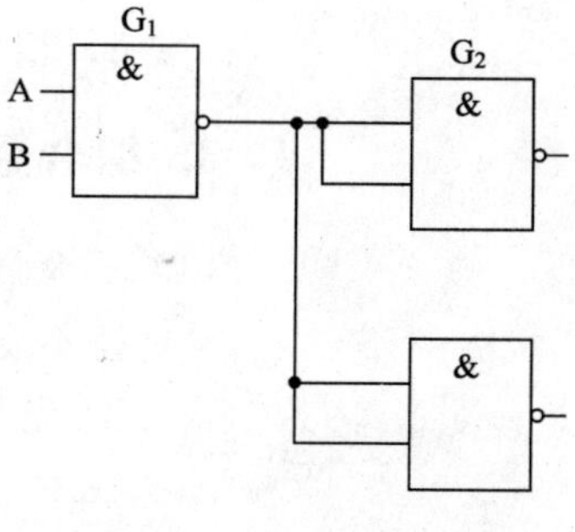

图 2.16 TTL 门组成的电路

A. 拉，3.2mA，灌，160μA

B. 灌，6.4mA，拉，160μA

C. 灌，3.2mA，拉，160μA

D. 灌，3.2mA，拉，80μA

(3) 在图 2.17 中，稳态三极管一般工作在________状态。在图示电路中，$V_i<0\text{V}$，则三极管 VT ________，此时 $V_o=$________V；于是三极管处于饱和状态时，V_i 应满足的条件为________。

A. 放大，截止，5V，$\dfrac{V_i-0.7}{R_b}\geqslant\dfrac{V_{CC}}{\beta R_C}$

B. 开关，截止，3.7V，$\dfrac{V_i-0.7}{R_b}\geqslant\dfrac{V_{CC}}{\beta R_C}$

C. 开关，饱和，0.3V，$\frac{V_i-0.7}{R_b} \geqslant \frac{V_{CC}}{\beta R_C}$

D. 开关，截止，5V，$\frac{V_i-0.7}{R_b} \geqslant \frac{V_{CC}}{\beta R_C}$

(4) 图2.18所示的电路是________逻辑电路。

A. 或门　　B. 与门　　C. 或非门　　D. 与非门

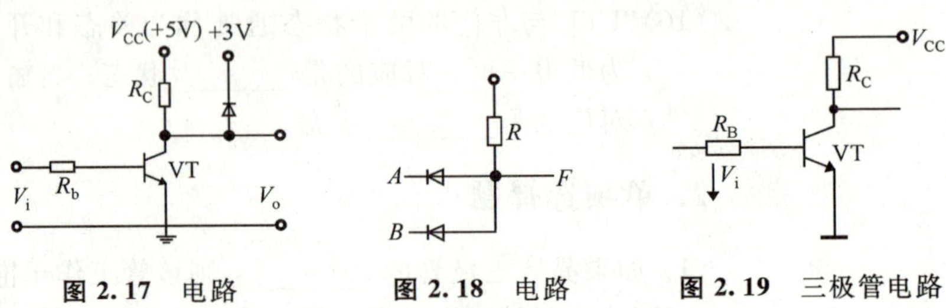

图 2.17　电路　　图 2.18　电路　　图 2.19　三极管电路

(5) 对同一逻辑门电路，分别使用正逻辑和负逻辑表示输入和输出之间的关系，其表达式________。

A. 互为反函数　　B. 互为对偶式

C. 相等　　D. 答案都不正确

3. 综合题

(1) 三极管电路如图2.19所示，若电源电压V_{CC}和输入电压V_i保持不变，试判断下列说法是否正确：

① 当晶体管VT的直流放大系数β和基极电阻R_B不变，而R_C阻值加大时，VT的饱和程度加深。

② R_C和R_B不变，当β加大时，VT的饱和程度减小。

③ 当β和R_C不变，R_B加大时，VT的饱和程度减小。

(2) 在图2.20(a)、(b)、(c)所示的TTL门电路中，要求实现下列规定的逻辑功能时，其连接有无错误？如有错误请改正。

$L_1=\overline{AB}\cdot\overline{CD}$　$L_2=\overline{AB}$　$L_3=\overline{AB+C}$

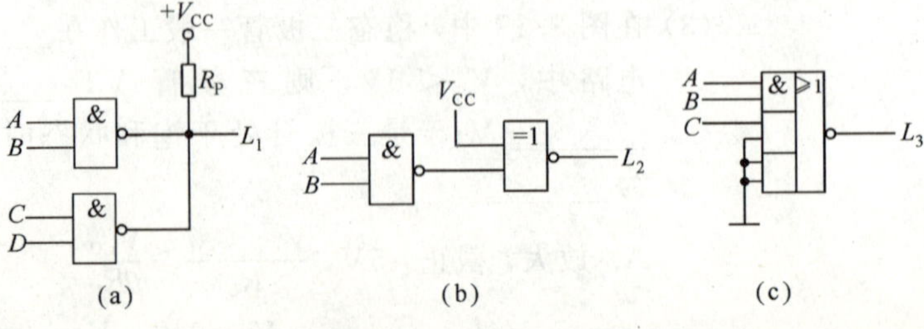

图 2.20　TTL门电路

（3）图 2.21 所示各逻辑图均由 TTL 门电路构成。试写出各自的输出函数表达式。

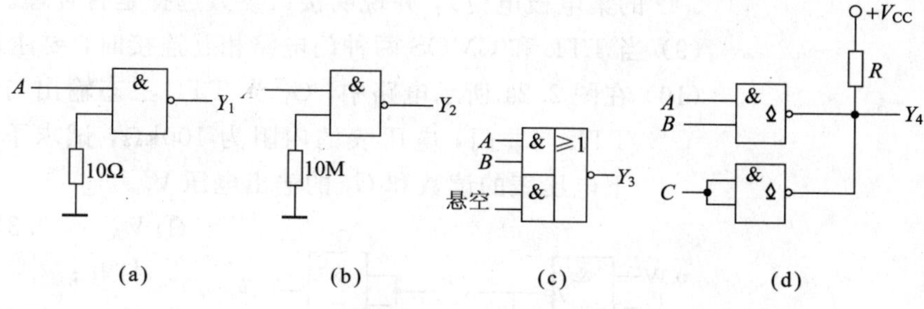

图 2.21 各种逻辑电路

（4）试利用 CMOS 传输门设计一个 CMOS 三态输出的两输入端与非门，画出逻辑电路并列出其真值表。

（5）试画出用 OC 门实现逻辑函数 $F=\overline{AB}\cdot\overline{BC}\cdot\overline{D}$ 的逻辑电路。

（6）电路如图 2.22 所示，试用表格方式列出各门电路的名称，输出逻辑表达式以及当 $ABCD=1001$ 时，各输出函数的值。

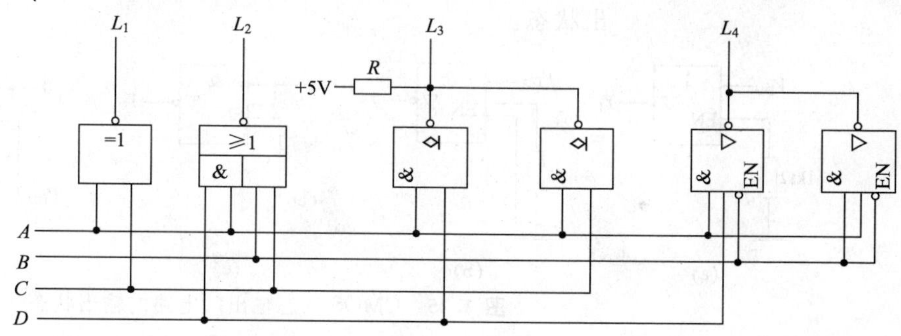

图 2.22 电路

（7）设发光二极管的正向导通电流为 10mA，与非门的电源电压为 5V，输出低电平为 0.3V，输出低电平电流为 15mA，试画出用与非门驱动发光二极管的电路，并计算出发光二极管支路中的限流电阻阻值。

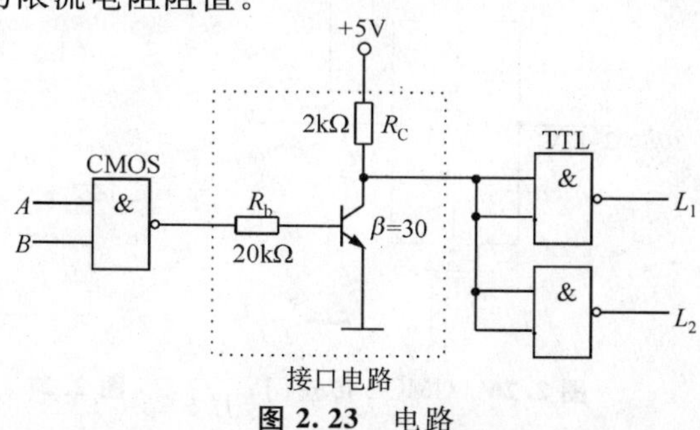

图 2.23 电路

(8) 电路如图 2.23 所示，已知 CMOS 门电路的输出电压 $V_{oH}=4.7V$，$V_{oL}=0.1V$，试计算接口电路的输出电压 V_o(三极管的集电极电位)，并说明接口参数选择是否合理。

(9) 当 TTL 和 CMOS 两种门电路相互连接时，要注意哪些事项？

(10) 在图 2.24 所示电路中，G_1 为 TTL 三态输出与非门，G_2 为 TTL 与非门，电压表的内阻为 100kΩ，试求下列四种情况下电压表的读数和 G_2 的输出电压 V_o。

① $V_A=0.3V$，开关 S 打开；

② $V_A=0.3V$，开关 S 合上；

③ $V_A=3.6V$，开关 S 打开；

④ $V_A=3.6V$，开关 S 合上。

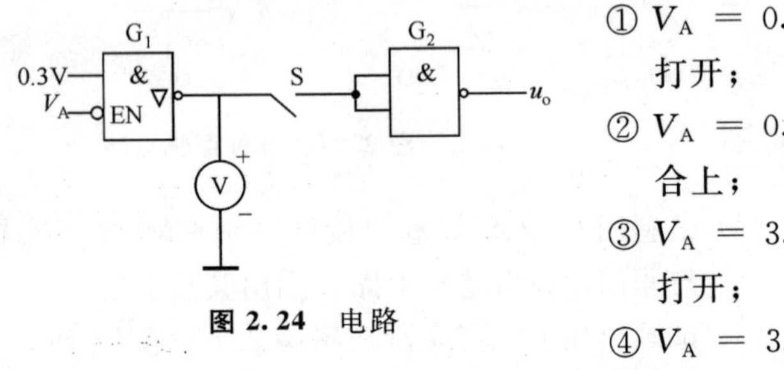

图 2.24　电路

(11) 试判断图 2.25(a)～(d)所示的 CMOS 三态输出门电路的输出状态。

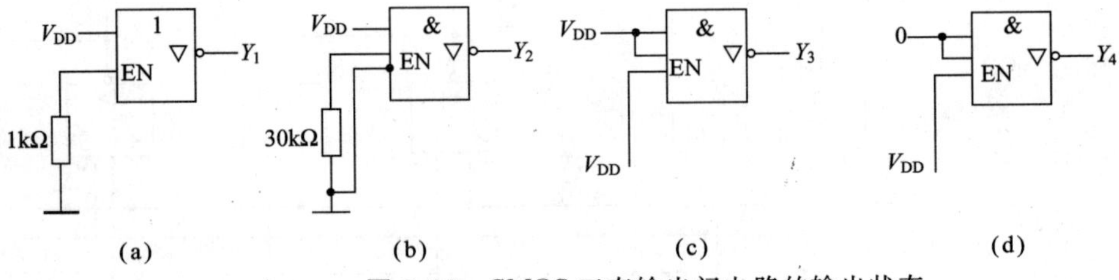

图 2.25　CMOS 三态输出门电路的输出状态

(12) 在图 2.26 所示的 CMOS 传输门中，VT_P、VT_N 的开启电压 $V_{GS(th)}=|V_{GS(th)P}|=5V$，设输入电压 V_i 在 2～12V 的范围内变化，试求输出电压 V_o 的变化范围。

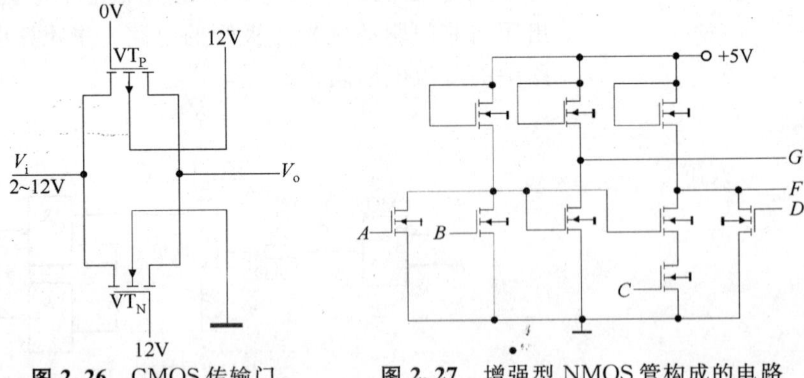

图 2.26　CMOS 传输门　　图 2.27　增强型 NMOS 管构成的电路

(13) 增强型 NMOS 管构成的电路如图 2.27 所示，试求图中函数 F 和 G 的逻辑表达式。

(14) 写出图 2.28 所示 CMOS 门电路的输出逻辑表达式，并说明它的逻辑功能。

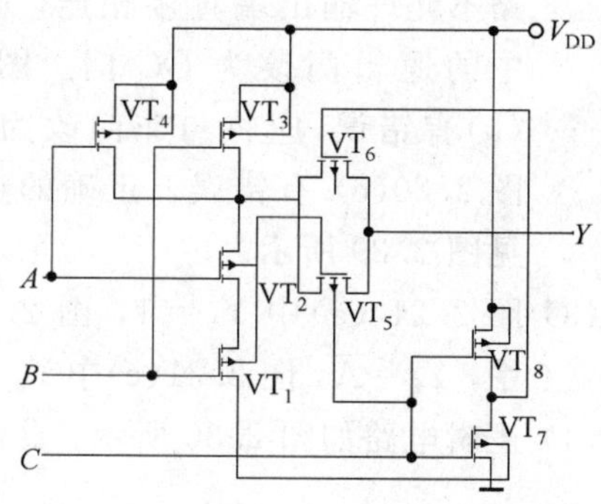

图 2.28 CMOS 门电路

自测题答案

1. 填空题

(1) 截止，饱和　　(2) 高电平；1.4V

(3) 与门，或门，非门　　(4) 3.6，0.35

(5) $V_{off}-V_{iL}$；$V_{iH}-V_{on}$

(6) CT74LS，CT74S，CT74LS

(7) 高电平，低电平，高阻

(8) 在相同信号线上分时

(9) BCL、TTL、CMOS

(10) 关，开。

2. 选择题

(1) B　(2) C　(3) B　(4) B　(5) B

3. 综合题

(1) 解：根据饱和条件 $I_B \geqslant I_{BS}=\dfrac{V_{CC}}{\beta R_C}$可知：

① 正确。因为 R_C 电阻越大，临界饱和基极电流 I_{BS}越小，饱和条件越容易满足。

② 不正确。因为 β 加大，R_C 电阻越大，临界饱和基极电流 I_{BS}越小，饱和条件越容易满足。

③ 正确。因为实际基极电流 $I_B \approx \frac{V_{IN}}{R_B}$，$R_B$ 加大，使 I_B 减小，饱和条件越不容易满足。

(2) 解：图 2.20(a) 有错误。普通门电路不允许输出端直接相连，应将图中的逻辑门改为 OC 门。图 2.20(b)有错误，应将与非门改为与门。图 2.20(c) 有错误。正确的连接请见图 2.29 所示。

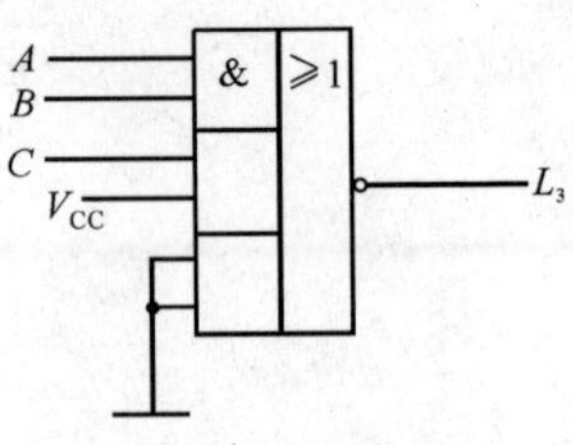

图 2.29　正确的连接

(3) 图 2.21 (a)中 $Y_1=1$，图 2.21(b)中，$Y_2=\overline{A}$，图 2.21(c)中 $Y_3=0$，图 2.21(d)中 $Y_4=\overline{AB+C}$。

(4) 逻辑电路如图 2.30 所示，真值表见表 2.2。

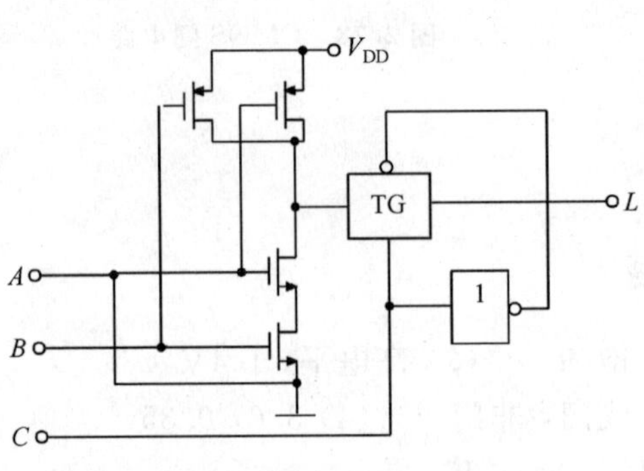

图 2.30　逻辑电路

表 2.2　真值表

C	A　B	L
1	0　0	1
	0　1	1
	1　0	1
	1　1	0
0	×	高阻

(5) 逻辑功能如图 2.31 所示。

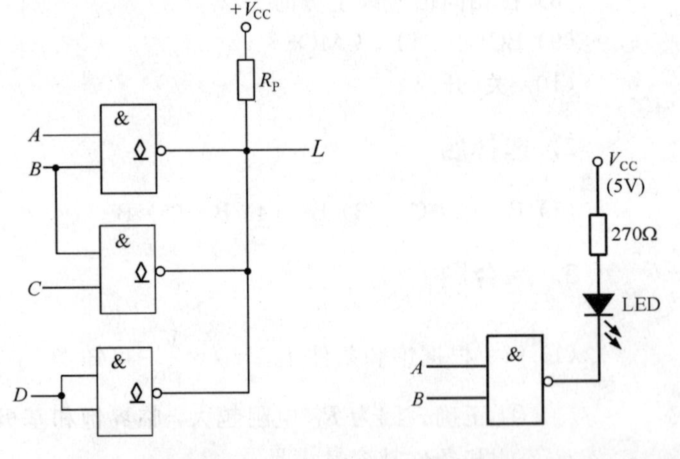

图 2.31　逻辑功能　　**图 2.32**　与非门驱动发光二极管的电路

(6) 功能如表 2.3 所示。

表 2.3 功能表

门电路的名称	输出逻辑表达式	ABCD=1001 时，各输出函数值
同或门	$L_1=\overline{A\oplus C}=AC+\overline{A}\,\overline{C}$	$L_1=0$
与或非门	$L_2=\overline{AD+BC}$	$L_2=0$
OC 门	$L_3=\overline{AD}\cdot\overline{AC}$	$L_3=0$
三态与非门	$B=0$ 时 $L_4=\overline{AD}$ $B=1$ 时 呈高阻态	$B=0$ 时 $L_4=0$ $B=1$ 时 呈高阻态

(7) 与非门驱动发光二极管的电路如图 2.32 所示。

发光二极管支路中的限流电阻阻值：

$$R=\frac{5-2-0.3}{10}=270(\Omega)$$

(8) 从电压角度考虑，

当 $V_{oH}=4.7V$ 时：

$$I_B=\frac{4.7-0.7}{20}=0.2(mA)$$

$$I_{BS}=\frac{V_{CC}}{R_C\beta}=\frac{5}{2\times 30}\approx 0.08(mA)$$

因 $I_B>I_{BS}$，所以三极管饱和。

$V_o\approx 0.3V$

能够为 TTL 门提供合适的输入低电平。

当 $V_{oL}=0.1V$ 时：

因电压达不到发射结的门坎电压，所以三极管截止。

$$V_o=V_{CC}-R_C\times 4I_{iH}=4.2(V)$$

可见，能够为 TTL 门提供合适的输入高电平。

由以上分析可知，接口参数选择合理。

(9) 当 TTL 和 CMOS 两种门电路相互连接时，驱动门必须要为负载门提供符合要求的高低电平和足够的输入电流，即要满足下列条件：

驱动门的 $V_{oH(min)}\geqslant$负载门的 $V_{iH(min)}$

驱动门的 $V_{oL(max)}\leqslant$负载门的 $V_{iL(max)}$

驱动门的 $I_{oH(max)}\geqslant$负载门的 I_{iH}(总)

驱动门的 $I_{oL(max)}\geqslant$负载门的 I_{iL}(总)

其中，$V_{oH(min)}$ 指输出高电平电压；$V_{iH(min)}$ 指输入高电平电压；$V_{oL(max)}$ 指输出低电平电压；$V_{iL(max)}$ 指输入低电平电压；$I_{oH(max)}$ 指输出高电平电流；$I_{iH(总)}$ 指各负载门输入高电平电流 $I_{iH(max)}$ 的和；$I_{oL(max)}$ 指输出低电平电流；$I_{iL(总)}$ 指各负载门输入低电平电流 $I_{iL(max)}$ 的和。

(10) ① 当输入 $V_A=0.3V$，三态输出门工作，由于输入为低电平

0.3V，输出为高电平，电压表 V 读数为 3.6V。由于 S 打开，G_2 输入端悬空，相当于输入高电平，故输出 V_o 为低电平 0.3V。

② 当输入 $V_A=0.3V$ 时，三态输出门工作，输出为高电平 3.6V，由于 S 合上，故输出 V_o 为低电平 0.3V。

③ 由于 $V_A=3.6V$，为高电平，三态门 G_1 输出高阻态，G_2 输入端悬空，故 G_2 输出为低电平 0.3V。

④ 由于 $V_A=3.6V$，为高电平，三态门 G_1 输出高阻态，由于开关 S 合上，电压表的内阻为 100kΩ，远大于 G_2 的开门电阻，故电压表的读数为 G_2 的开门电平，V_o 为低电平 0.3V。

(11) CMOS 电路的栅极输入电流为 0，因此，它不存在开门电阻和关门电阻，栅极对地接的电阻不论多大，其上都不产生电压，即为低电平 0。

图 2.25(a)为高电平有效的三态输出门，而使能端输入的为低电平 0，故输出 Y_1 为高阻态。

图 2.25(b)为低电平有效的三态输出门，而使能端输入的为低电平 0，处于工作状态，而两个输入端中有一个通过 30kΩ 的电阻接地，该端输入信号为低电平 0，故输出 Y_2 为高电平 1。

图 2.25(c)为高电平有效的三态输出门，处于工作状态，故输出 Y_3 为低电平 0。

图 2.25(d)为高电平有效的三态输出门，处于工作状态，故输出 Y_4 为高电平 1。

(12) 对 PMOS 来说，输入电压 V_i 在 5～12V 之间变化时导通，而对 NMOS 来说，输入电压 V_i 在 2～7V 之间变化时导通。因此，输出电压 V_o 在 2～12V 之间变化。

(13) 电路中的上部三个 NMOS 管是负载管，因为它们的栅极与漏极都接+5V 电源，因此，在它们的源极端都将输出一个反函数。其余的开关管，若漏极是相互并接的，则它们栅极上的变量是逻辑或的关系；若漏极是相互串接的，则它们栅极上的变量是逻辑与的关系。所以可以求得

$$G=\overline{\overline{A+B}}=A+B,\quad F=\overline{\overline{A+B}\cdot C+D}$$

(14) VT_1～VT_4 管组成 A、B 两输入端的与非门，VT_5 和 VT_6 组成 CMOS 传输门，VT_7 和 VT_8 组成反相器，为传输门提供互补控制电压，用以控制传输门的开通与关闭。由分析可知，$C=0$ 时，传输门关闭，输出 Y 为高阻态；$C=1$ 时，传输门开通，$Y=Y_1=\overline{AB}$。所以图 2.28 所示电路为三态输出与非门。

第3章 组合逻辑电路

本章要点

1. 组合逻辑电路及特点

组合逻辑电路

逻辑电路在任一时刻输出状态只取决于该时刻输入状态的组合，而与电路原来的状态无关，则称该电路为组合逻辑电路。特点：没有记忆功能，全部由门电路组合而成，没有输出到输入的正反馈电路。

2. 组合逻辑电路的分析方法

已知电路逻辑图→写逻辑函数式→列出真值表→逻辑电路功能。

3. 组合逻辑电路的设计方法

设计要求→列真值表→化简→最简逻辑函数式→画逻辑电路图。

4. 编码器

编码
编码器

将0、1按一定的规律组合表示特定的对象的过程，称为编码。实现编码功能的逻辑电路称为编码器。编码器的分类如下。

① 二进制编码器：用 n 位二进制代码对 2^n 个输入信号进行编码的逻辑电路。

② 十进制编码器：将0～9十个十进制数转换为二进制代码的逻辑电路。

注意：以上两种编码器在同一时间内只允许对一个输入信号进行编码。

③ 优先编码器：在同一时间内，当有多个输入信号请求编码时，只对优先级别高的信号进行编码的逻辑电路。

5. 译码器

译码
译码器

译码是编码的逆过程，即把一个0、1组成的代码转换成一个输出信号的过程。实现译码功能的电路称为译码器。译码器的分类如下。

① 二进制译码器：将输入二进制代码的各种状态按原意译成对应输出信号的电路。

② 二-十进制译码器：将4位BCD码的十组代码译成0～9十个对应信号的逻辑电路。

③ 显示译码器：由译码器和驱动电路组成，输入一般为BCD码，输出为七段码，用以驱动七段半导体数码显示器。显示译码器输出低电平有效时，用以驱动共阳极接法半导体数码显示器；如输出高电平有效时，则用以驱动共阴极接法半导体数码显示器。

用二进制译码器和门电路实现逻辑函数的步骤如下：

① 将逻辑函数写成最小项的形式。

② 将所有最小项对应译码器的输出端进行“与非”(前提是选用低电平有效的二进制译码器)。

注意：若选用的是高电平有效的二进制译码器，则可将所有最小项对应译码器的输出直接“或”即可。

6. 数据选择器

(1) 定　义

数据选择器

从若干个输入信号中选出1个传送到输出端的电路称为数据选择器。

(2) 种　类

① 4选1数据选择器：有两位地址码，$2^2=4$路信号输入端，1个输出端；逻辑公式为

$$Y=\overline{A_1}\,\overline{A_0}D_0+\overline{A_1}A_0D_1+A_1\overline{A_0}D_2+A_1A_2D_3=\sum_{i=0}^{3}m_iD_i$$

② 8选1数据选择器：有3位地址码，$2^3=8$路信号输入端，1个输出端；逻辑公式为

$$\begin{aligned}Y=&\overline{A_2}\,\overline{A_1}\,\overline{A_0}D_0+A_2\,\overline{A_1}A_0D_1+\overline{A_2}A_1\,\overline{A_0}D_2\\&+\overline{A_2}A_1A_0D_3+A_2\,\overline{A_1}\,\overline{A_0}D_4+A_2\,\overline{A_1}A_0D_5\\&+A_2A_1\,\overline{A_0}D_6+A_2A_1A_0D_7=\sum_{i=0}^{7}m_iD_i\end{aligned}$$

(3) 用数据选择器实现逻辑函数的步骤

① 将逻辑函数写成最小项的形式。

② 将逻辑函数中所包含的逻辑变量接地址端，再将函数中出现的最小项所对应的 D_i 接“1”，其余 D_i 口接“0”。

7. 数据分配器

数据分配器

根据地址码的要求，将一输入信号分配到指定输出通道的逻辑电路称为数据分配器。

8. 加法器

半加器

(1) 半加器

只有两个 1 位二进制数相加，而不考虑来自低位进位的运算电路。

全加器

(2) 全加器

不但两个 1 位二进制数相加，而且考虑来自低位进位数相加的电路。

串行进位加法器

(3) 串行进位加法器

低位全加器进位输出端 CO 依次和相邻高位进位输入端 CI 相连，即高位必须等到低位运算完后才能进行运算，因此串行进位加法器运算速度比较慢。

超前进位加法器

(4) 超前进位加法器

在加法运算中，各级进位是同时完成的，它的运算速度较快。

数值比较器

9. 数值比较器

比较两个多位二进制数大小的逻辑电路称为数值比较器。工作时从高位到低位逐位进行比较，当高位数相等时，才能进行低位数比较，直到某一位数值不等，数值比较结束。

10. 组合逻辑电路中的竞争和冒险

竞争

(1) 竞　争

在组合逻辑电路中，输入信号通过不同数目的门电路，经过不同长度的导线传输到达某个门电路输入端的时间会有先后，从而 产生一定的时间差，这种现象称为竞争。

冒险

(2) 冒　险

由于输入端的竞争，使输出端产生不应有的尖峰干扰脉冲的现象称为冒险。

(3) 冒险现象的判断

当输出逻辑函数在一定的条件下能化简为 $Y=A\cdot\overline{A}$ 或 $Y=A+\overline{A}$ 的形式时，则该电路存在冒险现象。

(4) 消除冒险现象的方法

方法一，加选通脉冲；方法二，输出端加滤波电容；方法三，修改逻辑设计。

典型例题解析

例 3.1 分析图 3.1 的逻辑电路。

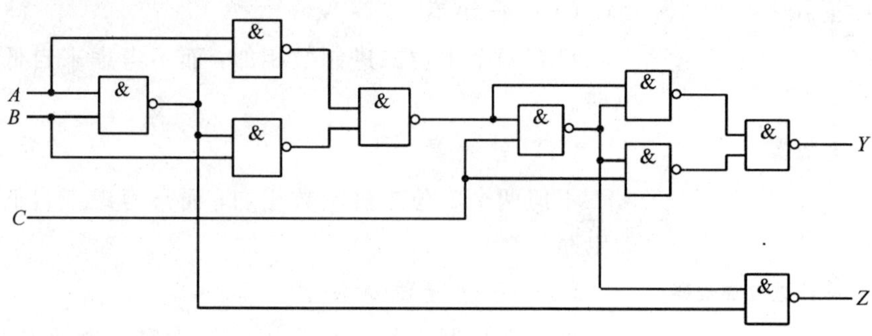

图 3.1

解 $Y=A\oplus B\oplus C$

$$Z=AB+(A\oplus B)C=AB\overline{C}+ABC+\overline{A}BC+A\overline{B}C$$

$$=\sum m(3,5,6,7)$$

电路的真值表如表 3.1 所示。

表 3.1 真值表

A	B	C	Z	Y
0	0	0	0	0
0	0	1	0	1
0	1	0	0	1
0	1	1	1	0
1	0	0	0	1
1	0	1	1	0
1	1	0	1	0
1	1	1	1	1

表 3.2 真值表

t	A	B	C	Y
$0\sim t_0$	0	0	1	0
$t_0\sim t_1$	0	1	1	0
$t_1\sim t_2$	1	1	1	0
$t_2\sim t_3$	1	1	0	0
$t_3\sim t_4$	0	1	0	1
$t_4\sim t_5$	0	0	0	1
$t_5\sim t_6$	0	0	1	0
$t_6\sim t_7$	1	0	0	1

由真值表可以判断该电路是一个全加器。

例 3.2 假定已知电路的工作波形如图 3.2 所示，试用最少门电路实现输出函数 Y。

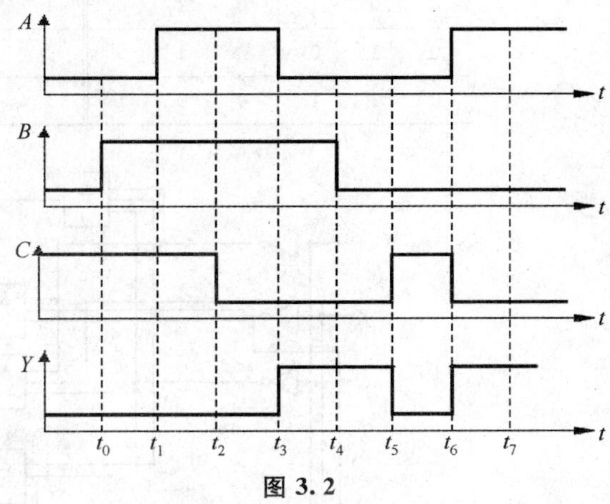

图 3.2

解 根据波形列出真值表如表 3.2 所示。

列出逻辑函数表达式并化简得

$$Y=\overline{A}B+\overline{A}\,\overline{C}$$

逻辑图如图 3.3 所示。

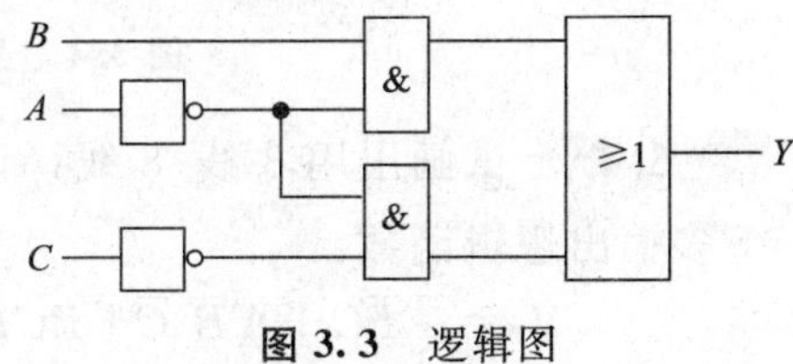

图 3.3 逻辑图

例 3.3 设计一个含三台设备工作的故障显示器。要求如下：三台设备都正常工作时绿灯亮；仅一台设备发生故障时，黄灯亮；两台或两台以上设备同时发生故障时，红灯亮。

解 设三台设备分别为变量 A、B、C，设绿灯、黄灯、红灯分别为 G、Y、R。设备出现故障时变量为 1，反之为 0。灯亮为 1，反之为 0。将工作中出现的状态列成真值表如表 3.3 所示。

三盏灯的逻辑表达式为

$$G=\overline{A}\,\overline{B}\,\overline{C};\ Y=\overline{A}\,\overline{B}C+\overline{A}B\,\overline{C}+A\,\overline{B}\,\overline{C};$$

$$R=\overline{A}BC+A\,\overline{B}C+AB=AB+BC+AC$$

逻辑图如图 3.4 所示。

表 3.3　真值表

A	B	C	G	Y	R	A	B	C	G	Y	R
0	0	0	1	0	0	1	0	0	0	1	0
0	0	1	0	1	0	1	0	1	0	0	1
0	1	0	0	1	0	1	1	0	0	0	1
0	1	1	0	0	1	1	1	1	0	0	1

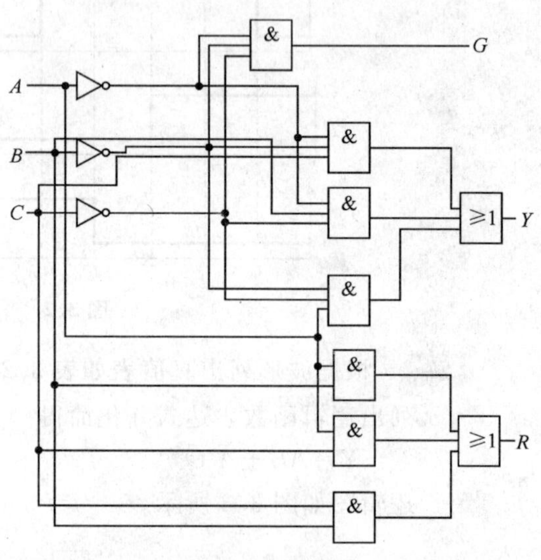

图 3.4　逻辑图

例 3.4　试画出用 3 线-8 线译码器 74LS138 和门电路实现如下多输出逻辑函数：

$$Y_1=\overline{A}\,\overline{B}C+A\overline{B}\,\overline{C}+BC;$$

$$Y_2=\overline{B}\,\overline{C}+AB\overline{C}。$$

解　先将表达式化为最小项表达式：

$$Y_1=\overline{A}\,\overline{B}C+A\overline{B}\,\overline{C}+\overline{A}BC+ABC=m_1+m_3+m_4+m_7$$

$$Y_2=\overline{A}\,\overline{B}\,\overline{C}+A\overline{B}\,\overline{C}+AB\overline{C}=m_0+m_4+m_6$$

根据译码器的逻辑功能，令 74LS138 输入 $A_2=A$，$A_1=B$，$A_0=C$，则电路如图 3.5 所示。

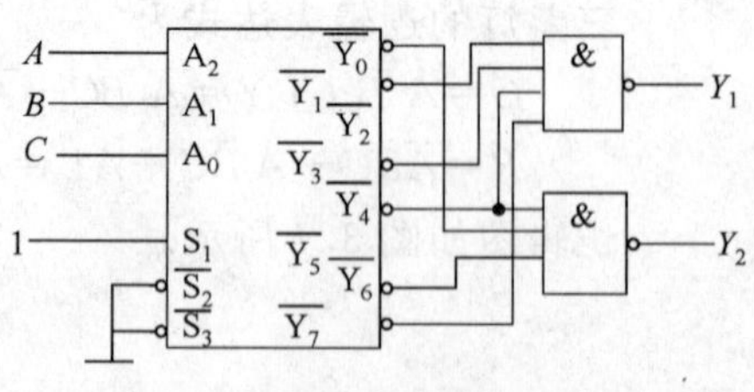

图 3.5　电路

例 3.5 分别用 4 选 1 和 8 选 1 数据选择器产生逻辑函数

$$Y=BC+\overline{A}B\,\overline{C}+\overline{A}\ \overline{B}C+A\,\overline{B}C$$

解 将要实现的逻辑函数变换成最小项形式：

$$Y=ABC+\overline{A}B\,\overline{C}+\overline{A}\ \overline{B}C+A\,\overline{B}C$$

由 4 选 1 的数据选择器输出逻辑函数可知：

$$A_1=A\quad A_0=B\quad D_0=D_2=D_3=C\quad D_1=\overline{C}$$

电路如图 3.6 所示。

由 8 选 1 的数据选择器输出逻辑函数可知：

$$A_2=A\quad A_1=B\quad A_0=C\quad D_1=D_2=D_5=D_7=1$$

$$D_0=D_3=D_4=D_6=0$$

电路如图 3.7 所示。

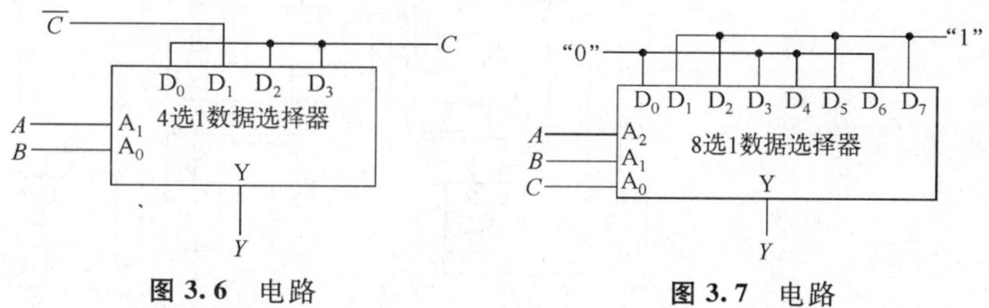

图 3.6 电路　　图 3.7 电路

例 3.6 试用两片 4 位数值比较器 CT74LS85 和必要的门电路实现三个 4 位二进数 A、B、C 的比较电路，并能判别 A、B、C 三个数是否相等；若不等，A 数是否最大或最小。

解 将 A 与 B，A 与 C 分别在两片 CT74LS85 中进行比较，并用门电路将比较器的输出合成 3 种结果，即

若 $A=B=C$，则 $Y_2=1$；若 $A>B$ 且 $A>C$，则 A 为最大，$Y_1=1$；若 $A<B$ 且 $A<C$，则 $Y_3=1$，电路如图 3.8 所示。

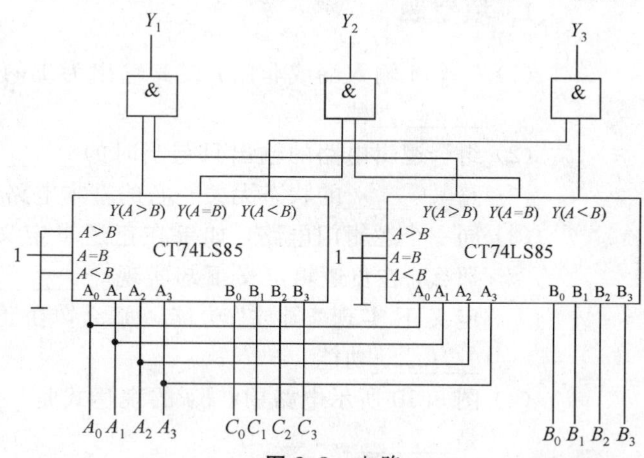

图 3.8 电路

例 3.7 用全加器和其他逻辑门实现两个3位二进制码的相乘电路。

解

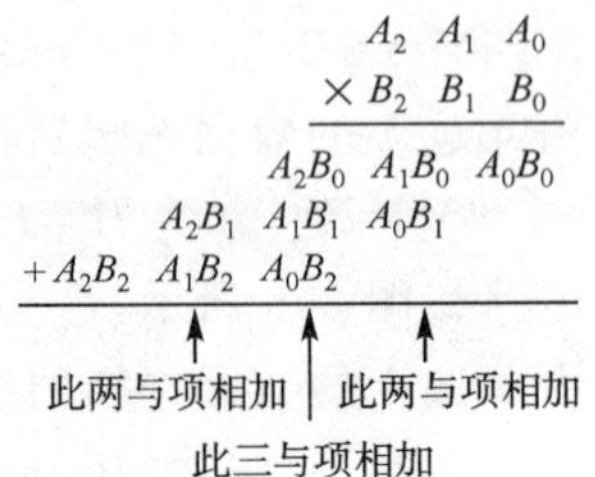

由上式可知乘法原理如图3.9所示。

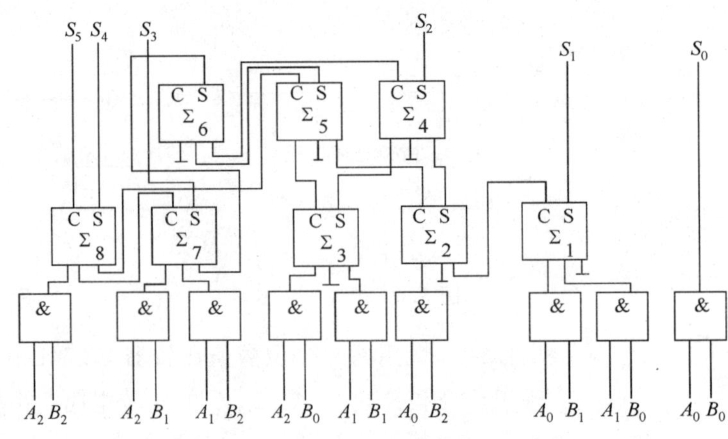

图 3.9 乘法原理

自 测 题

1. 填空题

(1) 一个4输入端或非门，使其输出为1的输入变量取值组合有________种。

(2) 组合逻辑电路的输出只与当时的________状态有关，而与电路________的状态无关。它的基本电路单元是________。

(3) 同一个逻辑门电路，如果在正逻辑定义下实现“与非”功能，那么，在负逻辑定义下却实现________功能。如果在负逻辑定义下实现“同或”功能，那么，在正逻辑定义下则实现________功能。

(4) 图3.10所示电路中，F_1 的表达式是________，F_2 的表达式是________。

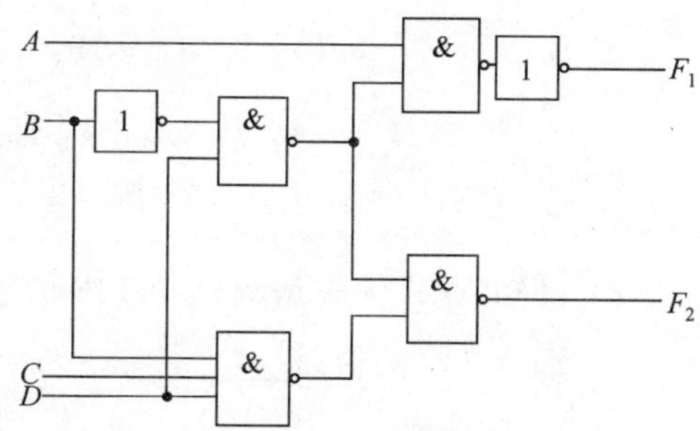

图 3.10 电路

(5) 2线-4线二进制译码器的功能如表3.4所示，欲将其改为四路分配器使用，应将使能端 EI 接________，而数据输入端A、B 作为________端。

(6) 四路选择器中，当 $\overline{EI}=0$ 时，如果 $AB=00$，$Y=$________；$AB=10$ 时，$Y=$________。

(7) 由加法器构成的代码变换电路如图3.11所示，若输入信号 b_3、b_2、b_1、b_0 为8421BCD码，则输出端 S_3、S_2、S_1、S_0 是________代码。

表 3.4 真值表

输入			输出			
EI	A	B	Y_0	Y_1	Y_2	Y_3
1	X	X	0	0	0	0
0	0	0	1	0	0	0
0	0	1	0	1	0	0
0	1	0	0	0	1	0
0	1	1	0	0	0	1

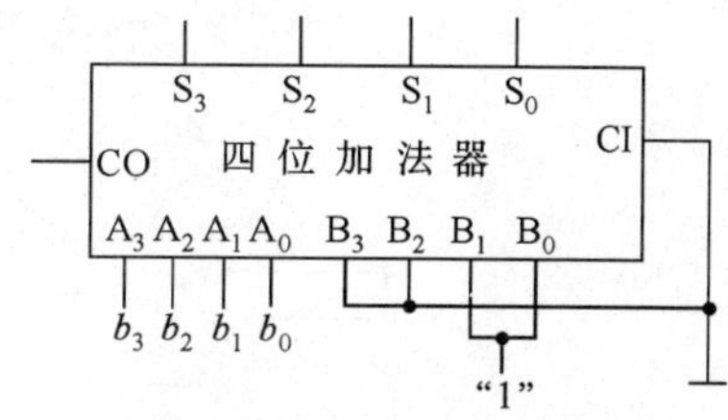

图 3.11 代码变换电路

(8) 为了使3线-8线译码器74138的输出端 $Y_5=0$，则要求输入端 $ST_A\ \overline{ST_B}\ \overline{ST_C}=$________，$CBA=$________。

(9) 3线-8线译码器74138有________代码输入端，________输出端。

(10) 实现将输入信号编成一个对应的二进制代码逻辑功能的是________。

2. 选择题

(1) 在图3.12所示的组合电路中，其函数的表达式为________。

A. $F=\sum m(0,4,5,7,8,12,13,14,15)$

B. $F=\sum m(1, 2, 3, 6, 9, 10, 11)$

C. $F=\sum m(0, 8, 12, 14, 15)$

D. $F=AB+BD+\overline{C}\,\overline{D}$

(2) 已知 MSI 优先编码器 74148 的输入$\overline{I_1}=\overline{I_2}=\overline{I_3}=0$，则输出线$\overline{Y_2}\,\overline{Y_1}\,\overline{Y_0}$的值是________。

A. 000　　B. 100　　C. 101　　D. 111

(3) 要使3线-8线译码器74138工作，使能控制端$ST_A\ \overline{ST_B}\ \overline{ST_C}$的电平信号应是________。

A. 100　　B. 111　　C. 011　　D. 001

(4) 双向数据总线可以采用________构成。

A. 译码器　　B. 三态门　　C. 与非门　　D. 多路选择器

(5) 8路分配器，其地址输入(选择控制)端有________个。

A. 1　　B. 2　　C. 3　　D. 8

(6) 由8选1数据选择器74151组成的电路如图3.13所示，该电路的输出________。

A. $Y=A\overline{B}\,\overline{C}+A\overline{B}C+\overline{A}\,\overline{B}C$

B. $Y=\sum m(6, 7, 9, 13)$

C. $Y=\sum m(6, 7, 13, 14)$

D. $Y=\sum m(6, 7, 8, 9, 13, 14)$

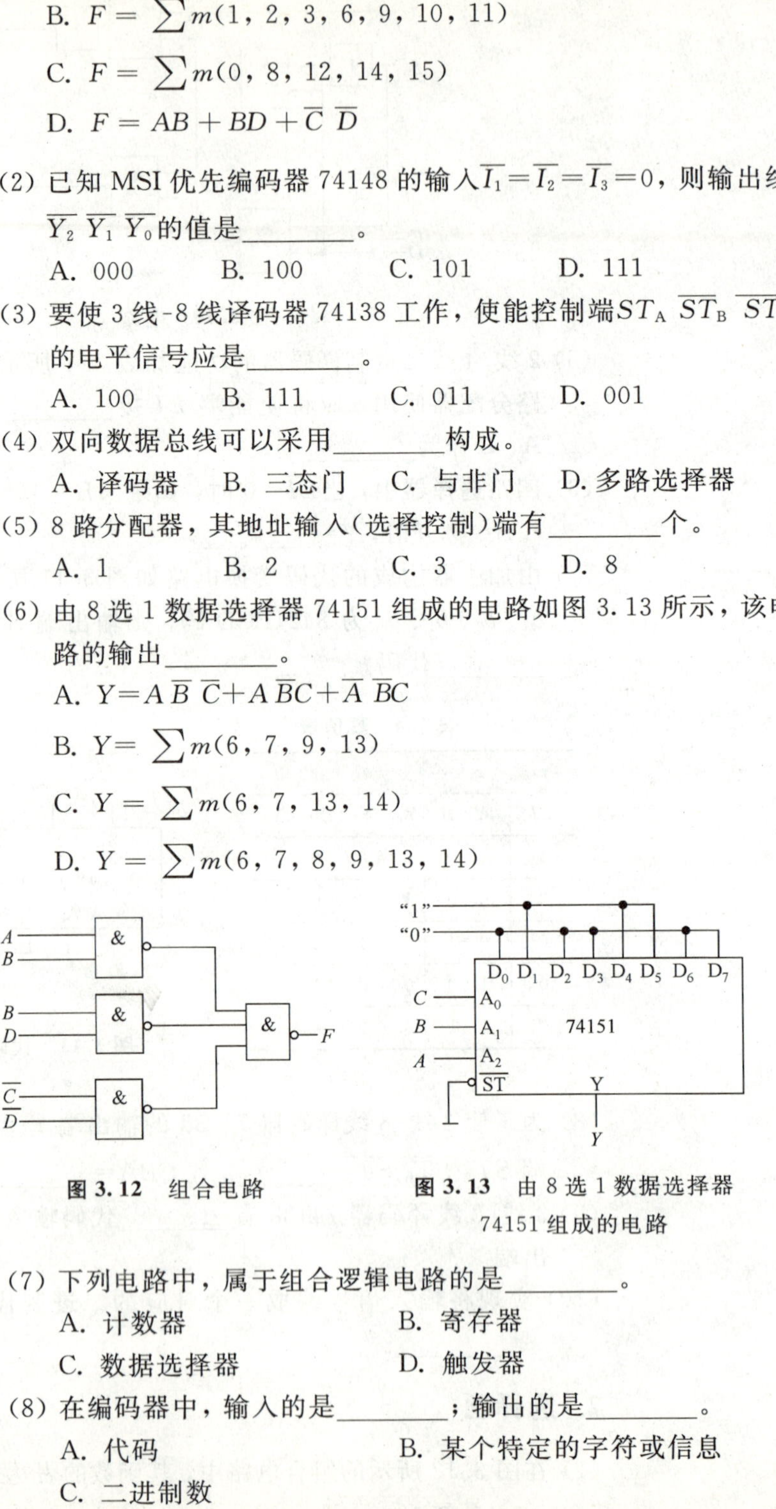

图3.12　组合电路

图3.13　由8选1数据选择器74151组成的电路

(7) 下列电路中，属于组合逻辑电路的是________。

A. 计数器　　B. 寄存器

C. 数据选择器　　D. 触发器

(8) 在编码器中，输入的是________；输出的是________。

A. 代码　　B. 某个特定的字符或信息

C. 二进制数

(9) 组合逻辑电路主要由________组成的。

A. 触发器　　　　　　　　B. 门电路
C. 计数器　　　　　　　　D. 寄存器

(10) 指出图 3.14 所用“与非门”组成的电路的逻辑关系是________。

A. “与非”关系　　　　　　B. “或非”关系
C. “同或”关系　　　　　　D. “异或”关系

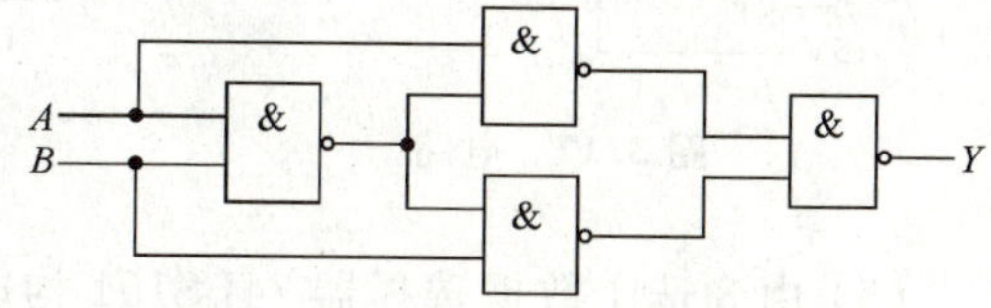

图 3.14 逻辑能

3. 分析题

(1) 分析图 3.15 所示的逻辑功能。

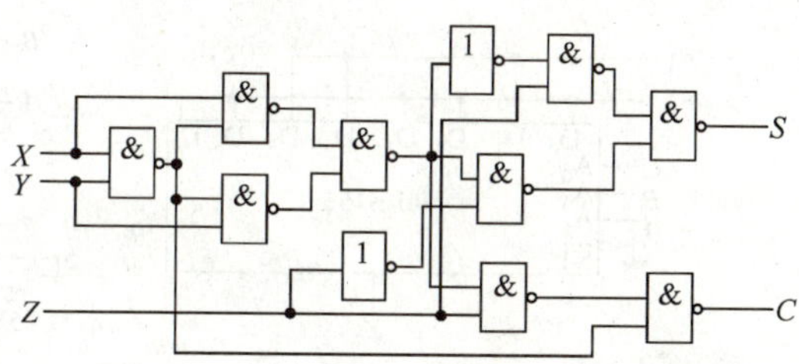

图 3.15 逻辑功能

(2) 逻辑电路的输入信号 A，B，C 与输出信号 F 的波形如图 3.16 所示。①列出逻辑函数 F 的真值表；②写出函数的逻辑表达式；③画出用“非门”和“与或非门”实现 F 的逻辑电路。

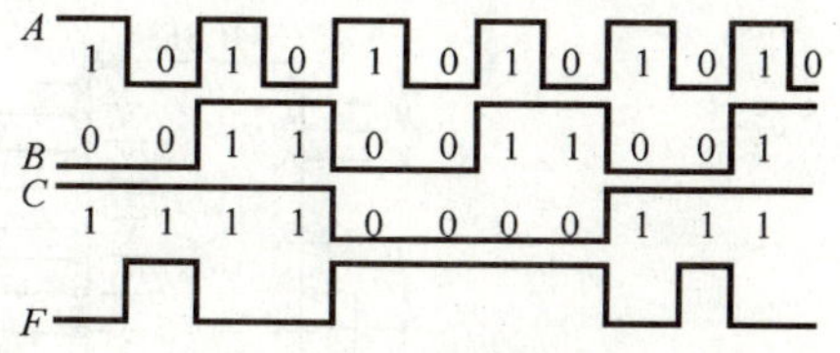

图 3.16 波形图

(3) 图 3.17 是由 3 线-8 线译码器 74LS138 和与非门构成的电路。试写出 P_1 和 P_2 的表达式，列出真值表，说明其逻辑功能。

(4) 已知某电路输入信号 A、B、C 和输出信号 Y 的波形如图 3.18 所示。①写出 $Y(A, B, C)$的逻辑表达式；②用 3 线-8

线译码器 74LS138 和少量门电路实现逻辑函数 Y。

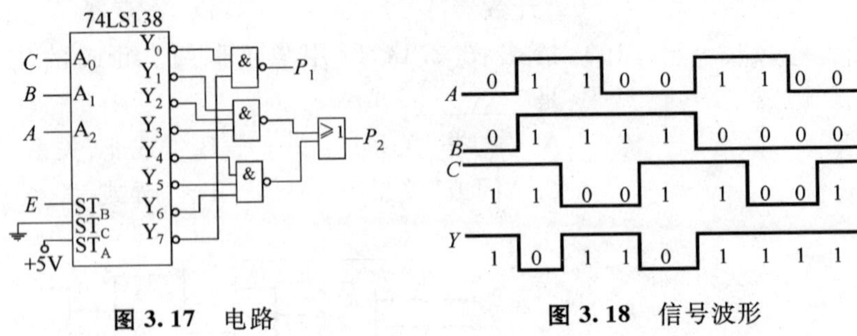

图 3.17 电路

图 3.18 信号波形

(5) 由 8 选 1 数据选择器 74LS151 构成的电路如图 3.19 所示，分析电路，写出输出 F 的逻辑表达式。

(6) 由译码器 74LS138 和逻辑门组成的电路如图 3.20 所示，试写出输出 P_1 和 P_2 的逻辑表达式。

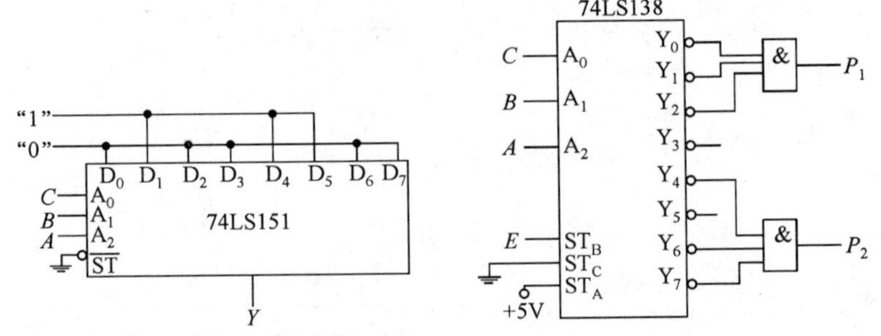

图 3.19 由 8 选 1 数据选择器构成的电路

图 3.20 电译码器 74LS138 和逻辑门组成的电路

(7) 由 3 线-8 线译码器 CT74LS138 及 8 选 1 数据选择器 CT74LS151 组成电路如图 3.21 所示。$X_2X_1X_0$ 及 $Z_2Z_1Z_0$ 为两个 3 位二进制数。试分析电路的逻辑功能。

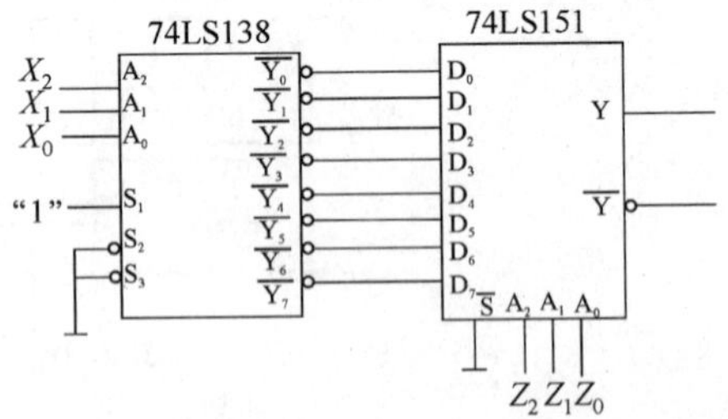

图 3.21 由 3 线-8 线译码器及 8 选 1 数据选择器组成的电路

(8) 由 4 位超前进位加法器 74LS283 和 4 位 2 选 1 数据选择器 74LS157 组成的电路如图 3.22 所示，其中 S 为输入控制信号。试填写表 3.5 所示的输入/输出对照表，并概述电路逻辑功能。

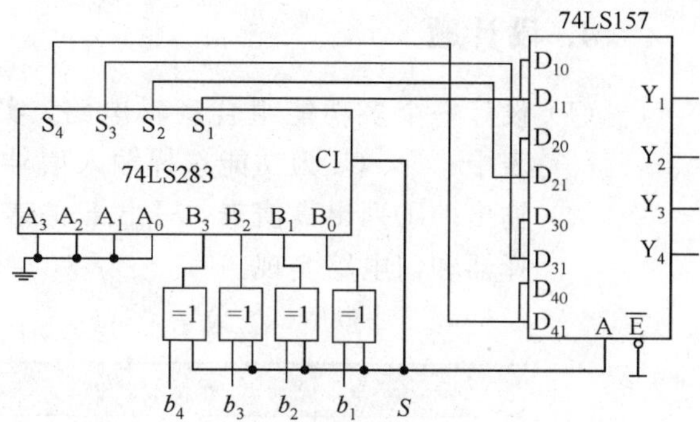

图 3.22 由 74LS283 和数据选择器 74LS157 组成的电路

表 3.5 输入/输出对照表

输入				S=0	S=1
b_4	b_3	b_2	b_1	Y_4 Y_3 Y_2 Y_1	Y_4 Y_3 Y_2 Y_1
0	0	0	0		
0	0	1	1		
0	1	0	1		
0	1	1	0		
1	0	0	1		
1	0	1	0		
1	1	0	0		
1	1	1	1		

(9) 逻辑电路如图 3.23 所示。①写出 S、C、P、L 的函数表达式；②当取 S 和 C 作为电路的输出时，此电路的逻辑功能是什么？

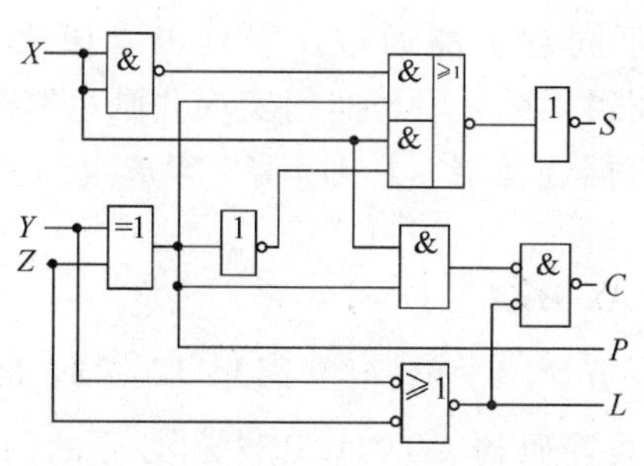

图 3.23 逻辑电路

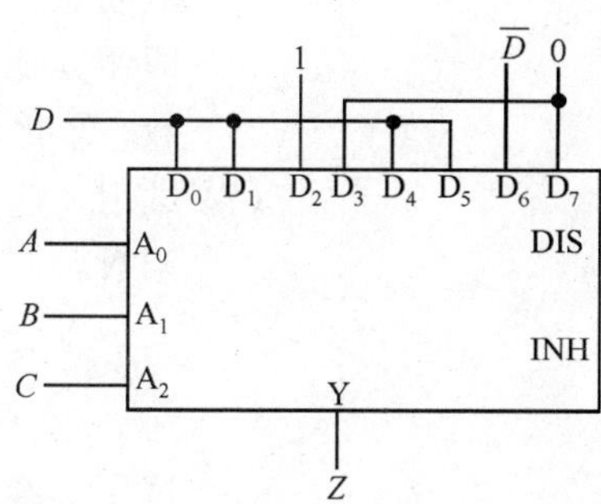

图 3.24 电路

(10) 分析图 3.24 所示电路，写出输出 Z 的逻辑函数式。CC4512 为 8 选 1 数据选择器。

4. 设计题

(1) 设计一个多功能组合逻辑电路，实现表 3.6 所列逻辑功能。表中：C_1、C_0 为功能选择输入信号；A、B 为输入变量；F 为输出。①列出真值表，写出 F 的表达式；②用 8 选 1 数据选择器和门电路实现。

表 3.6 逻辑功能表

C_1 C_0	F	C_1 C_0	F
0 0	$A+B$	1 0	$A\oplus B$
0 1	AB	1 1	$\overline{A\oplus B}$

(2) 仿照全加器设计一个全减器，被减数为 A，减数为 B，来自低位的借位为 J_0，差为 D，向上一位的借位为 J。要求：①列出真值表，写出 D 和 J 的表达式；②用二输入与非门实现；③用最小项译码器 74LS138 实现；④用双 4 选 1 数据选择器实现。

(3) 设计下列组合逻辑电路，写出逻辑函数表达式：①四变量奇偶监测电路；②四变量判别一致电路。

(4) 设有一个 4 位二进制数 X，送到一个判别电路。要求：①当 $4\leqslant X\leqslant 7$时，输出 $Y_A=1$；②$X\leqslant 3$ 时，输出 $Y_B=1$；③当 $X\geqslant 8$ 时，输出 $Y_C=1$。试用两片 4 位数字比较器 74LS85 与若干个逻辑门实现此判别电路。

(5) 将一片双 4 选 1 数据选择器 CT74153 接成一个异或门和一个同或门，不得使用其他逻辑门。

(6) 设计一多数表决电路。要求：A、B、C 三人中只要有两人以上同意，则通过决议。同时 A 还有决定权，即只要 A 同意，即使其他人不同意也能通过。①列出真值表并写出逻辑函数；②化简逻辑函数，用与非门实现并画电路图。

(7) 试用 8 选 1 数据选择器 CT74LS151 集成电路实现 4 变量逻辑函数：

$$\begin{aligned} Y &= f(A, B, C, D) \\ &= \sum m(1, 5, 6, 7, 9, 11, 12, 13, 14)。\end{aligned}$$

(8) 试用 3 线-8 线译码器 CT74LS138 和必要的门电路设计一个 1 位具有控制端 K 全运算电路。当 $K=1$ 时，全减运算被禁止；当 $K=0$ 时作全减运算。

(9) 某设备有 A，B，C 3 个开关。要求只有在开关 A 接通的条件下开关 B 才能接通，开关 C 接通的条件下开关 B 才能接通，违反这一规则，则发出报警信号。试用与非门设计以上报警控制功能的组合逻辑电路。

(10) 试用 4 位并行加法器 74283 和必要的门电路设计一个加/减运算电路。要求电路在控制信号 $C=0$ 时完成加法运算；$C=1$时完成减法运算。

(11) 按以下要求设计一个检测 A、B、C 3 台水泵工作状态电路：当水泵中有两台以上正常运转时，输出 L 为 1，否则输出为 0。①列出真值表；②写出逻辑函数的最简与或表达式；③用与非门实现电路。

□ 自测题答案

1. 填空题

(1) 1

(2) 输入　原来　逻辑门

(3) 或非 异或

(4) $F_1=A(B+\overline{D})$　$F_2=\overline{B}D+CD$

(5) 数据　选择控制

(6) D_0　D_2

(7) 余 3 码

(8) 100　101

(9) 3　8

(10) 编码

2. 选择题

(1) A、D　(2) B　(3) A　(4) B　(5) C　(6) A　(7) C

(8) B、A　(9) B　(10)D

3. 分析题

(1) 电路为全加器，X、Y、Z 分别是两个加数和低位的进位，S 为和数，C 为向高位的进位。真值表如表 3.7 所示。

(2) ① 真值表如表 3.8 所示。

② 逻辑表达式为 $F=\overline{C}+\overline{A}\,\overline{B}$，逻辑电路如图 3.25 所示。

表 3.7 真值表

X	Y	Z	S	C
0	0	0	0	0
0	0	1	1	0
0	1	0	1	0
0	1	1	0	1
1	0	0	1	0
1	0	1	0	1
1	1	0	0	1
1	1	1	1	1

表 3.8 真值表

A	B	C	F
1	0	1	0
0	0	1	1
1	1	1	0
0	1	1	0
1	0	0	1
0	0	0	1
1	1	0	1
0	1	0	1
1	0	1	0
0	0	1	1
1	1	1	0

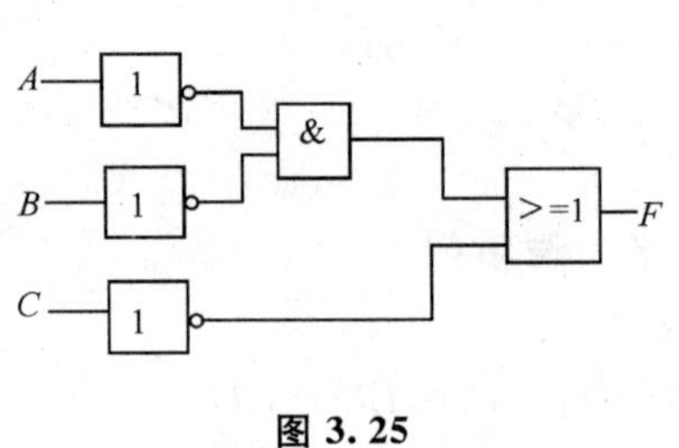

图 3.25

表 3.9 真值表

A	B	C	P_1	P_2
0	0	0	1	0
0	0	1	0	1
0	1	0	0	1
0	1	1	0	1
1	0	0	0	1
1	0	1	0	1
1	1	0	0	1
1	1	1	1	0

（3）① 表达式为：

$$F_1=\sum m(0,7)=\overline{A}\ \overline{B}\ \overline{C}+ABC$$

$$F_2=\sum m(1,2,3,4,5,6)=A\overline{B}+\overline{A}C+B\overline{C}$$

② 真值表如表 3.9 所示。

③ 该电路为一致性判别电路。当 A、B、C 相同时，$P_1=1$；不同时 $P_2=1$。

表 3.10 输入/输出对照表

输入				S=0				S=1			
b_4	b_3	b_2	b_1	Y_4	Y_3	Y_2	Y_1	Y_4	Y_3	Y_2	Y_1
0	0	0	0	0	0	0	0	0	0	0	0
0	0	1	1	0	0	1	1	1	1	0	1
0	1	0	1	0	1	0	1	1	0	1	1
0	1	1	0	0	1	1	0	1	0	1	0
1	0	0	1	1	0	0	1	0	1	1	1
1	0	1	0	1	0	1	0	0	1	1	0
1	1	0	0	1	1	0	0	0	1	0	0
1	1	1	1	1	1	1	1	0	0	0	1

图 3.26 电路

(4) 逻辑表达式为 $Y=\sum m(0, 1, 2, 4, 5, 6)$，电路如图 3.26 所示。

(5) $Y=A\overline{B}\,\overline{C}+A\overline{B}C+\overline{A}\,\overline{B}C$

(6) $P_1=\overline{\overline{A}\,\overline{B}\,\overline{C}}\cdot\overline{\overline{A}\,\overline{B}C}\cdot\overline{\overline{A}B\overline{C}}$，$P_2=\overline{A\overline{B}\,\overline{C}}\cdot\overline{AB\overline{C}}\cdot\overline{ABC}$

(7) 电路的逻辑功能是判断两个 3 位二进制数是否相等，当 $X_2X_1X_0=Z_2Z_1Z_0$ 时，$Y=0$，否则 $Y=1$。

(8) 该电路为一个补码发生器，其输入/输出关系见表 3.10，其中 S 为符号位，“0”表示正数，“1”表示负数。

$$\begin{cases}Y_4Y_3Y_2Y_1=b_4b_3b_2b_1\text{（原码）}\ S=0\\ Y_4Y_3Y_2Y_1=\overline{b_4}\ \overline{b_3}\ \overline{b_2}\ \overline{b_1}+1\text{（补码）}\ S=1\end{cases}$$

(9) ① $S=X\oplus Y\oplus Z$

$C=X(Y\oplus Z)+YZ=XY+XZ+YZ$

$P=Y\oplus Z$

$L=YZ$

② 当 S 和 C 作为电路的输出时，此电路完成全加器的功能。可以从表达式或真值表得出结论。

(10) $Z=\overline{A}B\overline{D}+\overline{B}D+\overline{A}B\overline{C}$

4. 设计题

(1) ① 该组合逻辑电路有 4 个输入：C_1、C_0、A 和 B，输出为 F。列出真值表，如表 3.11 所列。逻辑图如图 3.27 所示。

$$F=\overline{C_0}\,\overline{A}B+\overline{C_1}\,\overline{C_0}A+\overline{C_0}A\overline{B}+C_0AB+C_1C_0\overline{A}\,\overline{B}$$

表 3.11 真值表

C_1	C_0	A	B	F
0	0	0	0	0
0	0	0	1	1
0	0	1	0	1
0	0	1	1	1
0	1	0	0	0
0	1	0	1	0
0	1	1	0	0
0	1	1	1	1
1	0	0	0	0
1	0	0	1	1
1	0	1	0	1
1	0	1	1	0
1	1	0	0	1
1	1	0	1	0
1	1	1	0	0
1	1	1	1	1

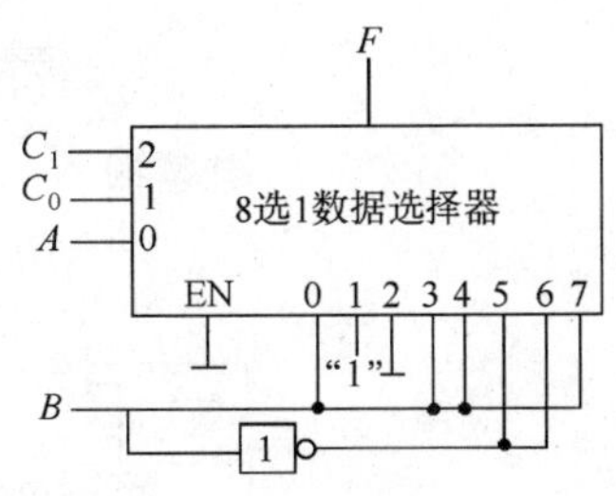

图 3.27 逻辑图

② 8选1数据选择器有3个地址输入变量，选择 C_1、C_0、A 作为地址输入端，选择作为数据选择器的数据输入。$D_0=D_3=D_4=D_7=B$，$D_5=D_6=\overline{B}$，$D_1=1$，$D_2=0$。为了用8选1数据选择器和门电路实现该多功能组合逻辑电路，需要将真值表变化如表3.12所示。

表 3.12　真值表

C_1	C_0	A	F
0	0	0	B
0	0	1	1
0	1	0	0
0	1	1	B
1	0	0	B
1	0	1	$\overline{B}$
1	1	0	$\overline{B}$
1	1	1	B

表 3.13　真值表

A	B	J_0	D	J
0	0	0	0	0
0	0	1	1	1
0	1	0	1	1
0	1	1	0	1
1	0	0	1	0
1	0	1	0	0
1	1	0	0	0
1	1	1	1	1

(2) ① 真值表如表3.13所示。

$$D=\sum m(1,2,4,7)=A\oplus B\oplus J_0$$

$$J=\sum m(1,2,3,7)=\overline{A\oplus B}\cdot J_0+\overline{A}B$$

② 将 J 作如下变化

$$J=\overline{\overline{\overline{A\oplus B}\cdot J_0+\overline{A}B}}$$

$$=\overline{\overline{\overline{A\oplus B}\cdot J_0}\cdot\overline{\overline{A}B}}$$

$$=\overline{\overline{\overline{(A\oplus B)J_0}\cdot J_0}\cdot\overline{\overline{AB}B}}$$

用二输入与非门实现的逻辑图如图3.28所示。

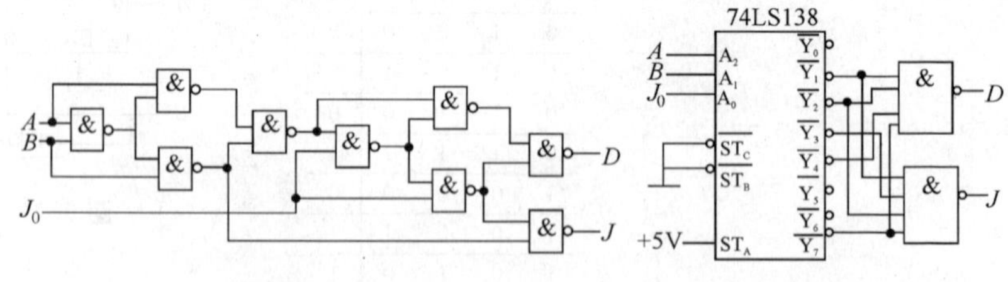

图 3.28　用二输入与非门实现的逻辑图　　　　**图 3.29**

③ 最小项译码器74LS138的输出为最小项的非。将 D、J 写成最小项非的形式，即

$$D=\sum m(1,2,4,7)=\overline{\overline{m_1}\cdot\overline{m_2}\cdot\overline{m_4}\cdot\overline{m_7}}$$

$$J=\sum m(1,2,3,7)=\overline{\overline{m_1}\cdot\overline{m_2}\cdot\overline{m_3}\cdot\overline{m_7}}$$

用最小项译码器 74LS138 实现的逻辑图如图 3.29 所示。

④ 选择器电路如图 3.30 所示。

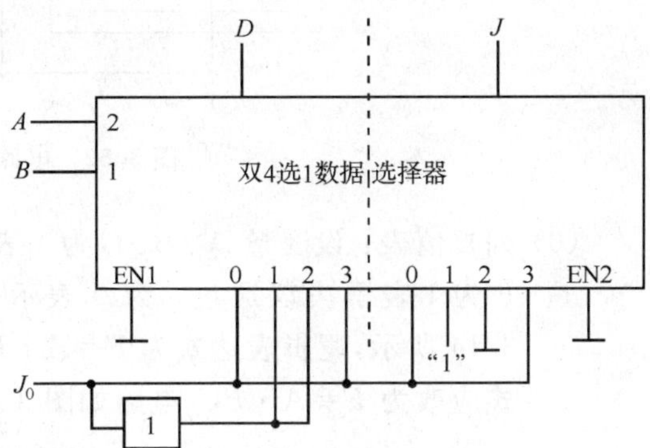

图 3.30 电路

(3) $Y_1=(A\oplus B)\oplus(C\oplus D)$；$Y_2=\overline{A}\ \overline{B}\ \overline{C}\ \overline{D}+ABCD$

(4) 依题意将第一片比较器的 $B_3B_2B_1B_0$ 送上定值 0011，第二片的 $B_3B_2B_1B_0$ 送上定值 1000，则 $Y_B=L_{13}+L_{12}$，$Y_A=L_{11}L_{22}$，$YC=L_{21}+L_{23}$，逻辑电路如图 3.31 所示。

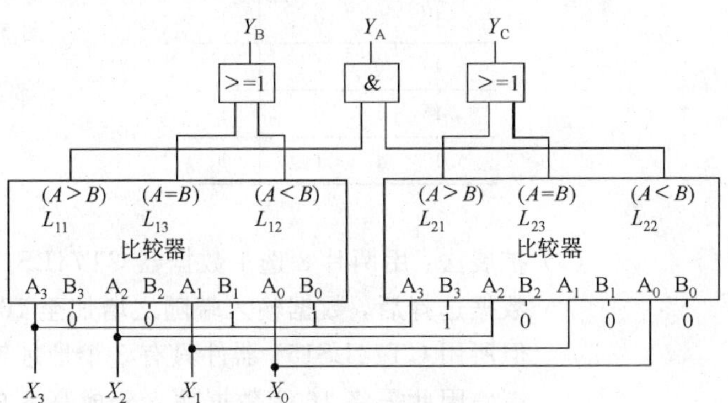

图 3.31 电路

(5) 4 选 1 数据选择器的输出函数为

$$Y=\overline{A}_1\overline{A}_0D_0+\overline{A}_1A_0D_1+A_1\overline{A}_0D_2+A_1A_0D_3$$

所以只要令 $D_0=D_3=0$，$D_1=D_2=1$，即可构成一个异或门。类似地，如果令 $D_0=D_3=1$，$D_1=D_2=0$，即可构成一个同或门。电路连接如图 3.32 所示，图中上方的 4 选 1 接成异或门，即输出 Y_1；下方 4 选 1 接成同或门，即输出 Y_2。用地址作为变量 A、B 输入端。

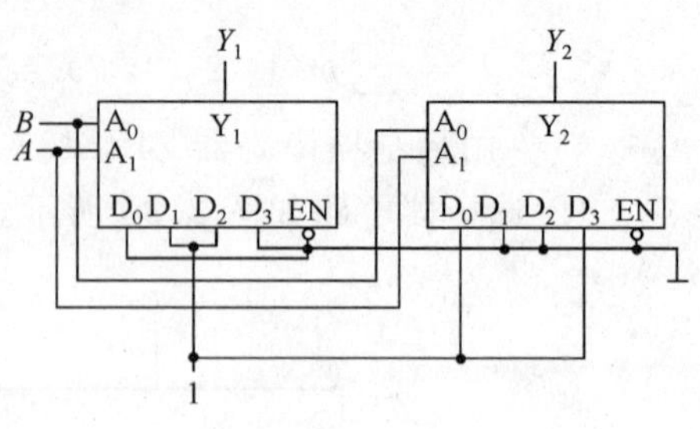

图 3.32 电路

(6) 列真值表：设变量 A、B、C 为 1 表示同意，为 0 表示不同意，F 为 1 表示决议通过，为 0 表示决议不通过。真值表如表 3.14 所示，逻辑表达式为 $F=A+BC$。用与非门实现，则表达式应改为 $F=\overline{\overline{A}\cdot\overline{BC}}$，电路如图 3.33 所示。

表 3.14 真值表

A	B	C	F
0	0	0	0
0	0	1	0
0	1	0	0
0	1	1	1
1	0	0	1
1	0	1	1
1	1	0	1
1	1	1	1

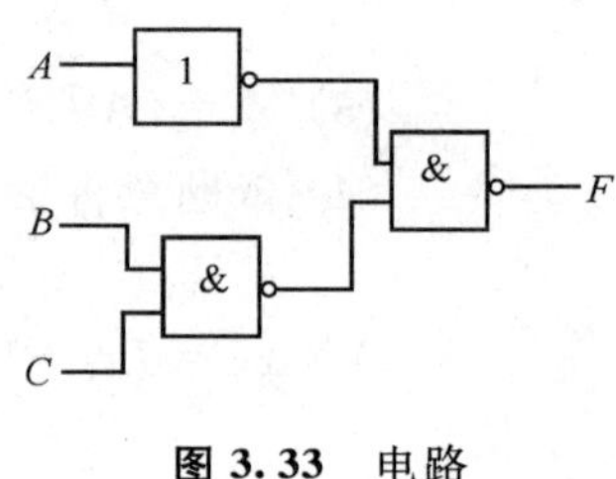

图 3.33 电路

(7) 扩展法：用两片 8 选 1 数据器 CT74LS151 器件扩展成 16 选 1 数据选择后，数据输入端随之增加至 16，地址输入需要 4 位，但所用 CT74LS151 器件只有 3 个地址输入端，8 个数据输入端。因此需将 16 个数据输入分成高 8 位数据和低 8 位数据，分别由 1 片 CT74LS151 器件选送，二者之间的转换可利用片选信号控制。4 位地址输入共构成 16 个 4 位二进制代码。由于最高位在低 8 位代码中为 0，在高 8 位代码中为 1，因此可将 4 位地址输入的最高位作为片选信号，余下的 3 位对应接入 CT74LS151 器件的地址输入端，这样可实现功能扩展。电路连接如图 3.34 所示。

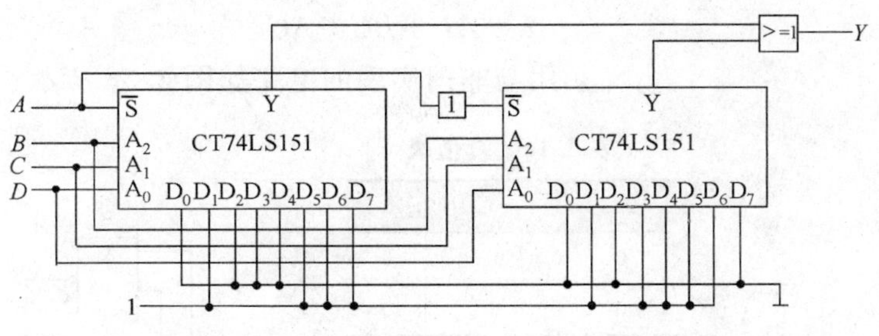

图 3.34 电路连接

(8) 设计出的电路如图 3.35 所示。

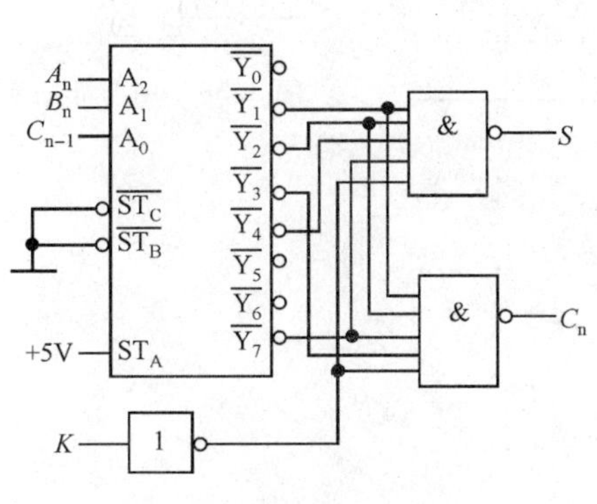

图 3.35 设计出的电路

表 3.15 真值表

A	B	C	F
0	0	0	1
0	0	1	1
0	1	0	1
0	1	1	0
1	0	0	1
1	0	1	1
1	1	0	0
1	1	1	0

(9) A、B、C 为 1 表示开关接通，0 表示开关关闭。F 为 1 表示报警，0 表示正常，其真值表见表 3.15，$F=\overline{B}+\overline{A}\ \overline{C}$ 设计的电路如图 3.36 所示。

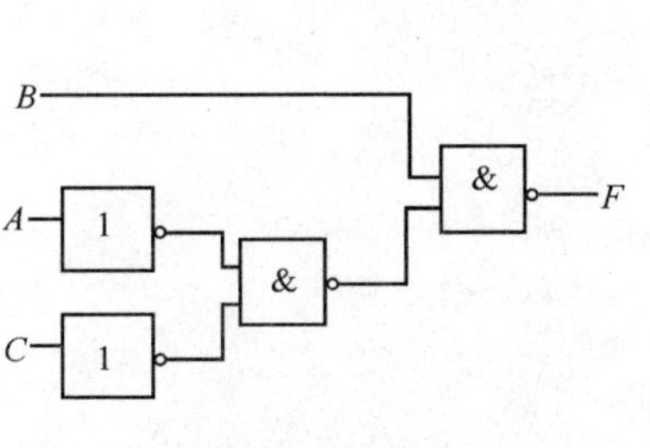

图 3.36

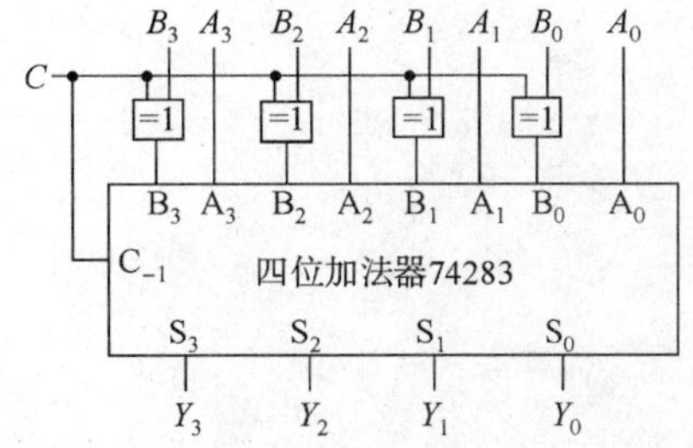

图 3.37 设计出的电路

(10) 设计出的电路如图 3.37 所示。

(11) ① 真值表如表 3.16 所列，表中变量 A、B、C 为 1 表示正常工作，为 0 表示不正常工作。L 为 1 表示正常，为 0 表示不正常。

② 最简与或式为

$$L = AB + BC + AC$$

③ 用与非门实现的电路如图 3.38 所示。

表 3.16 真值表

A	B	C	L
0	0	0	0
0	0	1	0
0	1	0	0
0	1	1	1
1	0	0	0
1	0	1	1
1	1	0	1
1	1	1	1

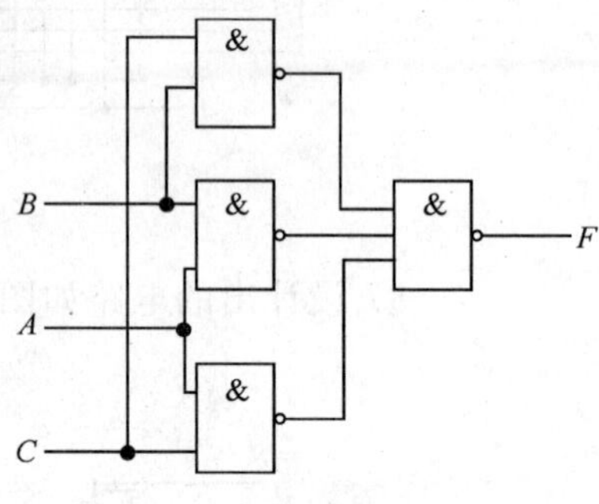

图 3.38 用与非门实现的电路

第 4 章 触发器

本章要点

触发器是数字逻辑电路中的另一种基本逻辑单元，本章需要掌握的是触发器的性质、种类、电路结构、功能及功能的几种描述方式。

1. 触发器的性质

触发器

触发器是一种能够记忆 1 位二值信息的基本逻辑单元电路，由门电路组成。目前已经可以把一个或几个触发器集成在一片芯片中，构成集成触发器。触发器的特点如下：

① 具有两个稳定状态，分别用来表示逻辑 0 和逻辑 1，或二进制数的 0 和 1。

② 具有两个互补的输出端 Q 和 $\overline{Q}$，通常以 Q 端的状态表示触发器的状态。若 Q 端为 0，则 $\overline{Q}$ 端便是 1，触发器处于 0 态；反之，若 $Q=1$，则 $\overline{Q}=0$，触发器处于 1 态。

③ 在适当的输入信号作用下，触发器可以从一种稳态翻转到另一种稳态，在输入信号消失后，能将所获得的新状态保持下来，即具有记忆的功能。

2. 触发器的种类

按照触发器的电路结构可分为基本 RS 触发器和时钟触发器。时钟触发器中，按照触发方式又可分为电平触发和边沿触发两种。电平触发的触发器中，又有同步触发器和主从触发器。

按照触发方式和逻辑功能的不同，时钟触发器可按以下方式划分：

① 按结构和触发方式可分为同步触发器、主从触发器、维持阻塞触发器及边沿触发器等。

② 按照触发器的逻辑功能分有 RS 触发器、JK 触发器、D 触发器、T 触发器及 T′触发器等。

3. 触发器的电路结构、功能及功能的描述方式

(1) 基本RS触发器的电路形式和功能

电路结构如图4.1所示。由两个与非门的输入和输出端交叉耦合而成。它与组合电路的根本区别在于电路中有反馈线。它有两个输入端R、S，有两个输出端Q、$\overline{Q}$。一般情况下，Q、$\overline{Q}$是互补的。

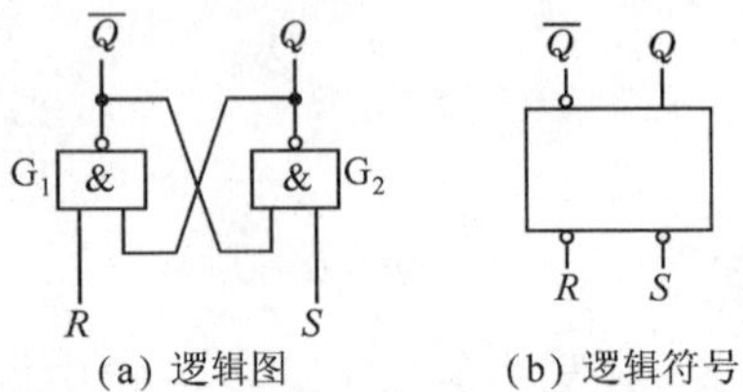

(a) 逻辑图　(b) 逻辑符号

图4.1　由与非门组成的基本RS触发器

逻辑功能如表4.1所示。可见，触发器的新状态Q^{n+1}(也称次态)不仅与输入状态有关，也与触发器原来的状态Q^n(也称现态或初态)有关。

表4.1　基本RS触发器的功能表

R	S	Q^n	Q^{n+1}	功能说明
0	0	0	×	不稳定状态
0	0	1	×	
0	1	0	0	置0(复位)
0	1	1	0	
1	0	0	1	置1(置位)
1	0	1	1	
1	1	0	0	保持原状态
1	1	1	1	

(2) 同步RS触发器

同步RS触发器的电路结构如图4.2所示。

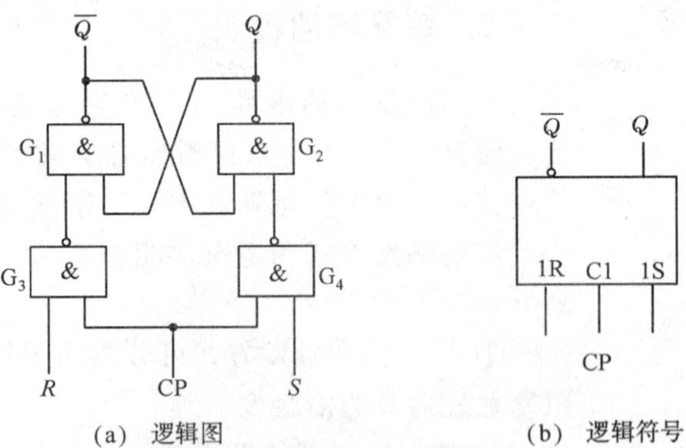

(a) 逻辑图　(b) 逻辑符号

图4.2　同步RS触发器

逻辑功能如下所述：

当 $CP=0$ 时，控制门 G_3、G_4 关闭，都输出 1。这时，不管 R 端和 S 端的信号如何变化，触发器的状态保持不变。

当 $CP=1$ 时，控制门 G_3、G_4 打开，R、S 端的输入信号才能通过这两个门，使基本 RS 触发器的状态翻转，其输出状态由 R、S 端的输入信号决定。如表 4.2 所示。

表 4.2 同步 RS 触发器的功能表

R	S	Q^n	Q^{n+1}	功能说明
0	0	0	0	保持原状态
0	0	1	1	
0	1	0	1	输出状态与 S 状态相同
0	1	1	1	
1	0	0	0	输出状态与 S 状态相同
1	0	1	0	
1	1	0	×	输出状态不稳定
1	1	1	×	

由此可以看出，同步 RS 触发器的状态转换分别由 R、S 和 CP 控制，其中，R、S 控制状态转换的方向，即转换为何种次态；CP 控制状态转换的时刻，即何时发生转换。

触发器功能具有以下几种描述方式：

特征方程

① 特征方程：触发器次态 Q^{n+1} 与输入状态 R、S 及现态 Q^n 之间关系的逻辑表达式称为触发器的特征方程。根据表 4.2 可画出同步 RS 触发器 Q^{n+1} 的卡诺图，如图 4.3 所示，由此可得同步 RS 触发器的特性方程为

$$Q^{n+1}=S+\overline{R}Q^n$$

$$RS=0 \quad \text{(约束条件)}$$

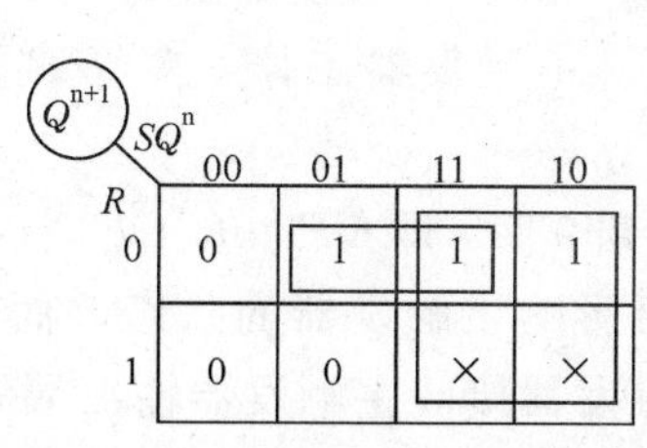

图 4.3 同步 RS 触发器 Q^{n+1} 的卡诺图

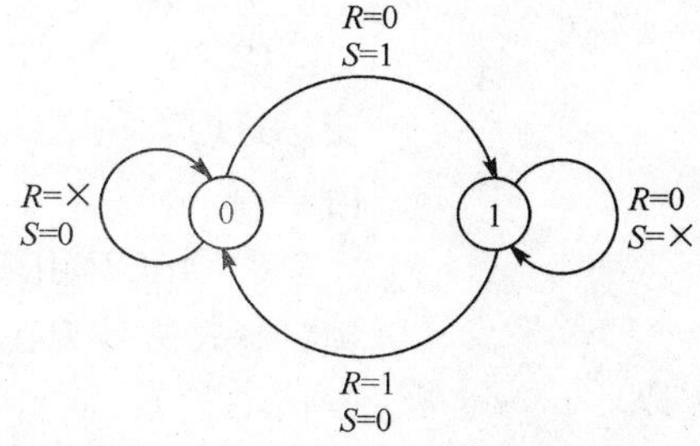

图 4.4 同步 RS 触发器的状态转换图

状态转换图

② 状态转换图：状态转换图表示触发器从一个状态变化到另

一个状态或保持原状态不变时，对输入信号的要求。同步 RS 触发器的状态转换图如图 4.4 所示。

波形图

③ 波形图：触发器的功能也可以用输入输出波形图直观地表示出来，图 4.5 所示为同步 RS 触发器的波形。

电平触发

同步触发器存在空翻的问题。在一个时钟周期的整个高电平期间或整个低电平期间都能接收输入信号并改变状态的触发方式称为电平触发。由此引起的在一个时钟脉冲周期中，触发器发生多次翻转的现象叫做空翻，如图 4.6 所示。空翻是一种有害的现象，它使得时序电路不能按时钟节拍工作，造成系统的误动作。

空翻

造成空翻现象的原因是同步触发器结构的不完善，下面是几种无空翻的触发器，都是从结构上采取措施，从而克服了空翻现象。

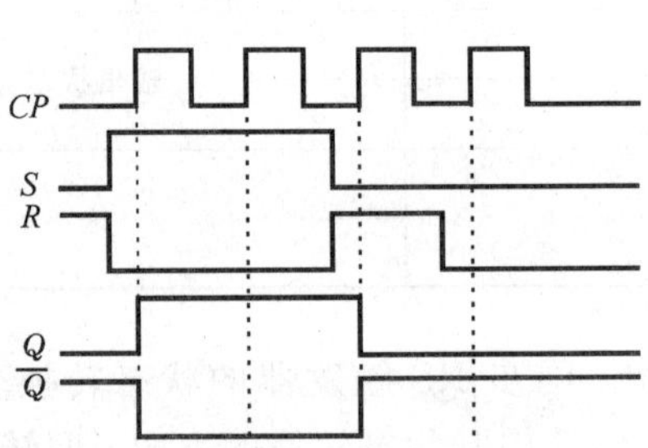

图 4.5 同步 RS 触发器的波形

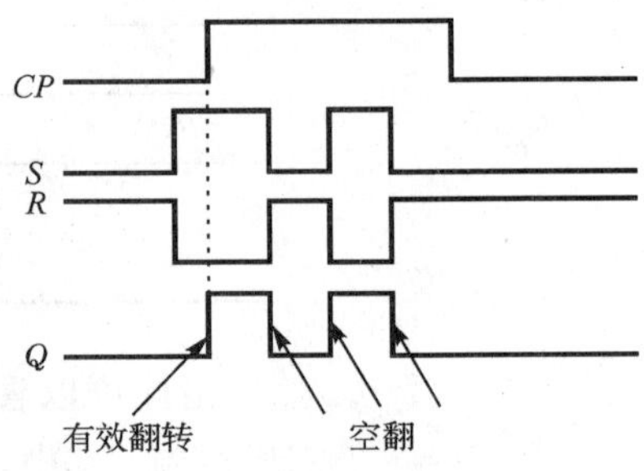

图 4.6 同步 RS 触发器的空翻波形

(3) 主从触发器

主从触发器由两级触发器构成，其中一级直接接收输入信号，称为主触发器，另一级接收主触发器的输出信号，称为从触发器。两级触发器的时钟信号互补，从而有效地克服了空翻。

主触发器
从触发器

◉ **主从 RS 触发器**

主从 RS 触发器的电路结构如图 4.7 所示，其触发翻转分为以下两个节拍：

① 当 $CP=1$ 时，$\overline{CP}=0$，从触发器被封锁，保持原状态不变。这时，G_7、G_8 打开，主触发器工作，接收 R 和 S 端的输入信号。

② 当 CP 由 1 跃变到 0 时，即 $CP=0$、$\overline{CP}=1$，主触发器被封锁，输入信号 R、S 不再影响主触发器的状态。而这时，由于 $\overline{CP}=1$，G_3、G_4 打开，从触发器接收主触发器输出端的状态。

由上面的分析可知，主从触发器的翻转是在 CP 由 1 变 0 时刻（CP 下降沿）发生的，CP 一旦变为 0 后，主触发器被封锁，其状态不再受 R、S 影响，故主从触发器对输入信号的敏感时间大大缩短，只在 CP 由 1 变 0 的时刻触发翻转，因此不会有空翻现象。

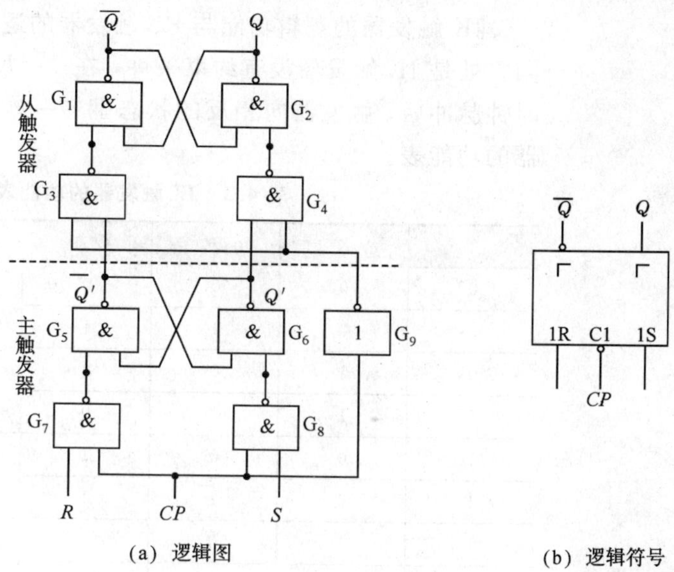

(a) 逻辑图　　(b) 逻辑符号

图 4.7　主从 RS 触发器

◉ 主从 JK 触发器

主从 JK 触发器的电路结构和逻辑符号如图 4.8 所示。

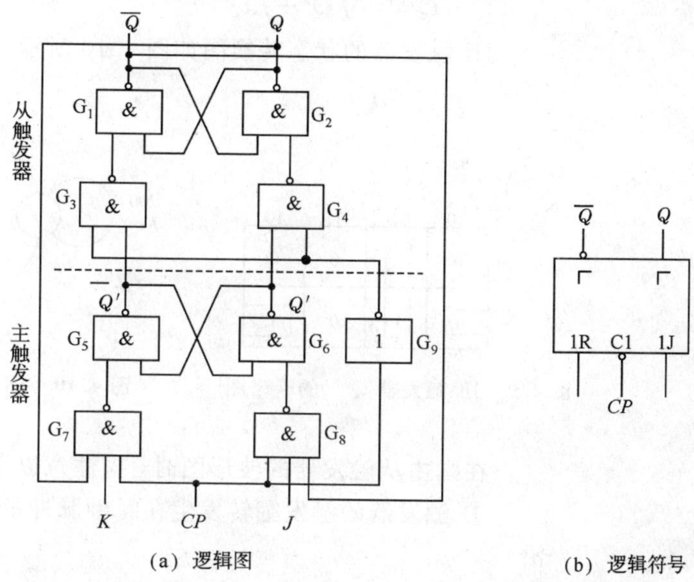

(a) 逻辑图　　(b) 逻辑符号

图 4.8　主从 JK 触发器

在主从 RS 触发器的基础上增加两根反馈线，一根从 Q 端引

到 G_7 门的输入端，另一根从 $\overline{Q}$ 端引到 G_8 门的输入端，并把原来的 S 端改为 J 端，把原来的 R 端改为 K 端。

JK 触发器的逻辑功能与 RS 触发器的逻辑功能基本相同，不同之处是 JK 触发器没有约束条件，在 $J=K=1$ 时，每输入一个时钟脉冲后，触发器向相反的状态翻转一次。表 4.3 为 JK 触发器的功能表。

表 4.3 JK 触发器的功能表

J	K	Q^n	Q^{n+1}	功能说明
0	0	0	0	保持原状态
0	0	1	1	
0	1	0	0	输出状态与 J 状态相同
0	1	1	0	
1	0	0	1	输出状态与 J 状态相同
1	0	1	1	
1	1	0	1	每输入一个脉冲 输出状态改变一次
1	1	1	0	

根据表 4.3 可画出 JK 触发器 Q^{n+1} 的卡诺图如图 4.9 所示。由此可得 JK 触发器的特性方程为

$$Q^{n+1}=J\overline{Q}^n+\overline{K}Q^n$$

JK 触发器的状态转换图如图 4.10 所示。

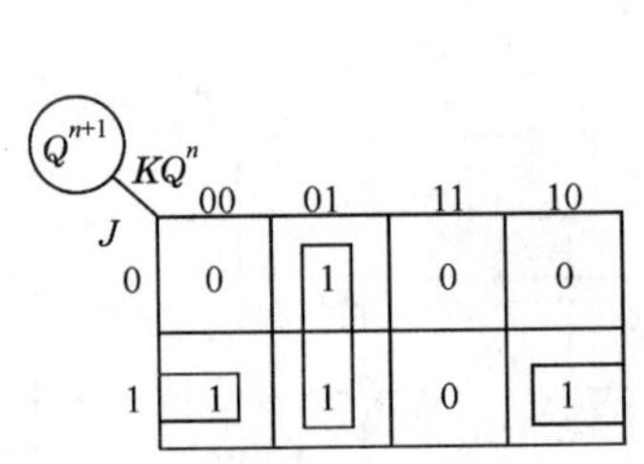

图 4.9 JK 触发器 Q^{n+1} 的卡诺图

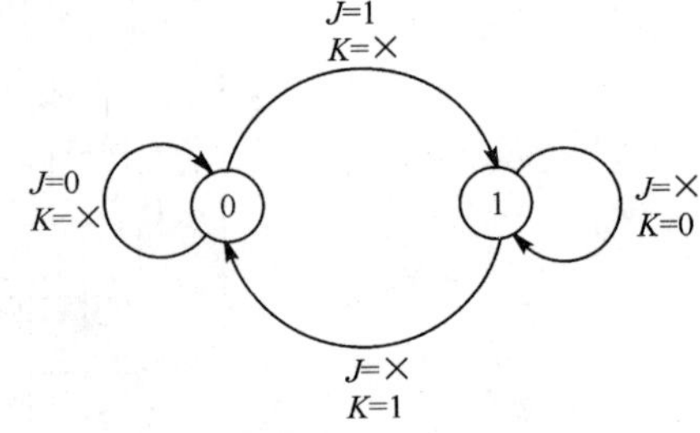

图 4.10 JK 触发器的状态转换图

在画主从触发器的波形图时，应注意以下两点。

① 触发器的触发翻转发生在时钟脉冲的触发沿(这里是下降沿)。

② 在 $CP=1$ 期间，如果输入信号的状态没有改变，判断触发器次态的依据是时钟脉冲下降沿前一瞬间输入端的状态。

T 触发器

◉ 主从 T 触发器和 T′触发器

如果将 JK 触发器的 J 和 K 相连作为 T 输入端就构成了 T 触

发器，如图 4.11 所示。T 触发器的功能如表 4.4 所示。T 触发器特性方程为

$$Q^{n+1}=T\overline{Q}^n+\overline{T}Q^n$$

T 触发器的状态转换图如图 4.12 所示。

T′触发器

当 T 触发器的输入控制端为 $T=1$ 时，则触发器每输入一个时钟脉冲 CP，状态便翻转一次，这种状态的触发器称为 T′触发器。T′触发器的特性方程为

$$Q^{n+1}=\overline{Q}^n$$

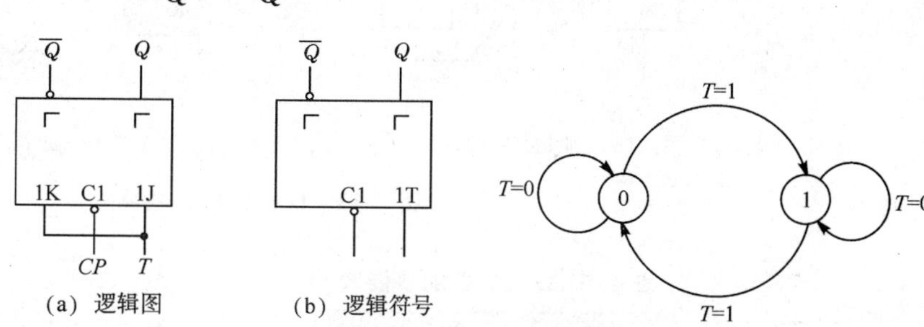

(a) 逻辑图　(b) 逻辑符号

图 4.11 用 JK 触发器构成的 T 触发器　**图 4.12** T 触发器的状态转换图

表 4.4 T 触发器的功能表

T	Q^n	Q^{n+1}	功能说明
0	0	0	保持原状态
0	1	1	
1	0	1	每输入一个脉冲
1	1	0	输出状态改变一次

边沿触发器

(4) 边沿触发器

边沿触发器不仅将触发器的触发翻转控制在 CP 触发沿到来的一瞬间，而且将接收输入信号的时间也控制在 CP 触发沿到来的前一瞬间。因此，边沿触发器既没有空翻现象，也没有一次变化问题，从而大大提高了触发器工作的可靠性和抗干扰能力。

D 触发器的逻辑图如图 4.13 所示。

D 触发器只有一个触发输入端 D，因此，逻辑关系非常简单，如表 4.5 所示。由表 4.5 可得 D 触发器的特性方程为

$$Q^{n+1}=D$$

D 触发器的状态转换图如图 4.14 所示。

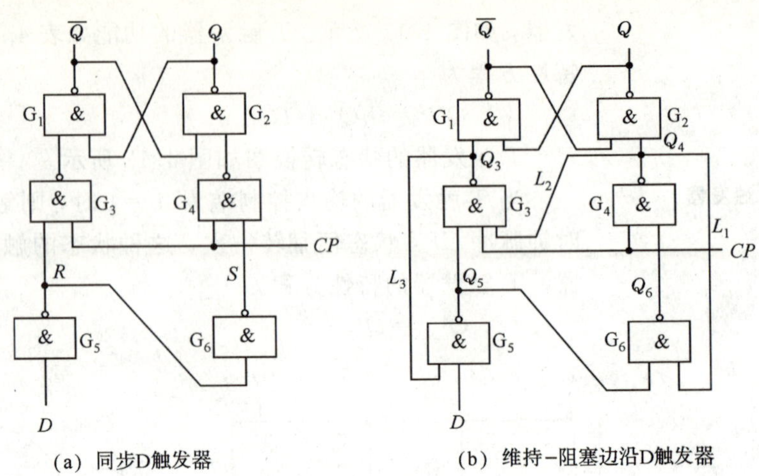

(a) 同步D触发器　　(b) 维持-阻塞边沿D触发器

图 4.13 D 触发器的逻辑图

表 4.5 D 触发器的功能表

D	Q^n	Q^{n+1}	功能说明
0	0	0	
0	1	0	输出状态与
1	0	1	D 状态相同
1	1	1	

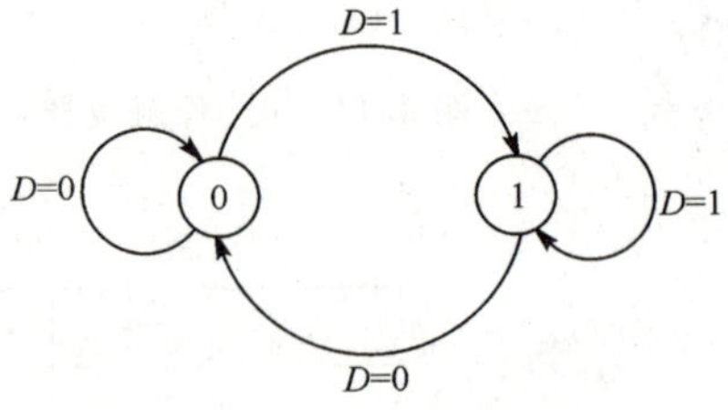

图 4.14 D 触发器的状态转换图

典型例题解析

例 4.1 各种触发器之间功能的转换

解 触发器按功能分有 RS、JK、D、T 及 T′五种类型，但最常见的集成触发器是 JK 触发器和 D 触发器。T 和 T′触发器没有集成产品，如需要时，可用其他触发器转换成 T 或 T′触发器。JK 触发器与 D 触发器之间的功能也是可以互相转换的。

(1) 用 JK 触发器转换成其他功能的触发器

◉ **JK →D**

写出 JK 触发器的特性方程

$$Q^{n+1}=J\overline{Q}^n+\overline{K}Q^n$$

再写出 D 触发器的特性方程并变换为

$$Q^{n+1}=D=D(\overline{Q}^n+Q^n)=D\overline{Q}^n+DQ^n$$

比较以上两式得 $J=D,K=\overline{D}$。

画出用 JK 触发器转换成 D 触发器的逻辑图如图 4.15(a)所示。

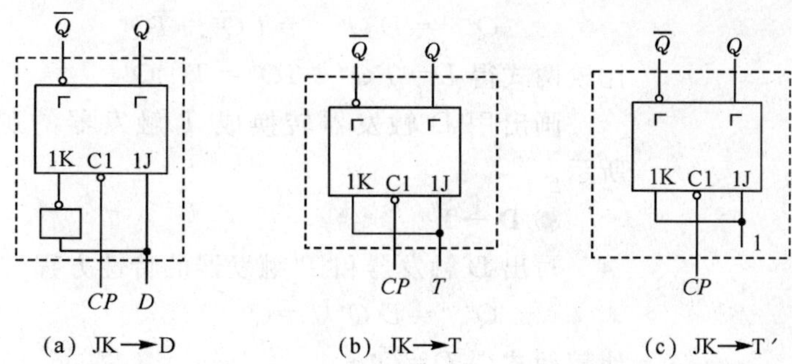

(a) JK→D (b) JK→T (c) JK→T′

图 4.15 JK触发器转换成其他功能的独发器

◉ **JK→T(T′)**

写出T触发器的特性方程

$$Q^{n+1}=T\overline{Q}^n+\overline{T}Q^n$$

与JK触发器的特性方程比较得 $J=T,K=T$。

画出用JK触发器转换成T触发器的逻辑图如图4.15(b)所示。

令 $T=1$，即可得T′触发器，如图4.15(c)所示。

(2) 用D触发器转换成其他功能的触发器

◉ **D→JK**

写出D触发器和JK触发器的特性方程

$$Q^{n+1}=D,\ Q^{n+1}=J\overline{Q}^n+\overline{K}Q^n$$

比较两式得 $D=J\overline{Q}^n+\overline{K}Q^n$。

画出用D触发器转换成JK触发器的逻辑图如图4.16(a)所示。

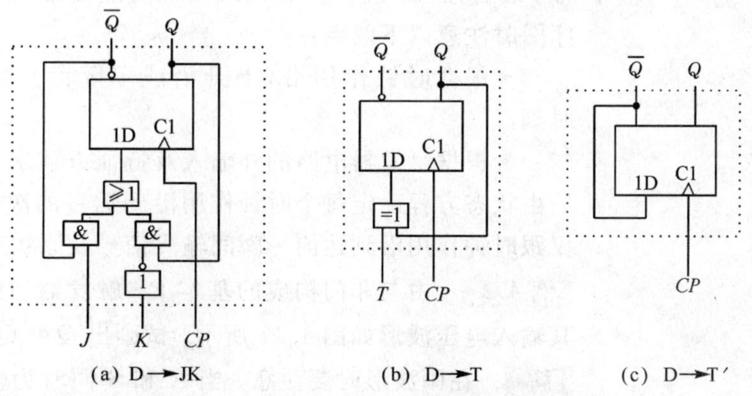

(a) D→JK (b) D→T (c) D→T′

图 4.16 D触发器转换成其他功能的触发器

◉ **D→T**

写出D触发器和T触发器的特性方程

$$Q^{n+1}=D \quad Q^{n+1}=T\overline{Q}^n+\overline{T}Q^n$$

比较两式得 $D=T\overline{Q}^n+\overline{T}Q^n=T\oplus Q^n$。

画出用D触发器转换成T触发器的逻辑图如图4.16(b)所示。

◉ **D→T′**

写出D触发器和T′触发器的特性方程

$$Q^{n+1}=D \quad Q^{n+1}=\overline{Q}^n$$

比较两式得 $D=\overline{Q}^n$。

画出用D触发器转换成T′触发器的逻辑图如图4.16(c)所示。

例 4.2 如何画触发器的时序图?

解 在给定的输入信号波形条件下，画出时钟控制、触发器的时序图(波形图)，可按下列步骤进行：

(1) 写出触发器输入端信号的逻辑表达式——驱动方程。

(2) 将触发器输入端信号的逻辑表达式代入触发器的特性方程，得到触发器次态 Q^{n+1} 的逻辑表达式——状态方程。

(3) 根据触发器的动作特点画时序图。首先应注意的是，触发器的触发方式是电平触发还是边沿触发。对于电平触发的触发器，其输出直接受输入信号或时钟的电平控制；对于主从触发器，其输出状态在时钟下降沿发生变化，但必须考虑一次翻转；对于边沿触发还要看是上升沿还是下降沿；其次就是注意输入信号起作用的时刻，并将该时刻的输入信号的取值代入状态方程，来计算出次态 Q^{n+1}；最后还要注意异步置位 $\overline{S}$ 端和复位 $\overline{R}$ 端有无信号，若有信号，应根据置位或复位功能使触发器置1或0。画时序图时注意以下两点：

· 根据时钟作用沿(上升沿或下降沿)确定触发器的翻转时刻。

· 根据触发器电路的外输入及特征方程求出其状态方程，然后由状态方程确定每个时钟作用沿到达后的次态。注意，其次态仅跟时钟作用沿到达前一瞬间输入信号及原状态有关。

例 4.3 由与非门构成的基本RS触发器如图4.1所示，已知其输入电压波形如图4.17所示，试画出 Q 和 $\overline{Q}$ 的电压波形。

解 在画波形时要注意，当 R 和 S 同时为低电平($R=S=0$)时，Q 和 $\overline{Q}$ 均为高电平；当 R 和 S 端的低电平同时消失后又同时变为高电平时，Q 和 $\overline{Q}$ 端的状态不确定，如图4.18所示。

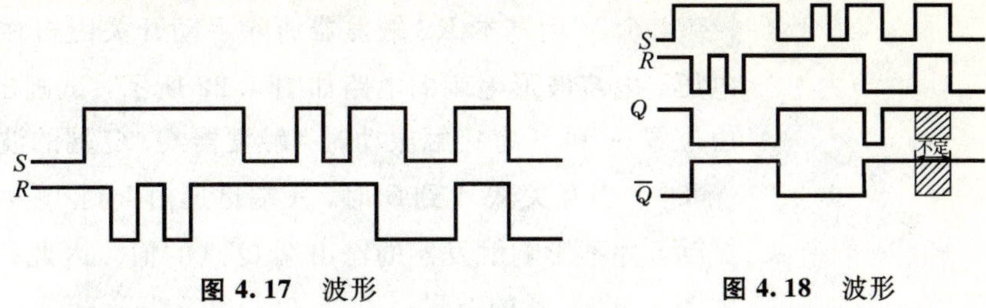

图 4.17 波形　　图 4.18 波形

例 4.4 已知同步 RS 触发器的输入电压波形如图 4.19 所示，试画出 Q 和 $\overline{Q}$ 的电压波形。假定触发器的初始状态为 0。

解 在 $CP=0$ 时，触发器保持初态 $Q=0$；当 $CP=1$ 时，触发器的状态随输入信号发生多次变化；当 CP 由 1 变 0 后，无论输入信号 RS 怎样变化，输出将保持不变，其电压波形如图 4.20 所示。

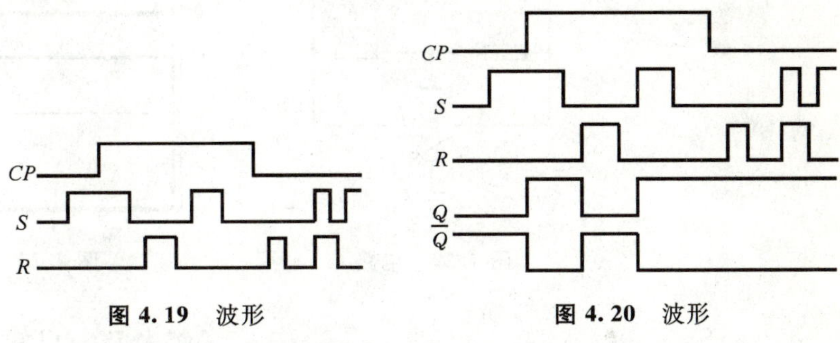

图 4.19 波形　　图 4.20 波形

例 4.5 试分析图 4.21 所示电路的逻辑功能，并列出真值表。

解 以 R、S 作为输入端，Q 作为输出端，列出图 4.21 所示电路的真值表如表 4.6 所示。由真值表可见，该电路是基本 RS 触发器，三态输出，E 是控制输入端。

图 4.21 电路

表 4.6 图 4.21 所示电路的真值表

输入			输出
E	S	R	Q
0	×	×	高阻
1	0	0	不变
1	0	1	0
1	1	0	1
1	1	1	不定

例 4.6　用基本 RS 触发器消除手动开关因机械振动而产生的电压、电流波形毛刺的电路如图 4.22 所示，试画出在按钮开关 S 由位置 A 到 B 有接触振动时，触发器 Q、$\overline{Q}$ 端的波形。

解　当开关从 A 到 B 时，A 端迅速由 1 到 0，尽管 B 端有接触振动，并不影响触发器的输出端 Q 点的值。因此，由电路图可得到图 4.23 所示的波形。

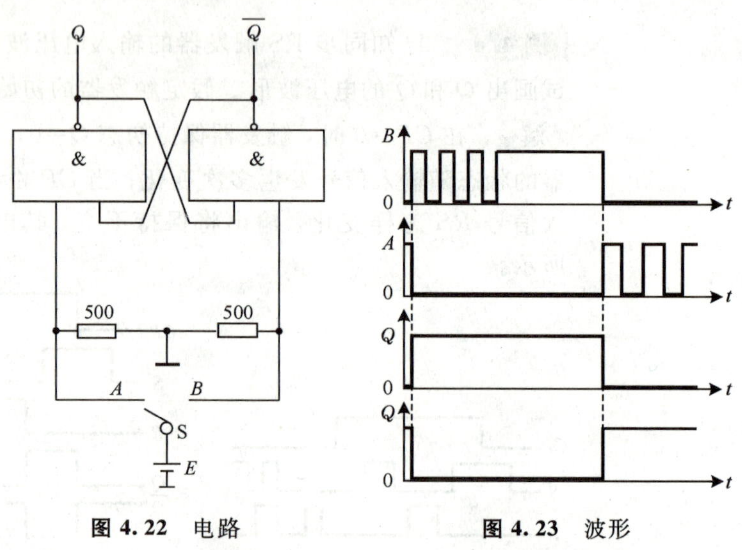

图 4.22　电路　　　　图 4.23　波形

图 4.24　波形

例 4.7　已知 JK 触发器的时钟 CP 的波形、输入端 J、K 的波形如图 4.24 所示，试画出主从型 JK 触发器和负边沿 JK 触发器的输出端 Q 的电压波形，设触发器的初始状态为 0。

解　主从 JK 触发器和负边沿 JK 触发器的输出端 Q 的波形如图 4.25 所示。画波形图时要注意：对于主从 JK 触发器，当 $Q^n=0$

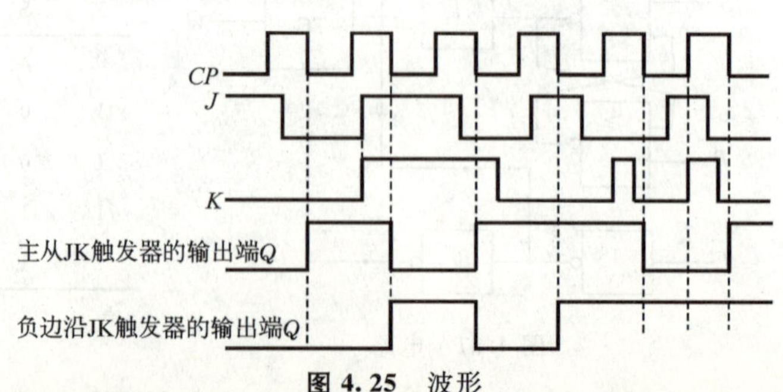

图 4.25　波形

时，主触发器只能接受置 1 信号；在 $Q^n=1$ 时，主触发器只能接受置 0 信号。这样，在 $CP=1$ 期间主触发器只有可能翻转一次，一旦翻转了，就不会翻回原来的状态，且翻转的时刻发生在时钟脉冲的下降沿。

例 4.8 由两个边沿 JK 触发器构成的电路如图 4.26 所示，已知其输入端信号 A 的波形，试画出触发器输出端 Q_0 和 Q_1 的波形。各触发器的初始状态为 0。

解 图 4.26 所示的电路中，两个 JK 触发器触发翻转的时刻发生在上升沿，而且其输入端 $J=K$，当输入信号均为 1 时（即 $J=K=1$），触发器的输出发生翻转；当输入信号均为 0 时（即 $J=K=0$），触发器的输出保持不变。

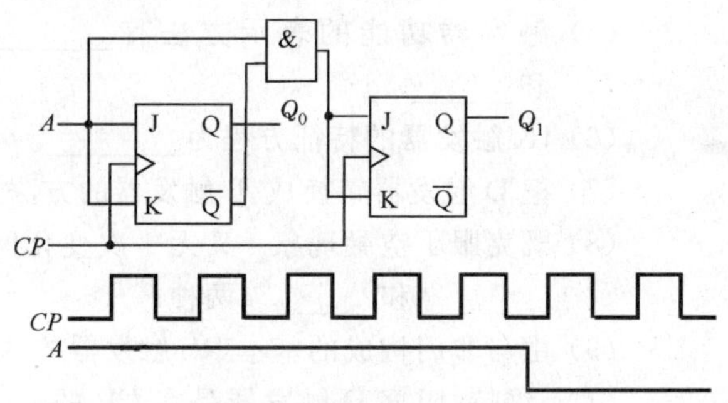

图 4.26 电路及波形

两个 JK 触发器使用统一的时钟信号，同时被触发，前一级触发器的输入由 A 决定，后一级触发器的输入信号是前一级触发器反向输出信号和输入信号 A 相与的结果。其输出波形如图 4.27 所示。

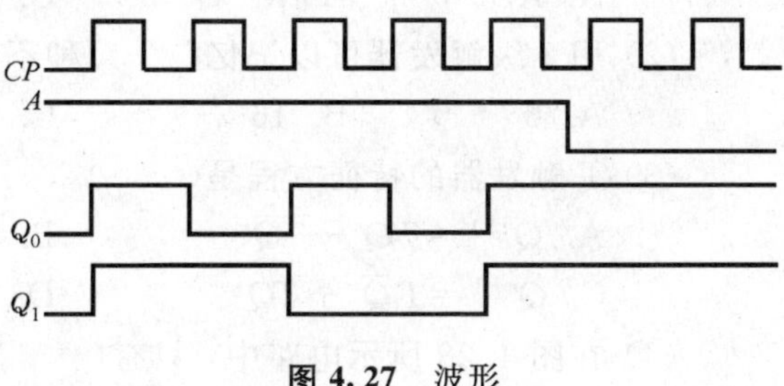

图 4.27 波形

自 测 题

1. 填空题

(1) 触发器有________个稳态，一个触发器可记录________位二进制码，存储 8 位二进制信息需要________个触发器。

(2) 触发器异步置 0，需使 S_D = ________，R_D = ________。而与________和________无关。

(3) 具有两个稳定状态并能接受、保持和输出送来的信号的电路叫________。

(4) 对于 JK 触发器，若 $J=K$，则可完成________触发器的逻辑功能；若 $K=\overline{J}$，则可完成________触发器的逻辑功能。

(5) 触发器功能的表示方法有________、________、________和________。

(6) JK 触发器的特征方程为________。

(7) 把 D 触发器转换成 T′触发器的方法是________。

(8) 既克服了空翻现象，又无一次变化问题的常用集成触发器有________和________两种。

(9) 由与非门构成的基本 RS 触发器的约束条件是________。

(10) 维持-阻塞 D 触发器是在 CP 的________触发，其特性方程为________。

2. 选择题

(1) 已知 R、S 触发器是由或非门构成的 RS 触发器的输入端，则约束条件为(　　)。

A. $RS=0$　　B. $R+S=0$　　C. $RS=1$　　D. $R+S=0$

(2) 用 8 级触发器可以记忆(　　)种不同的状态。

A. 8　　B. 16　　C. 128　　D. 256

(3) T 触发器的特征方程是(　　)

A. $Q^{n+1}=TQ^n+\overline{TQ^n}$　　B. $Q^{n+1}=T\overline{Q}^n$

C. $Q^{n+1}=T\overline{Q}^n+\overline{T}Q^n$　　D. $Q^{n+1}=\overline{T}Q^n$

(4) 在图 4.28 所示电路中，只有(　　)不能实现 $Q^{n+1}=\overline{Q}^n$

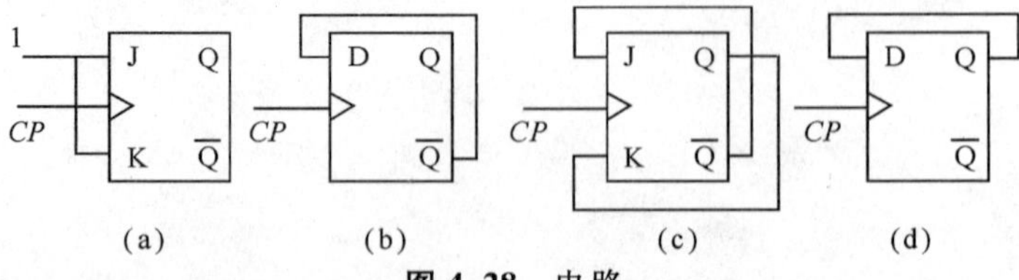

图 4.28　电路

(5) 若JK触发器的原状态为0，欲在CP作用后仍保持为0状态，则驱动方程应为(　　)。

A. $J=K=1$　　　　B. $J=1, K=0$

C. $J=0, K=\times$　　　　D. $J=\times, K=\times$

(6) 已知R、S触发器是由两个与非门构成的RS触发器的输入端，则约束条件为(　　)。

A. $R+S=1$　　B. $R+S=0$　　C. $RS=1$　　D. $RS=0$

(7) 主从JK触发器是(　　)。

A. 在CP上升沿触发　　　　B. 在CP下降沿触发

C. 在$CP=1$的稳态下触发　　　　D. 与CP无关

(8) 下列触发器中，没有约束条件的是(　　)。

A. 基本RS触发器　　　　B. 主从RS触发器

C. 时钟RS触发器　　　　D. 边沿D触发器

(9) 在图4.29所示的各触发器电路中，能实现$Q^{n+1}=\overline{Q^n}+A$功能的电路是(　　)。

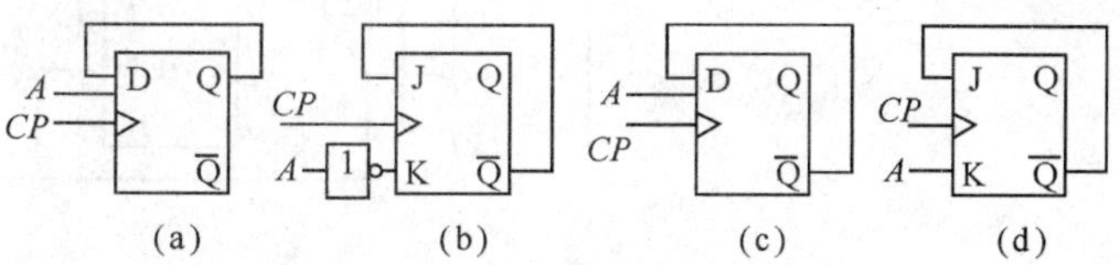

图4.29　电路

(10) 若将D触发器的D端连在$\overline{Q}$端上，经100个脉冲作用后，它的次态$Q(t+100)=0$，则现态$Q(t)$应为(　　)。

A. $Q(t)=0$　　B. $Q(t)=1$　　C. 与现态$Q(t)$无关

3. 应用题

(1) 电路如图4.30所示，设各触发器的初态为0，画出在CP脉冲作用下Q端的波形。

(2) 电路如图4.31所示，已知CP和X的波形，试画出Q_0和Q_1的波形。设触发器的初始状态均为0。

(3) 一个触发器的特性方程为$Q^{n+1}=X\oplus Y\oplus Q^n$，试用下列两种触发器实现这种触发器的功能：①JK触发器；②D触发器。

(4) 电路如图4.32所示，已知CP、R_D和D的波形，试画出Q_0和Q_1的波形。设触发器的初始状态均为1。

(5) 将图4.33所示的输入波形加在由两个或非门组成的基本RS触发器上，试画出输出Q和$\overline{Q}$端的波形(设初始状态为$Q=0$)。

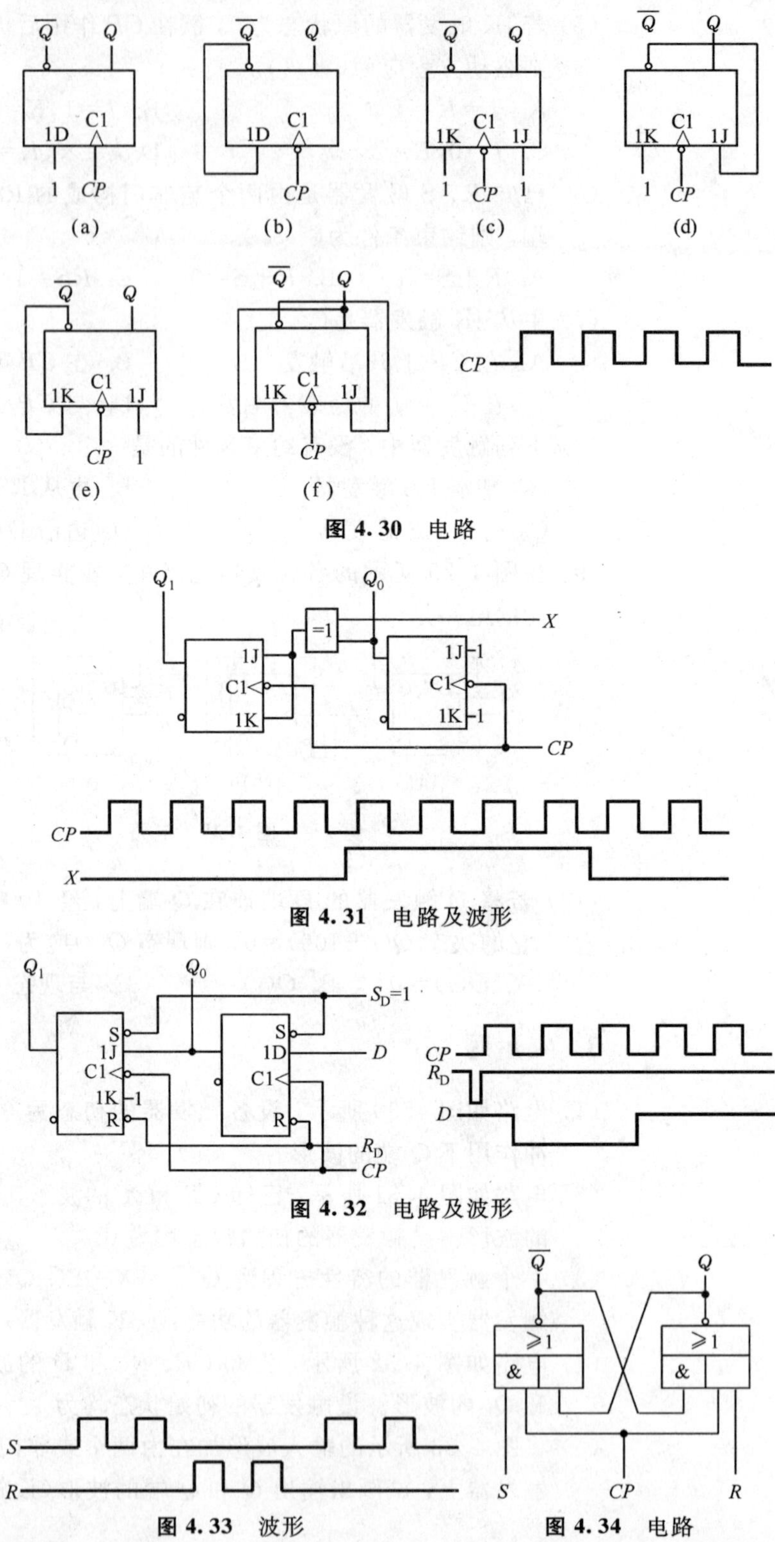

图 4.30 电路

图 4.31 电路及波形

图 4.32 电路及波形

图 4.33 波形

图 4.34 电路

(6) 由与或非门组成的同步 RS 触发器如图 4.34 所示，试分析其工作原理(列出功能表，写出特性方程)。

(7) 设主从 JK 触发器的初始状态为 0，CP、J、K 信号如图 4.35 所示，试画出触发器 Q 端的波形。

(8) 设维持-阻塞 D 触发器的初始状态为 0，CP、D 信号如图 4.36 所示，试画出触发器 Q 端的波形。

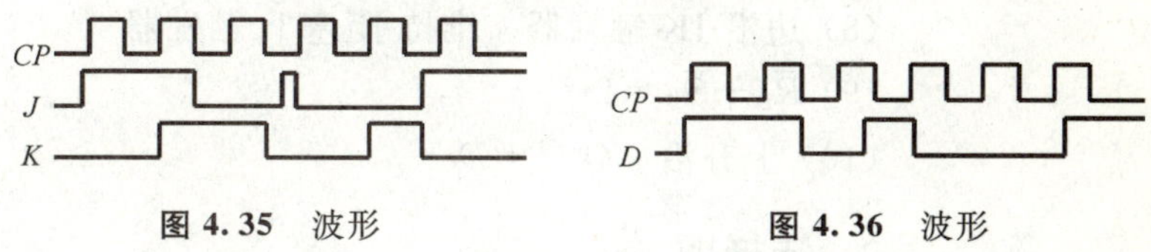

图 4.35 波形　　图 4.36 波形

(9) 电路如图 4.37 所示，已知 CP 和 D 的波形，试画出 Q_0 和 Q_1 的波形。设触发器的初始状态均为 0。

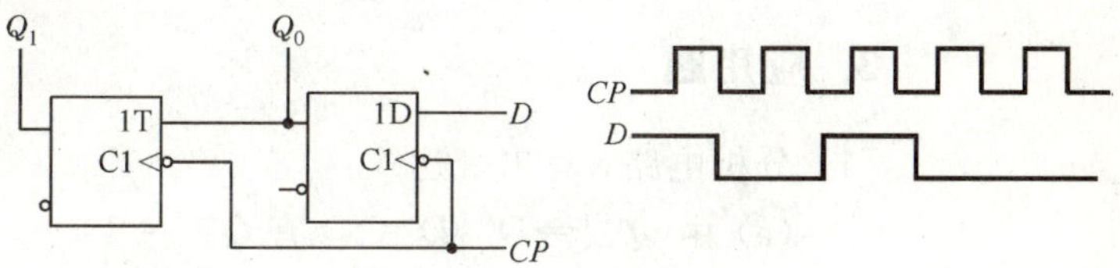

图 4.37 电路及波形

(10) 电路如图 4.38 所示，已知 CP 和 A 的波形，画出触发器 Q_0、Q_1 及输出 V_o 的波形。设触发器的初始状态均为 0。

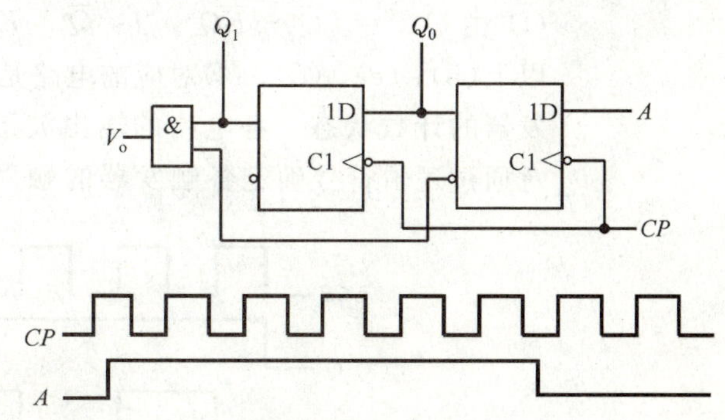

图 4.38 电路及波形

自测题答案

1. 填空题

(1) 2 1 8

(2) 0 1 控制输入 时钟输入

(3) 触发器

(4) T T'

(5) 特性表 特征方程 状态转换图 时序图

(6) $Q^{n+1}=J\overline{Q}^n+\overline{K}Q^n$

(7) 将D接至 $\overline{Q}^n$

(8) 边沿JK触发器 维持-阻塞D触发器

(9) $\overline{R}_D+\overline{S}_D=1$

(10) 上升沿 $Q^{n+1}=D$

2. 选择题

(1) A (2) D (3) C (4) D (5) C (6) A (7) B (8) D (9) B (10) A

3. 应用题

(1) 分析电路，写出表达式：

(a) 由 $Q^{n+1}=D$ $D=1$ 有 $Q^{n+1}=1$

(b) 由 $Q^{n+1}=D$ $D=\overline{Q}^n$ 有 $Q^{n+1}=\overline{Q}^n$

(c) 由 $Q^{n+1}=\overline{JQ}^n+\overline{K}Q^n$ $J=K=1$ 得 $Q^{n+1}=\overline{Q}^n$

(d) 由 $Q^{n+1}=J\overline{Q}^n+\overline{K}Q^n$ $J=\overline{Q}^n$ $K=1$ 得 $Q^{n+1}=\overline{Q}^n$

(e) 由 $Q^{n+1}=J\overline{Q}^n+\overline{K}Q^n$ $J=1$ $K=\overline{Q}^n$ 得 $Q^{n+1}=1$

(f) 由 $Q^{n+1}=J\overline{Q}^n+\overline{K}Q^n$ $J=\overline{Q}^n$ $K=Q^n$ 得 $Q^{n+1}=\overline{Q}^n$

以上(b)、(c)、(d)、(f)对应的电路是 T' 触发器，也称之为触发器的计数状态。各电路的输出波形如图4.39所示。要注意通过逻辑符号确定各触发器的触发特点(上升沿触发或下

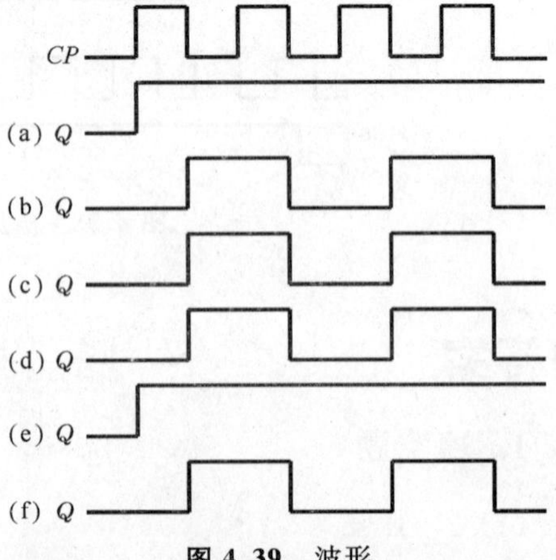

图4.39 波形

降沿触发)。

(2) 分析电路:由 $Q_0^{n+1}=J\overline{Q_0^n}+\overline{K}Q_0^n$,$J=K=1$ 得 $Q_0^{n+1}=\overline{Q_0^n}$,此触发器构成计数状态。又知 $J_1=K_1=X\oplus Q_0^n$,

当 $X=0$ 时, $J_1=K_1=Q_0^n$

当 $X=1$ 时, $J_1=K_1=\overline{Q_0^n}$

依据以上分析画出图 4.40 所示波形。画图时要注意以下两点:

① 本题的两个触发器是下降沿触发的边沿触发器,所以 Q_0,Q_1 均在 CP 的下降沿翻转。

② 触发器的输出次态取决于下降沿触发前一瞬间的 J、K,下降沿触发之后 J、K 的改变不会影响输出。

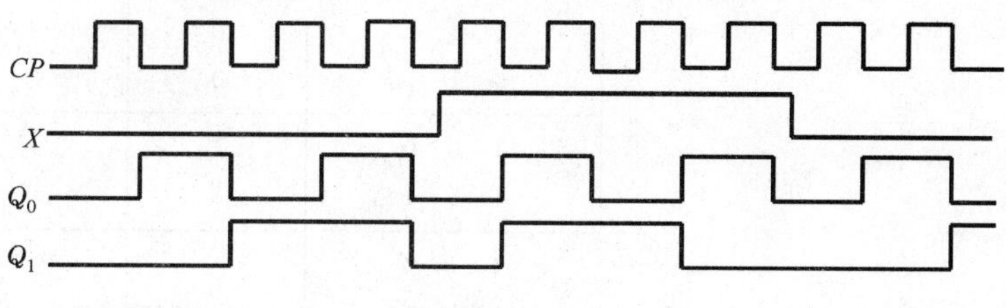

图 4.40 波形

(3) 将 JK 触发器的 J、K 端相并,再由输入端 T 加以控制,则可以构成 T 触发器,其特性方程为 $Q^{n+1}=T\oplus Q^n$。若要实现特性方程为 $Q^{n+1}=X\oplus Y\oplus Q^n$ 的功能,只要使 $T=X\oplus Y$ 即可,对应的逻辑电路如图 4.41 所示。

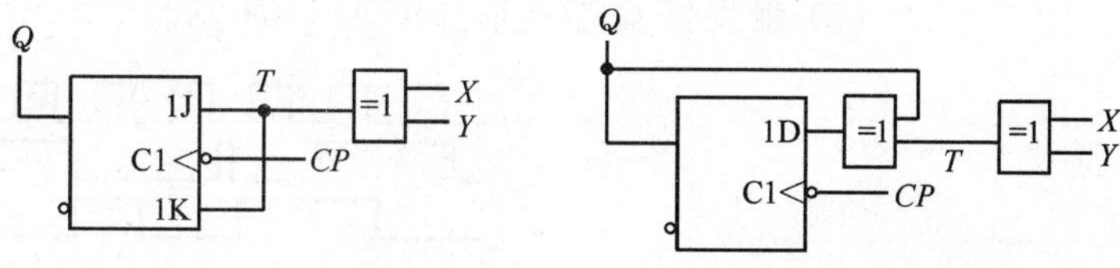

图 4.41 电路

(4) 图 4.32 所示电路中,Q_0 和 Q_1 的波形如图 4.42 所示。

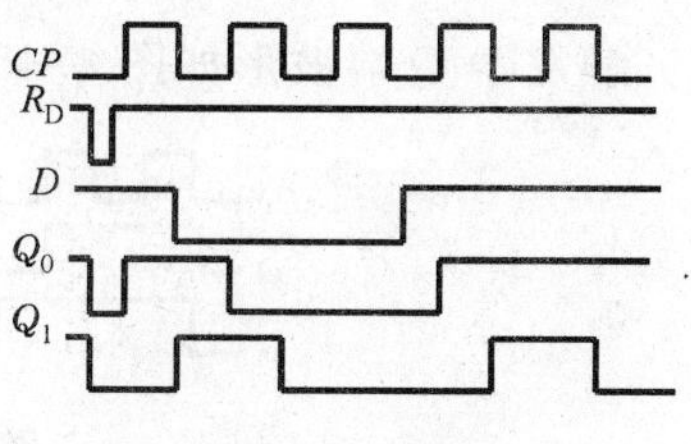

图 4.42 波形

(5) Q 和 $\overline{Q}$ 端的波形如图 4.43 所示。

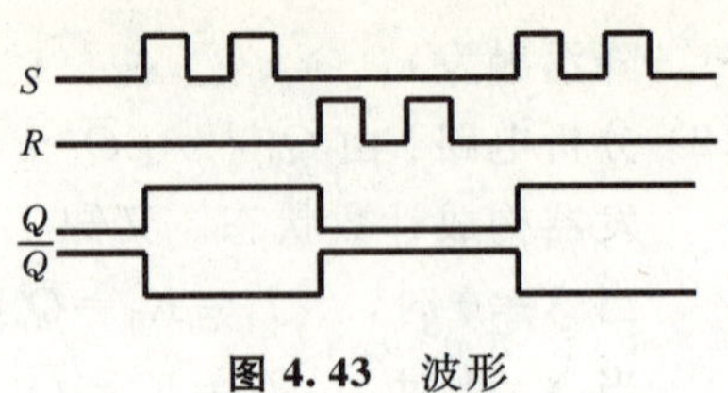

图 4.43 波形

(6) 图 4.34 的功能表见表 4.7。

表 4.7

CP	S R Q^n	Q^{n+1}	功能说明
1	0 0 0	0	保持原状态
1	0 0 1	1	
1	0 1 0	0	置 0
1	0 1 1	0	
1	1 0 0	1	置 1
1	1 0 1	1	
1	1 1 0	×	不稳定状态
1	1 1 1	×	
0	×	Q^n	保持原状态

当 $CP=1$ 时，特性方程为

$$Q^{n+1}=S+\overline{R}Q^n$$

$$RS=0$$

(7) 触发器 Q 端波形如图 4.44 所示。

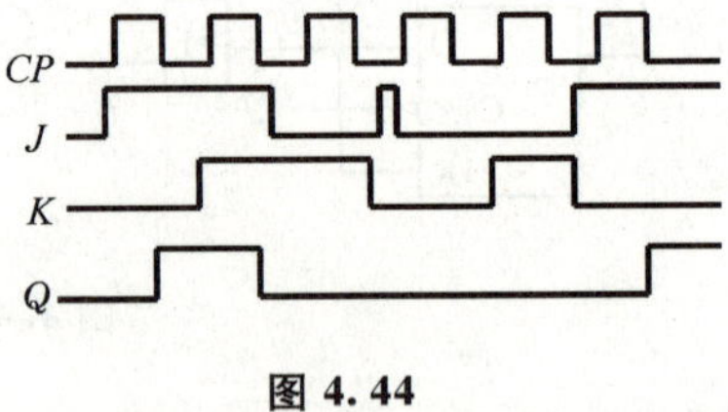

图 4.44

(8) 触发器 Q 端波形如图 4.45 所示。

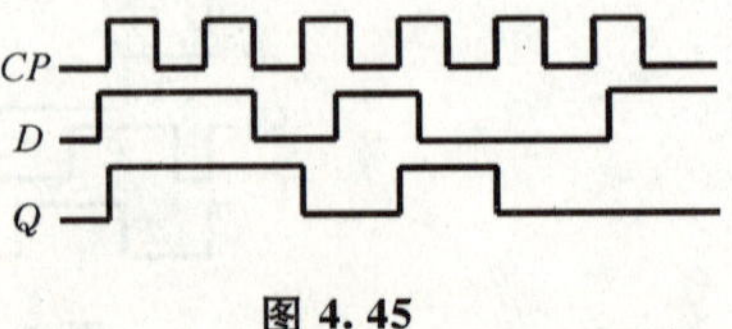

图 4.45

(9) Q_0 和 Q_1 的波形如图 4.46 所示。

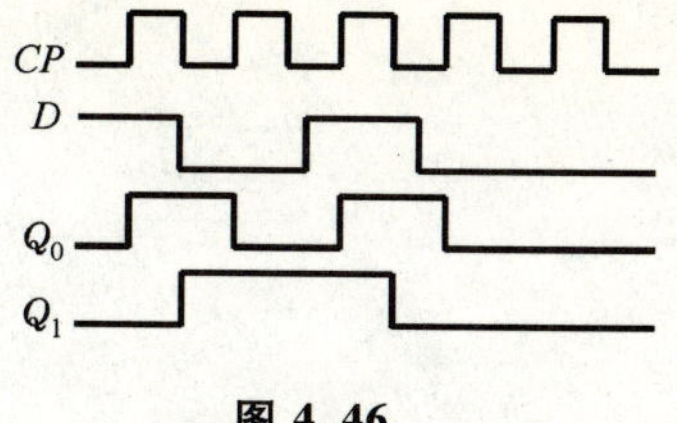

图 4.46

（10）触发器 Q_0、Q_1 及输出 V_o 的波形如图 4.47 所示。

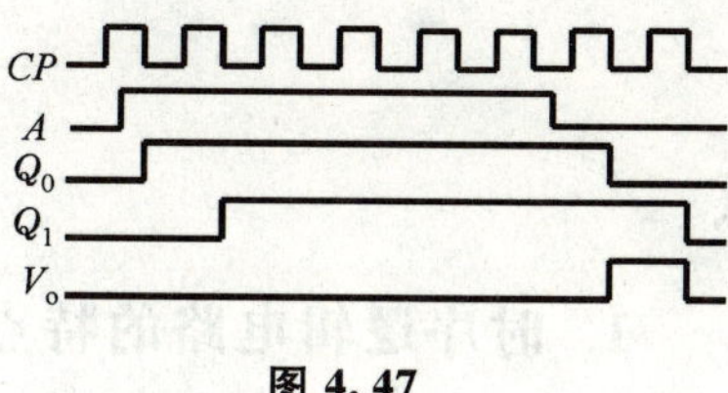

图 4.47

第5章
时序逻辑电路

本章要点

1. 时序逻辑电路的特点及类型

(1) 特点

电路在任何时刻的输出状态不仅与该时刻的输入有关，而且与电路原来的状态有关。

(2) 类型

时序逻辑电路按功能分类主要有两大类：

寄存器

① 寄存器:其功能是存储信息。一个触发器就是一个存储单元。当触发器状态 $Q=1$ 时存储数码为1；当 $Q=0$ 时存储数码为0。寄存器分并行寄存器和移位寄存器。

计数器

② 计数器:从广义上讲，除了寄存器以外的时序电路都可以称为计数器，其中包括以下常用的电路：

· 真正意义上的计数器，对时钟脉冲信号 CP 进行累积计数。

定时器

· 定时器，计满了一定数目的 CP 脉冲个数后，电路输出一个信号，这个输出信号的周期就等于定时的时间长度。

分频器

· 分频器，将频率高的信号作为时钟脉冲 CP 信号，计满 N 个 CP 脉冲后产生一个输出信号 Z，则 Z 的周期等于 N 个 CP 脉冲的周期，Z 的频率等于时钟 CP 频率的 $1/Z$。

序列信号发生器

· 序列信号发生器，重复地产生 N 位按规定排列的二进制码，每位码元的宽度与一个 CP 脉冲的周期对应。N 被称为序列信号的长度。

2. 同步时序逻辑电路的描述方法

(1) 方程组

包括驱动方程(即触发器的输入方程)、状态方程(即触发器的次态方程)和输出方程。

状态转换表

(2) 状态转换真值表(简称为状态转换表)

用表格的形式表示电路的状态转换关系。在表中列入各触发器的原状态、次态等内容。

状态转换图

(3) 状态转换图

电路的状态可用文字表示，如用 S_0、S_1 等；也可以用二进制码所对应的状态来表示，如一个时序逻辑电路内含有 3 个触发器，若电路状态 $Q_3Q_2Q_1=101$，则电路状态号为 5。状态转换图就是把一个工作循环内的各个电路状态按随着时钟脉冲信号 CP 的触发而转换的顺序排列起来，每两个状态之间用箭头线串联，在箭头线上标明转换条件和输出信号(即输入/输出)。

时序图

(4) 时序图

在时序脉冲序列作用下，电路状态、输出状态随时间变化的波形。

3. 同步时序电路的分析

(1) 一般同步时序电路的分析步骤

① 根据电路写出各触发器的驱动方程和输出方程。

② 求状态方程(即将各个触发器的驱动方程代入相应的特征方程，并化简)。

③ 进行状态计算，求出状态转换关系，并将其结果填入表格中，即得状态转换表。

④ 画状态转换图。

⑤ 描述电路功能。当存在非工作状态时，也需要检查能否自启动。

4. 中规模时序逻辑部件

对以 74LS194、74LS195、74LS161 及 74LS193 为代表的中规模时序器件，要熟悉它们的逻辑符号图和逻辑功能表。上述芯片的输入端除了时钟脉冲信号端 CP 和数据输入端 D、C、B、A 以外，一般还有一些控制端，如使能(片选)端，清零端($\overline{R}_D$)、预置数据控制端($\overline{L}_D$)等。

集成计数器芯片 74LS161 和 74LS193 可以实现最大模 N 为 16 的计数。而利用它们所具有的预置数功能可以实现模 N 小于 16 的任意模计数器。用多块同类芯片级联就可以实现模 N 大于 16 的任意模计数器。

用集成计数器构成任意进制的计数器一般有以下两种办法。

(1) 利用预置数据端

74LS161 和 74LS193 芯片的预置数据的方法代表了集成计数器中两种不同的预置数据类型。

① 同步预置数据类型(74LS161):数据输入端 D、C、B、A 的信号是在 $\overline{L}_D=0$ 的情况下分别送到各个触发器的 J、K 端,但还不能立即改变芯片的各触发器的状态,还必须在下一个时钟脉冲 CP 作用后才能进入到各触发器,得到 $Q_DQ_CQ_BQ_A=DCBA$。

② 异步预置数据类型(74LS193):数据输入端 D、C、B、A 的信号是在 $\overline{L}_D=0$ 的情况下直接送到各触发器的异步置 0 端(R_D)和异步置 1 端(S_D),因此数据可立即送入各触发器,得到 $Q_DQ_CQ_BQ_A=DCBA$,无需等到下一个时钟脉冲到来。

由于有这两种预置数据的差别,所以在利用它们设计模小于 16 的任意模 N 计数器(在 $\overline{L}_D=0$ 的条件下)时,求预置状态号 M(M 是预置的二进制数 $DCBA$ 所对应的十进制数)的计算公式是不一样的:

- 对于同步预置类型的 74LS161:$M=16-N$。
- 对于异步预置类型的 74LS193:$M=15-N$。

预置数据 $DCBA$ 与状态号 M 的关系是:若十进制的状态号用 $(M)_{10}$ 表示,二进制的状态号用 $(DCBA)_2$ 表示,则 $(M)_{10}=(DCBA)_2$。这种模 N 计数器的工作特点是每个工作循环的起始状态不是从 0 开始,而是从预置的状态 M 开始,以状态 15($Q_DQ_CQ_BQ_A=1111$)结束。

(2) 利用清零控制端

清零

清零是指当计数器计数到某一状态(由模数 N 决定)时,通过对此状态进行状态编码作为控制信号并送到清零控制端($\overline{R}_D$一般是低电位有效),使计数器清零,即输出状态变为 $Q_AQ_BQ_CQ_D=0000$,进入下一个循环计数周期。与预置数据方法相似,利用清零控制端也有两种方式,即同步清零和异步清零。

同步清零

① 同步清零是指当清零信号送到清零端时,计数器输出状态并不立刻被清零,而是要等到下一个时钟脉冲信号到来以后才被清零,输出 $Q_AQ_BQ_CQ_D=0000$。

异步清零

② 异步清零是指当清零信号送到清零端时,计数器输出状态立刻被清零,而不论是否有时钟脉冲信号到来,输出 $Q_AQ_BQ_CQ_D=0000$。与同步清零在模数 N 上相差 1。

求清零状态号 M 与模数 N 关系的计算公式是不一样的:

- 对于同步清零类型的 74LS161:$M=N-1$。
- 对于异步清零类型的 74LS193:$M=N$。

5. 同步时序逻辑电路的设计

(1) 一般同步时序电路的设计步骤

① 建立原始状态转换图。首先从命题中确定所需记忆的状态并进行定义，在定义状态时宁多勿漏。

② 状态化简得到最简状态表。在上述定义状态时可能产生多余的状态，要把冗余的状态化简掉。判断冗余的状态时要利用等价状态的概念，即把在相同输入信号下有相同的输出，并且次态等价(相同、交错、循环)的这种多个状态称为等价状态。在若干等价状态中只保留一个状态，通过使用隐含表法很容易找出等价状态。

等价状态

③ 状态分配。在这一步骤中主要是确定电路系统所需触发器的个数。设触发器个数为 K，电路状态数为 N，且满足 $2^{K-1}<N<2^{K}$，则电路状态就可以用 K 位二进制码表示。

④ 按指定的触发器类型建立状态转换真值表。

⑤ 建立触发器的驱动方程和输出方程。

⑥ 完成逻辑电路图。

(2) 常用同步时序电路的设计

一般情况下，常用同步时序电路的工作状态和工作状态数目都是明确的。因此不需要上述设计中的状态定义、状态简化、状态分配等步骤。常用步骤如下：

① 建立二进制码的状态转换图。

② 根据指定触发器的驱动表建立状态转换真值表。

③ 画卡诺图求驱动方程和输出方程。

④ 完成逻辑电路图。

⑤ 当存在非工作状态或非工作状态循环链时，还需要检查能否自启动。当不能自启动时还需要加以修改，当然这一点可以在设计时加以控制，因此这一步并不是必须的。

□ 典型例题解析

例 5.1 试分析图 5.1 所示同步时序电路。要写出分析过程，画出状态转换图，说明电路的逻辑功能，并指出所用编码的特点。

解 本例电路无输入控制变量，各触发器均由 JK 触发器接成 T 触发器工作，在同一时钟信号的下降沿进行状态的转移。电路的输出是各级触发器状态变量的组合，属于 Moore 同步时序电路。

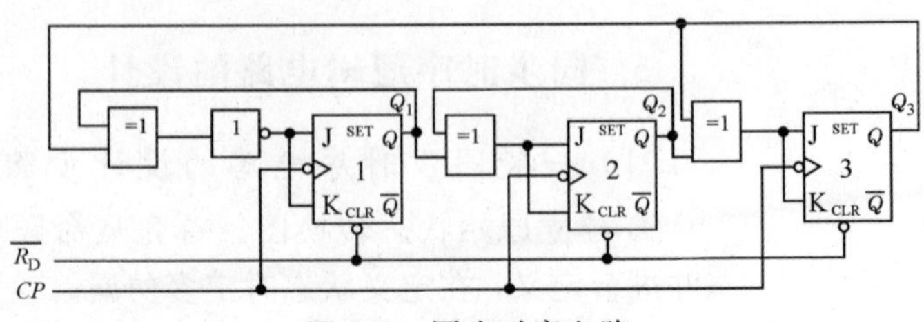

图 5.1 同步时序电路

(1) 确定各触发器的驱动方程:

$$\begin{cases} J_1 = K_1 = T_1 = \overline{Q_1 \oplus Q_3} \\ J_2 = K_2 = T_2 = Q_1 \oplus Q_2 \\ J_3 = K_3 = T_3 = Q_2 \oplus Q_3 \end{cases}$$

(2) 求出电路的状态方程(次态方程):

$$\begin{cases} Q_1^{n+1} = T_1 \oplus Q_1 = \overline{Q_1 \oplus Q_3} \oplus Q_1 = \overline{Q}_3 \\ Q_2^{n+1} = T_2 \oplus Q_2 = Q_1 \oplus Q_2 \oplus Q_2 = Q_1 \\ Q_3^{n+1} = T_3 \oplus Q_3 = Q_2 \oplus Q_3 \oplus Q_3 = Q_2 \end{cases}$$

(3) 进行状态计算,列出电路状态转换表(状态表)。

利用状态转移方程求次态。由于电路中设置有复位控制信号,电路的初态设为 $Q_3Q_2Q_1=000$,代入状态转移方程求出电路的次态 $Q_3^{n+1}Q_2^{n+1}Q_1^{n+1}=001$,再以此为新的初态,按同样的方法继续进行,直至次态返回到最初设定的初态 000 为止。同时还必须将偏离状态(非正常工作状态)的次态求出,得出完整的状态转移表。如表 5.1 所示。

表 5.1 状态转移表

序 号	初 态			次 态		
	Q_3^n	Q_2^n	Q_1^n	Q_3^{n+1}	Q_2^{n+1}	Q_1^{n+1}
0	0	0	0	0	0	1
1	0	0	1	0	1	1
2	0	1	1	1	1	1
3	1	1	1	1	1	0
4	1	1	0	1	0	0
5	1	0	0	0	0	0
偏离状态	0	1	0	1	0	1
	1	0	1	0	1	0

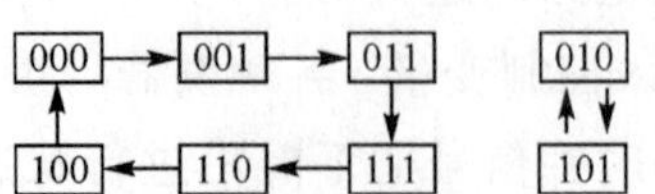

图 5.2 电路状态转换图

(4) 画电路状态转换图,如图 5.2 所示。

(5) 电路特性描述。从状态转换图可知,电路为模 6 同步计数器。由于有效序列中两相邻代码仅有一个码子不同,且是同一变量的原码和反码，因此这是一个循环长度为 6 的扭环型计数器。电路不能自启动，若状态进入偏离状态时，必须通过复位才能正常工作。

当电路不能自启动时，若要求对原设计进行修正，则可以从分析偏离状态入手，将其循环链打开，引入有效序列中即可。本例中若 $Q_3Q_2Q_1=101$ 状态出现，只需使第三级触发器 $T_3=0$，并将 T_3 原表达式修正为 $T_3=(Q_2\oplus Q_3)\overline{Q_1Q_3}$，则其次态必然将进入 $Q_3Q_2Q_1=110$，且不会影响其他状态的转移关系。修正后的电路请读者自己画出，状态转换图如图 5.3 所示。

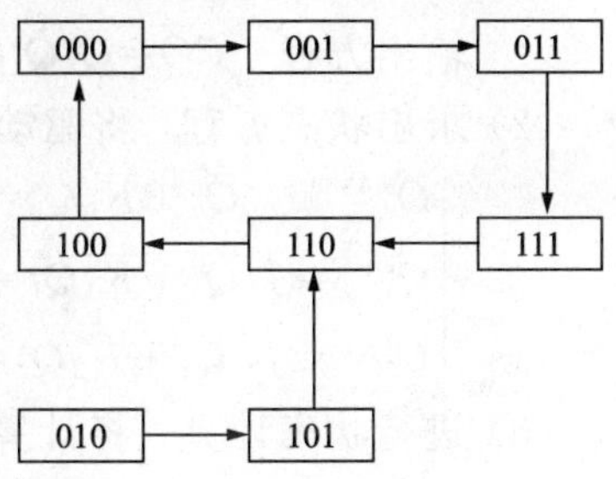

图5.3 修正后的电路状态转换图

例 5.2 已知一个时序系统的状态转换图如图 5.4 所示，试列出它的二进制状态转换表。

解 设 $A=00$，$B=01$，$C=10$，$D=11$，用 Q_2Q_1 表示原状态，$Q_2^{n+1}Q_1^{n+1}$ 表示次态；输入信号为 X，输出信号为 Z。列出二进制状态转换表如表 5.2 所示。

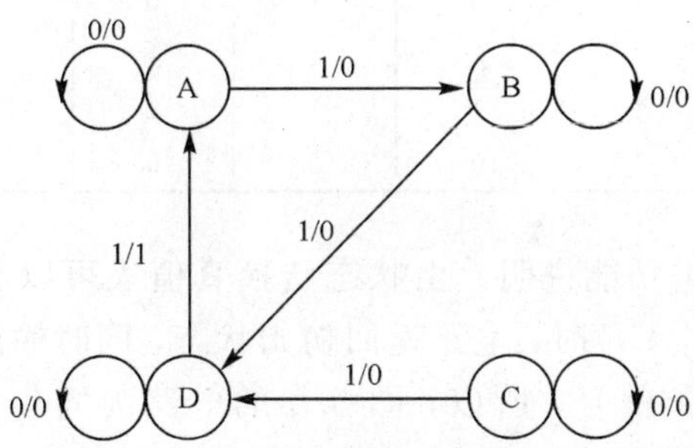

图 5.4 状态转换图

表 5.2 二进制状态转换表

Q_2	Q_1	$Q_2^{n+1}Q_1^{n+1}/Z$	
		X	
		0	1
0	0	00/0	01/0
0	1	01/0	11/0
1	0	10/0	11/0
1	1	11/0	00/1

例 5.3 试分析图 5.5 所示的逻辑电路的逻辑功能。写出它的驱动方程、状态方程和输出方程，并画出它的状态转换图 $Q_0Q_1Q_2$ 和 CO 的波形图。

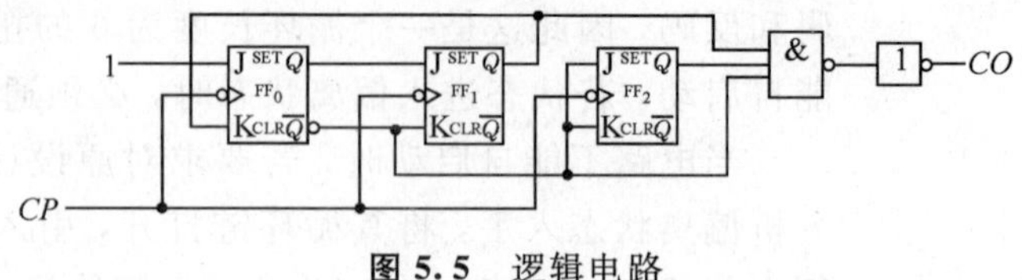

图 5.5　逻辑电路

解　分析步骤：

(1) 驱动方程 $\begin{cases} J_0=1 & J_1=Q_0^n & J_2=\overline{Q_0^n} \\ K_0=Q_1^n & K_1=\overline{Q_0^n} & K_2=\overline{Q_0^n} \end{cases}$

输出方程　$CO=Q_2^nQ_1^n\overline{Q_0^n}$

(2) 求出状态方程：将驱动方程代入相应的特征方程即得

$$\begin{cases} Q_0^{n+1}=J_0\overline{Q_0^n}+\overline{K_0}Q_0^n=\overline{Q_0^n}+\overline{Q_1^n}Q_0^n \\ Q_1^{n+1}=J_1\overline{Q_1^n}+\overline{K_1}Q_1^n=Q_0^n\overline{Q_1^n}+Q_0^nQ_1^n=Q_0^n \\ Q_2^{n+1}=J_2\overline{Q_2^n}+\overline{K_2}Q_2^n=\overline{Q_0^n}\,\overline{Q_2^n}+Q_0^nQ_2^n \end{cases}$$

(3) 进行状态计算，将计算结果填入表 5.3 中，即得该电路的状态转换表。

表 5.3　电路状态转换表

现　态			次　态			输　出
Q_2^n	Q_1^n	Q_0^n	Q_2^{n+1}	Q_1^{n+1}	Q_0^{n+1}	CO
0	0	0	1	0	1	0
1	0	0	0	0	1	0
0	0	1	0	1	1	0
0	1	1	0	1	0	0
0	1	0	1	0	1	0
1	0	1	1	1	1	0
1	1	1	1	1	0	0
1	1	0	0	0	1	1

(4) 逻辑功能说明。由状态转换真值表可以看出，当输入第 6 个时钟脉冲 CP 时，电路返回初始状态，同时输出 CO 送出一个负跃变的进位信号，所以，图 5.5 的电路为同步六进制计数器。由该状态转换表还可以看出，电路进入无效状态 000、100 时，代入状态方程计算后，分别为 101 和 001，为有效状态。因此，电路进入无效状态后，只要继续输入时钟脉冲，就会自动返回有效状态，所以，电路具有自启动能力。

(5) 画时序图和状态转换图。根据状态转换真值表可画出电路的时序图和状态转换图，如图 5.6(a)、(b)所示。

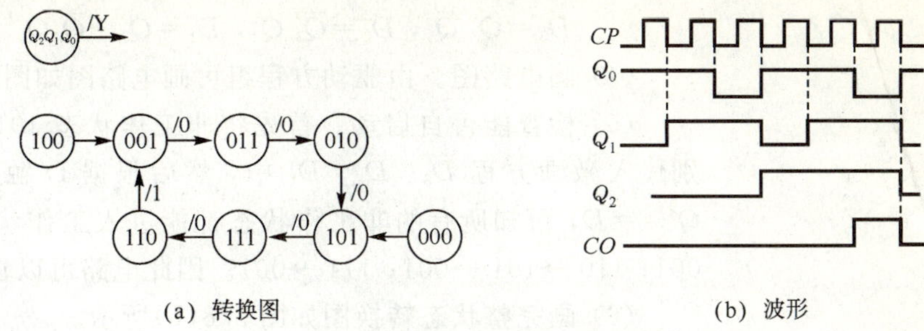

(a) 转换图　　(b) 波形

图 5.6　状态转换图和波形

例 5.4　用 D 触发器和门器件设计一个状态转换如 0→2→4→1→3（3 返回 0）的模 5 同步计数器。

解　设计步骤如下：

(1) 确定触发器个数 K，因为状态数 $N=5$，满足 $2^{K-1}<N<2^K$ 的 $K=3$，电路的状态用 $Q_3Q_2Q_1$ 表示。

(2) 列状态转换真值表。根据 D 触发器的次态方程 $Q^{n+1}=D$，列状态转换表如表 5.4 所示。

表 5.4　状态转换真值表

Q_3	Q_2	Q_1	Q_3^{n+1}	Q_2^{n+1}	Q_1^{n+1}	D_3	D_2	D_1
0	0	0	0	1	0	0	1	0
0	1	0	1	0	0	1	0	0
1	0	0	0	0	1	0	0	1
0	0	1	0	1	1	0	1	1
0	1	1	0	0	0	0	0	0

(3) 求驱动方程。首先要根据状态转换表画 D_3、D_2、D_1 的卡诺图，然后通过卡诺图简化得到驱动方程。D_3、D_2、D_1 卡诺图如图 5.7 所示。

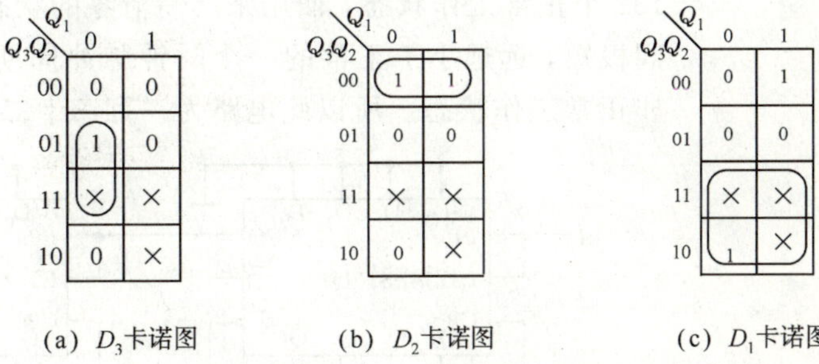

(a) D_3卡诺图　　(b) D_2卡诺图　　(c) D_1卡诺图

图 5.7　D_3、D_2 和 D_1 卡诺图

经过卡诺图化简得到激励输入方程如下：

$$D_3=Q_2\overline{Q_1},\ D_2=\overline{Q_3}\ \overline{Q_2},\ D_1=Q_3+\overline{Q_2}Q_1$$

(4) 画电路图。由驱动方程组可画电路图如图 5.8(a)所示。

(5) 检查能否自启动。首先将非工作状态 101、110、111 分别代入激励方程 D_3、D_2、D_1 中，然后根据 D 触发器次态方程 $Q^{n+1}=D$，可知所有的非工作状态都能进入工作状态，即 101 → 001；110 → 101 → 001；111 → 001。因此电路可以自启动。

(6) 画完整状态转换图如图 5.8(b)所示。

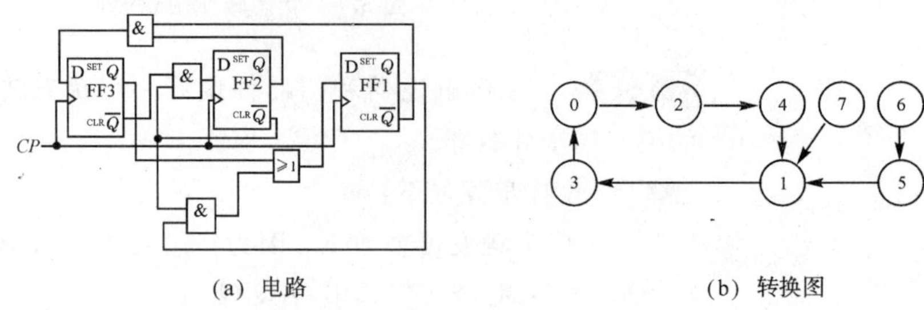

(a) 电路　　(b) 转换图

图 5.8　电路图及状态转换图

例 5.5　试分析图 5.9 所示电路为几进制计数器。

解　本题是利用集成计数器芯片构成一定模数的计数器，所用的方法是反馈清零法，片子采用并行的进位方式连接，两个片子的时钟脉冲信号相同，以低位片子(即 1 号片)的输出作为第二片子的控制信号，74LS161 为具有同步置数、异步清 0 功能的 4 位二进制同步计数器，CO 为进位输出端，根据其反馈归零函数 $\overline{R_D}=\overline{Q_3^2Q_2^1}$，上标号为片子的标号，如 Q_3^2 表示第二个片子的 Q_3 输出端。由图可知，反馈清零的信号为 $Q_3^2Q_2^2Q_1^2Q_0^2Q_3^1Q_2^1Q_1^1Q_0^1=10000100$，对应的十进制数为 $2^7+2^2=132$，由于 74LS161 是异步清零，所以计数器有效的工作状态为 00000000～10000011，共 132 个正常工作状态，而用来反馈清零的状态 10000100 维持的时间极短，远远小于正常的一个时钟脉冲周期，所以是过渡态，即非正常工作状态。所以此电路为一百三十二进制计数器。

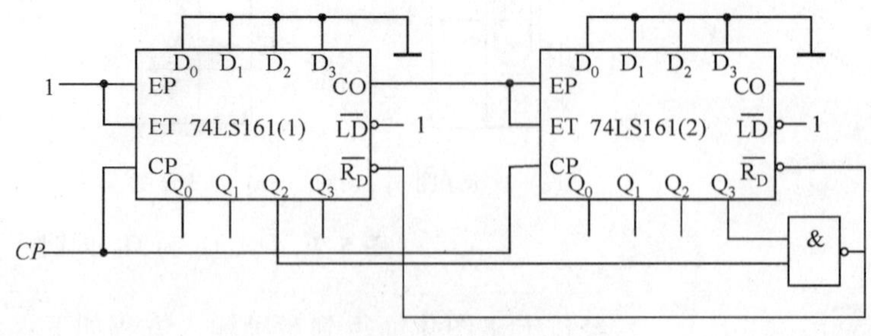

图 5.9　电路

例 5.6 试分析图 5.10 所示的电路为几进制计数器。

解 74LS162 计数器具有同步置数、同步置零功能的十进制同步计数器。此题中两个片子采用并行的连接方式，采用反馈清零的方法实现计数。从反馈信号上看，反馈信号为 $\overline{R}_D=\overline{Q_2^2Q_0^2Q_1^1Q_0^1}$，其状态为 $Q_3^2Q_2^2Q_1^2Q_0^2Q_3^1Q_2^1Q_1^1Q_0^1=01010011$，对应的十进制数为 83，由于 74LS162 采用同步置 0，当 01010011 状态出现时，计数器并不立刻归零，而是要等到下一个时钟脉冲 CP 的到来，即 01010011 维持的时间为一个时钟脉冲周期，所以正常的工作状态包括 01010011，即从 00000000 至 01010011，一共 83＋1＝84 个正常工作状态，所以此电路为八十四进制计数器。

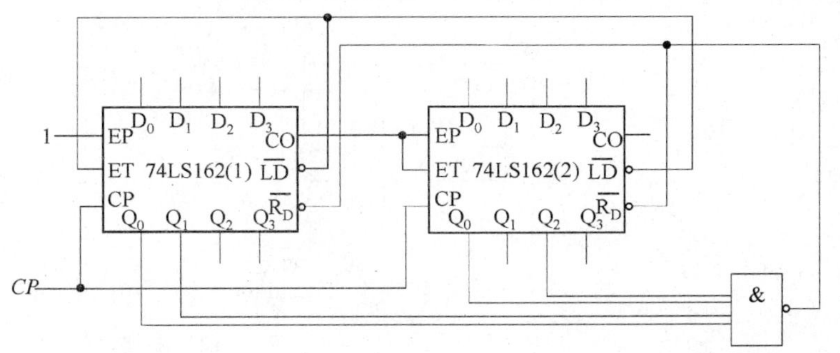

图 5.10 电路

例 5.7 试分析图 5.11 所示的电路是几进制计数器。

解 本题与前面两题不同，本题的两个片子采用串行进位的方式连接，即第一个片子的输出信号作为第二个片子的时钟信号，每个片子都采用了各自独立的反馈置 0 方式，这种连接方式特别适用于构成模数为奇数的计数器。74LS161 是异步清零的计数器，第一个片子为十六进制计数器；第二个片子的置零信号为 0101，此状态为过渡状态，不属于正常工作状态，正常的工作状态为 0000～0100，因此为五进制计数器(此处的五进制并不是从

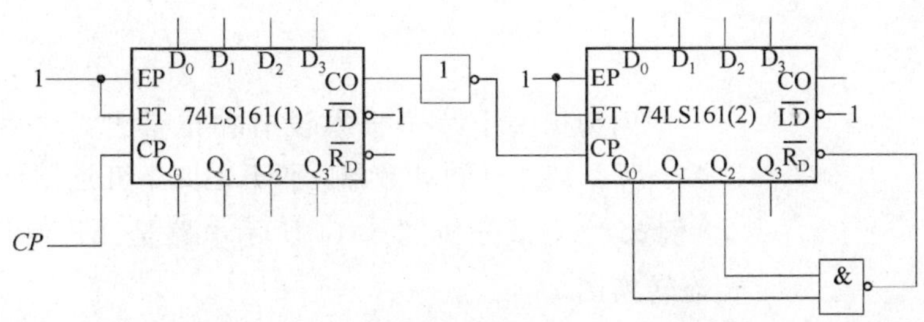

图 5.11 电路

0101直接算出来的，要看片子的置零方式，请读者务必正确理解这一点，以下不再解释），所以此电路为5×16=80进制计数器。

注意：本题中两个片子是采用串行进位的方式连接，由于第一个片子的输出信号 CO 作为第二个片子的时钟信号，所以一定要保证第一个片子的 CO 有输出信号。由于第一个片子没有其他反馈控制，属于正常的十六进制计数器，当输出从1111变为0000过程中 CO 输出进位信号1，所以电路能正常工作。如果第一个片子没有从1111变为0000的过程，则 CO 无法给出输出信号。另外，从1号片的进位输出信号 CO 到2号片的时钟 CP 之间加一个非门的原因是：74LS161中触发器的翻转发生在时钟脉冲的下降沿，如图5.12所示。

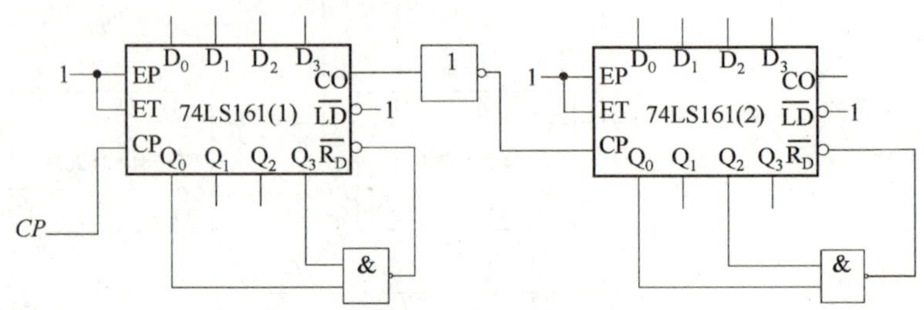

图5.12 电路

此电路目的是实现四十五进制的计数器，第一个片子的输出为第二个片子的时钟信号，但是分析一下就会发现，第一个片子的工作状态如图5.13所示。

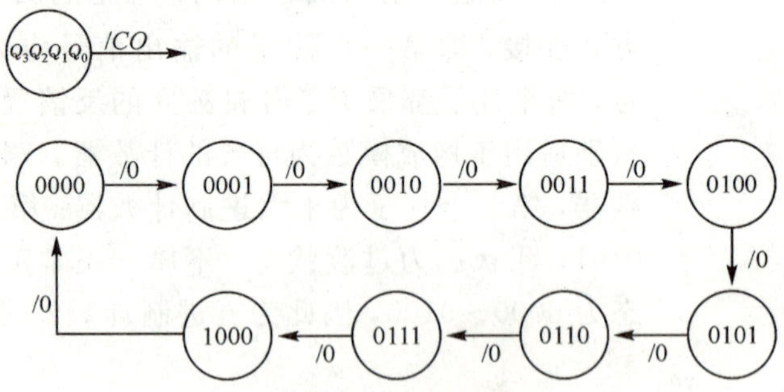

图5.13 转换图

因为第一个片子根本没有输出信号，故第二个片子无法计数，所以是九进制计数器，而不是四十五进制计数器。

例5.8 试分析图5.14所示电路是几进制计数器，并画出状态转换图。

解 本题采用预置数法实现任意进制的计数器，置数的反馈

信号为 $Q_3Q_2Q_1Q_0 = 1110$，74LS161 是同步置数，所以 1110 是正常的工作状态，置数信号到来后，在下一个时钟脉冲信号上升沿，电路输出端 $Q_3Q_2Q_1Q_0$ 将被置成 $D_3D_2D_1D_0 = 0110$，即 $Q_3Q_2Q_1Q_0 = 0110$，然后进行下一个计数周期，工作状态转换图如图 5.15 所示。

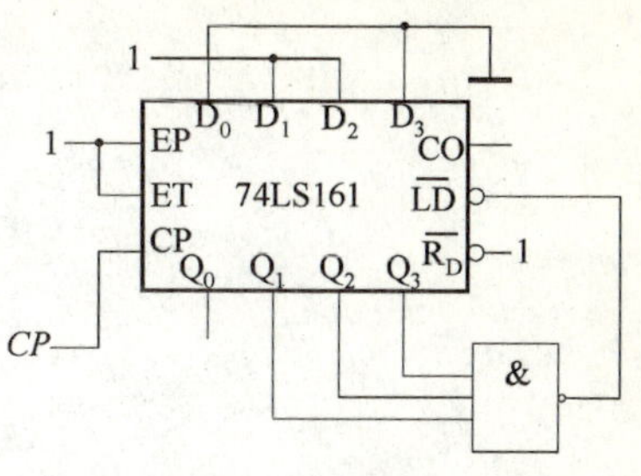

图 5.14　电路

由状态转换图可知，该电路为一个九进制计数器。

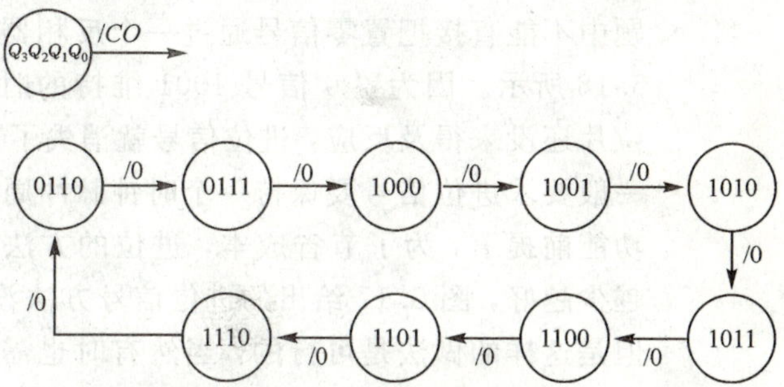

图 5.15　工作状态转换图

例 5.9　用 74LS161 集成计数器设计一个九进制计数器。

解　74LS161 是十六进制计数器，因此只需要一个片子就可以了。一般有两种方法：置零法和置数法。

(1) 置零法。74LS161 具有异步置零的功能。设工作状态转换图如图 5.16 所示。电路如图 5.17 所示。

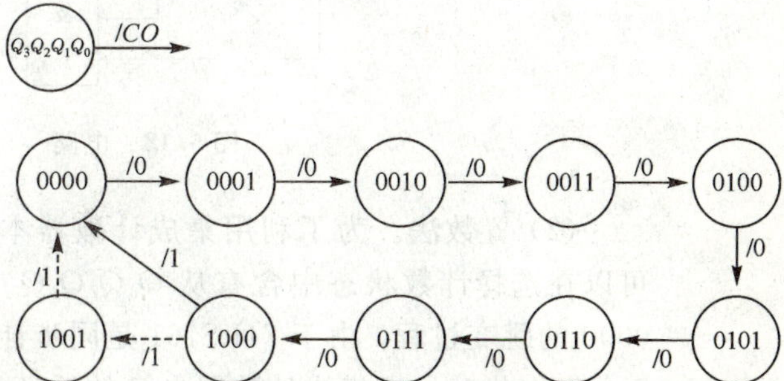

图 5.16　工作状态转换图

注意：由于本题中集成计数器本身的输出进位信号无法给出进位信号，所以需要由电路的输出端译出进位信号。从原则上

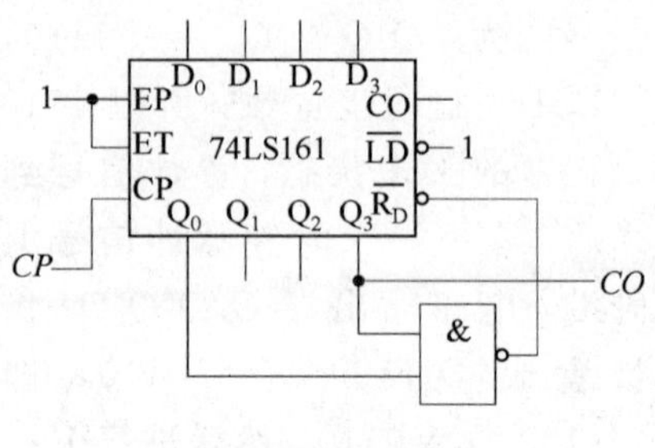

图 5.17　电路

讲，只要在一个计数周期中能给出一次进位信号就可以了。一般情况下，选择在计数器正常计数周期的最后一次跃变中送出。本题中不能直接把置零信号通过一个反相器后作为进位信号，如图5.18所示。因为置0信号1001维持的时间很短，瞬间即逝，高位片还没来得及反应，进位信号就消失了，造成逻辑功能的错误。一般要求进位信号要保持一个时钟脉冲周期。在保证正常的逻辑功能前提下，为了节省成本，进位的方法越简单越好，所用器件越少越好，图5.17给出的进位信号方法没有使用任何其他器件，但是这样的做法是可行的，当然有时也需要使用其他器件，如本题中，如果用置零法实现7进制计数器则必须把 $Q_2Q_1Q_0$ 分别接到与门输入端才能正确地获得进位信号。

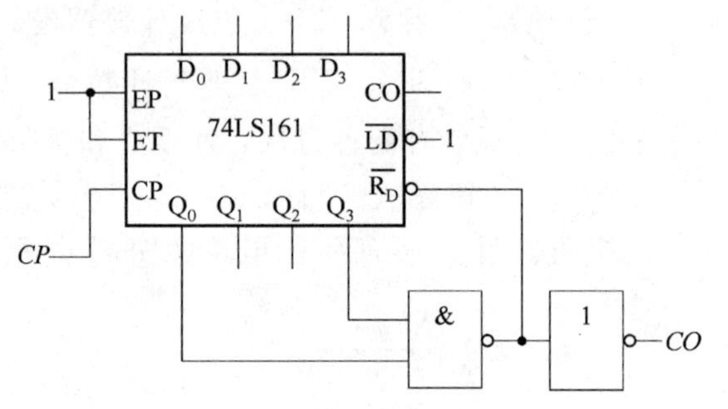

图 5.18　电路

(2) 置数法。为了利用集成计数器本身的进位信号输出端，可以在选择计数状态中含有从 $Q_3Q_2Q_1Q_0=1111$ 向 $Q_3Q_2Q_1Q_0=0000$ 的跳变过程，由于74LS161是同步计数的，所以还需要另外7个工作状态。把集成计数器自身的循环计数链打断，如图5.19所示，实线箭头为实际的状态转换图，虚线箭头为计数器原本的自然计数状态转换图。电路实现方法如图5.20所示。

检查电路是否具有自启动能力，把计数器所有的工作状态转换图画出来，如图5.21所示。可见，电路具有自启动功能。

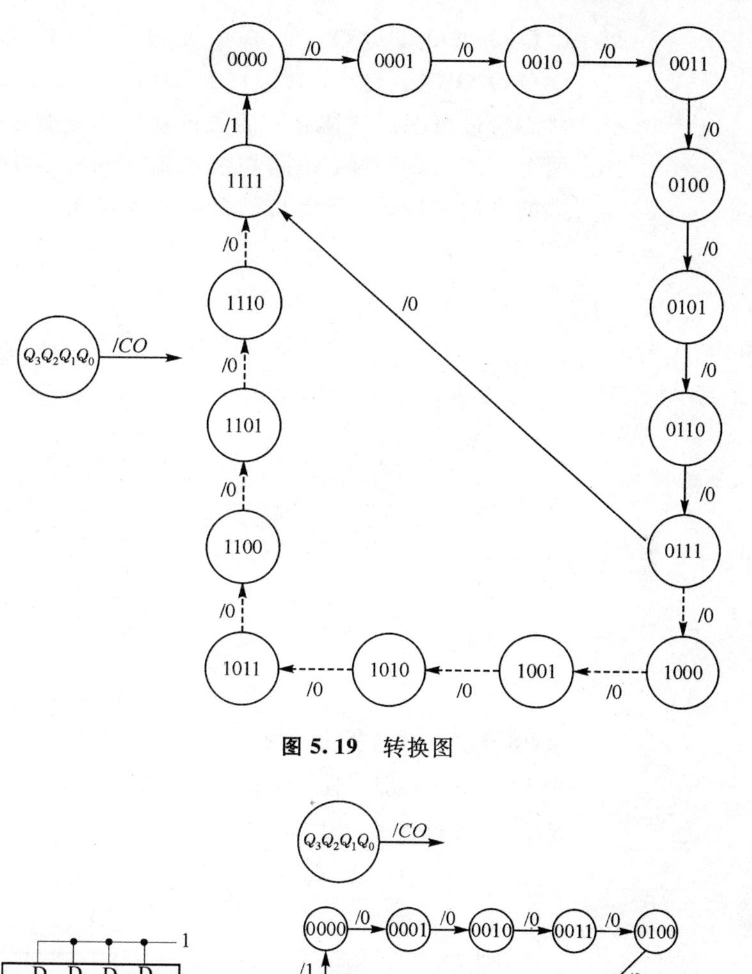

图 5.19　转换图

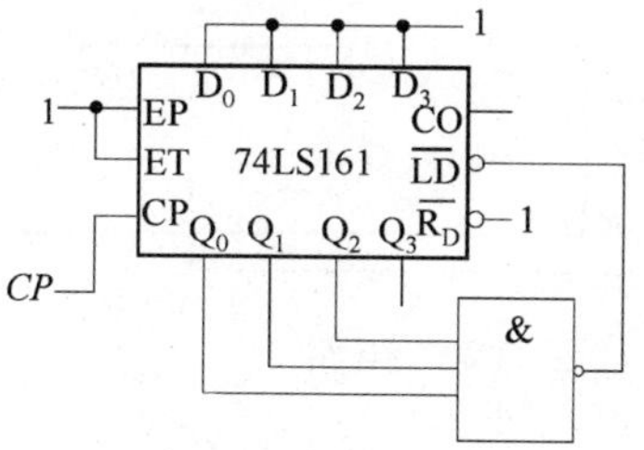

图 5.20　电路

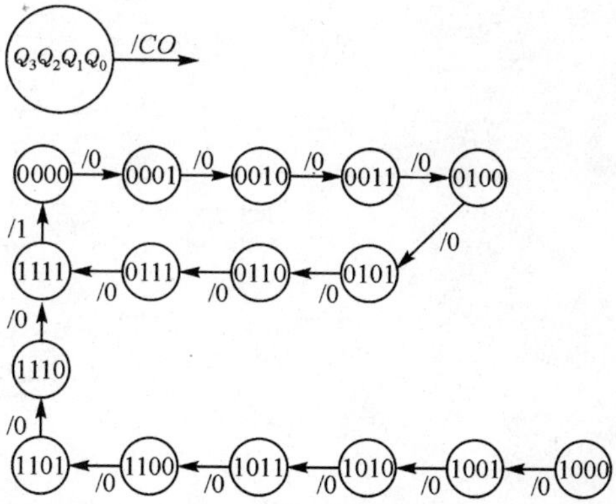

图 5.21　转换图

例 5.10　用集成计数器 74LS193 设计一个五十九进制计数器。

解　74LS193 为具有异步置 0 和置数的十六进制加/减计数器（即既可以实现加法计数，又可实现减法计数）。由于 59>16，所以必须采用两片 74LS193，同时由于 59 是素数，不能分解为两个正整数相乘，所以前面所讲的并行进位和串行进位方式就行不通了，必须采取整体置零或置数的方法了。

现采用置 0 且加法计数的方法。设计数器的初始状态为

$Q_3^nQ_2^nQ_1^nQ_0^nQ_3^nQ_2^nQ_1^nQ_0^n=00000000$，则置零信号由状态 $Q_3^nQ_2^nQ_1^nQ_0^nQ_3^nQ_2^nQ_1^nQ_0^n=00111011$ 译出，$(00111011)_2=(59)_{10}$，此状态为过渡态。整体置零的关键在于当置数信号到来时，必须让两个片子同时归零，电路如图 5.22 所示。同理，本题可以采用置数的方法实现，请读者自己思考如何实现。

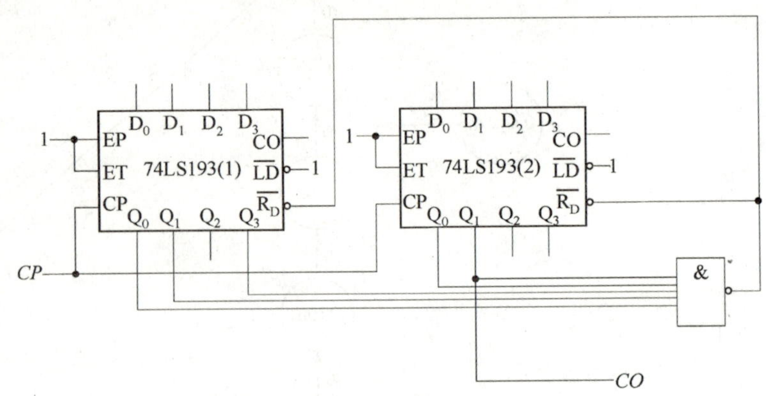

图 5.22 电路

例 5.11 试分析图 5.23 所示电路的逻辑功能。写出时钟方程、驱动方程、状态方程、状态转换真值表，画出状态转换图，并检查能否自启动。

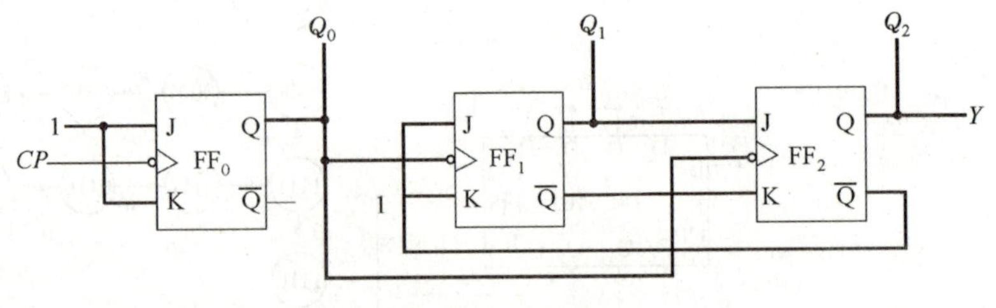

图 5.23 电路

解 该电路为一异步时序逻辑电路，其分析方法与同步时序逻辑电路的区别在于：各个触发器有自己不同的时钟脉冲，要写出时钟方程。分析步骤如下。

(1) 驱动方程

$$\begin{cases} J_0=1 & J_1=\overline{Q_2^n} & J_2=Q_1^n \\ K_0=1 & K_1=1 & K_2=\overline{Q_1^n} \end{cases}$$

输出方程 $Y=Q_2^n$

时钟方程 $\begin{cases} CP_0=CP & (FF_0 \text{ 由 } CP \text{ 下降沿触发}) \\ CP_1=CP_2=Q_0^n & (FF_1 \text{ 和 } FF_2 \text{ 由 } Q_0 \text{ 下降沿触发}) \end{cases}$

(2) 状态方程

$$\begin{cases} Q_0^{n+1}=J_0\,\overline{Q}_0^n+\overline{K}_0\,Q_0^n=\overline{Q}_0^n & (CP\text{下降沿有效}) \\ Q_1^{n+1}=J_1\,\overline{Q}_1^n+\overline{K}_1\,Q_1^n=\overline{Q}_2^n\,\overline{Q}_1^n & (Q_0\text{下降沿有效}) \\ Q_2^{n+1}=J_2\,\overline{Q}_2^n+\overline{K}_2\,Q_2^n=Q_1^n\overline{Q}_2^n+Q_1^n\,Q_2^n=Q_1^n & (Q_0\text{下降沿有效}) \end{cases}$$

(3) 列状态转换表。状态方程只有满足时钟条件后才有效，设现态$Q_2^n\,Q_1^n\,Q_0^n=000$，代入输出方程和状态方程进行计算，由此可列出表 5.5。

表 5.5 状态转换表

现态			次态			输出	时钟条件		
Q_2^n	Q_1^n	Q_0^n	Q_2^{n+1}	Q_1^{n+1}	Q_0^{n+1}	Y	CP_2	CP_1	CP_0
0	0	0	0	0	1	0	↑	↑	↓
0	0	1	0	1	0	0	↓	↓	↓
0	1	0	0	1	1	0	↑	↑	↓
0	1	1	1	0	0	0	↓	↓	↓
1	0	0	1	0	1	1	↑	↑	↓
1	0	1	0	0	0	0	↓	↓	↓

(4) 逻辑功能说明。由状态转换表可以看出，输入6个计数脉冲后，电路返回初始状态，同时向高位送出一个负跃变的进位信号，所以该电路为异步六进制计数器。

(5) 画状态转换图。根据状态转换真值表，画出状态转换图如图 5.24 所示。

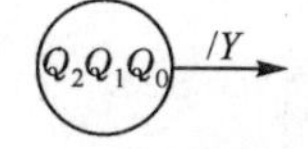

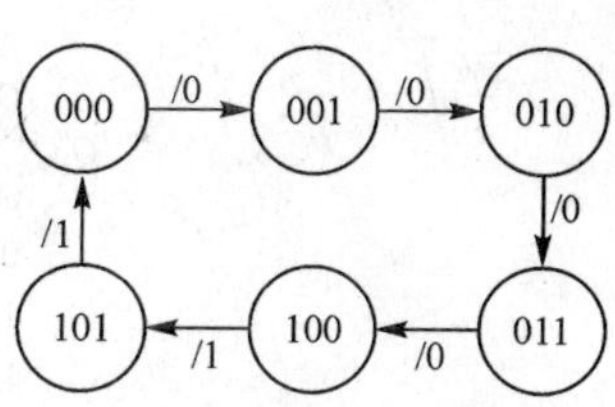

图 5.24 状态转换图

例 5.12 用 JK 触发器设计一个同步十二进制计数器，要求具有自启动功能，并画出电路的状态转换图。

解 分析本题，本题的目的非常明确，属于常见的时序逻辑电路设计类型，电路没有输入信号，但有输出信号，即进位信号，用 C 表示。

(1) 确定电路的工作状态，十二进制计数器需要 12 个工作状态，分别用 S_0，S_1，…，S_{11}表示。

(2) 确定触发器的个数，$2^{4-1}<12<2^4$，所以，需要 4 个触发器。

(3) 进行状态编码，对状态进行自然编码，即按照每个状态号的十进制值所对应的二进制数码进行编码。状态转换图如图 2.25 所示。

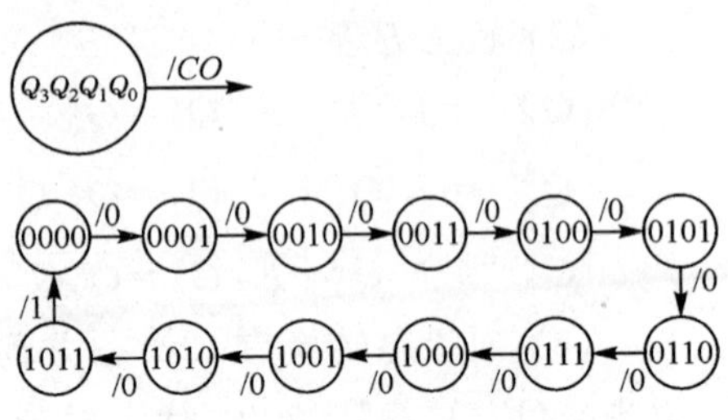

图 5.25　状态转换图

(4) 求状态方程。根据状态转换图可以画出次态Q_3^{n+1} Q_2^{n+1} Q_1^{n+1} Q_0^{n+1} 和进位信号 C 关于现态Q_3^n Q_2^n Q_1^n Q_0^n 卡诺图，如图 5.26 所示。图 5.27(a)、(b)、(c)、(d)和(e)5 个图分别表示Q_3^{n+1}、Q_2^{n+1}、Q_1^{n+1}、Q_0^{n+1} 和 CO 这 5 个逻辑函数的卡诺图。

$Q_3^nQ_2^n$ \ $Q_1^nQ_0^n$	00	01	11	10
00	0001/0	0010/0	0100/0	0011/0
01	0101/0	0110/0	1000/0	0111/0
11	××××/×	××××/×	××××/×	××××/×
10	1001/0	1010/0	0000/1	1011/0

图 5.26　Q_3^{n+1} Q_2^{n+1} Q_1^{n+1} Q_0^{n+1}/C 的卡诺图

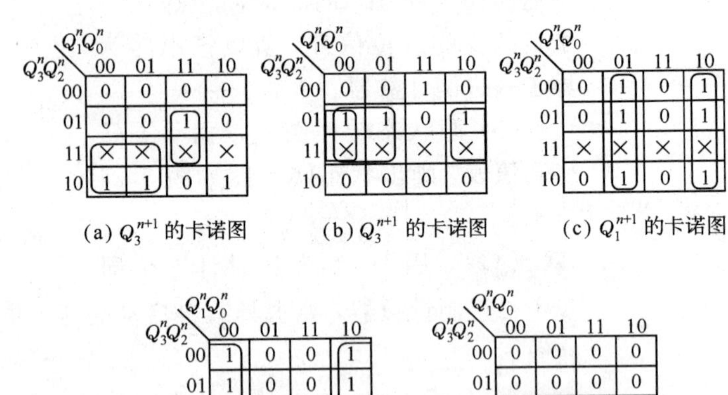

(a) Q_3^{n+1} 的卡诺图　(b) Q_3^{n+1} 的卡诺图　(c) Q_1^{n+1} 的卡诺图

(d) Q_0^{n+1} 的卡诺图　(e) C的卡诺图

图 5.27　卡诺图

按常规步骤这样做是可以的，但是由于我们在卡诺图中画圈的时候把×号分别当作了 1 或 0，因此实际上已经引入了 4 个无效状态，而且无效状态的时序是可以确定的。为了能够在设计时就注意到计数器能否自启动，可以提前验证一下，如果不能自启动，可以修改一下卡诺图中的×的选取方式，免得设计好以后发现不能自启动还要进行修改，很麻烦。引入了 4 个无效状态后卡诺图变为图 5.28。

$Q_3^nQ_2^n$ \ $Q_1^nQ_0^n$	00	01	11	10
00	0001/0	0010/0	0100/0	0011/0
01	0101/0	0110/0	1000/0	0111/0
11	1101/0	1110/0	1000/1	0111/0
10	1001/0	1010/0	0000/1	1011/0

图 5.28

由卡诺图可以求出状态转换图，如图 5.29 所示。

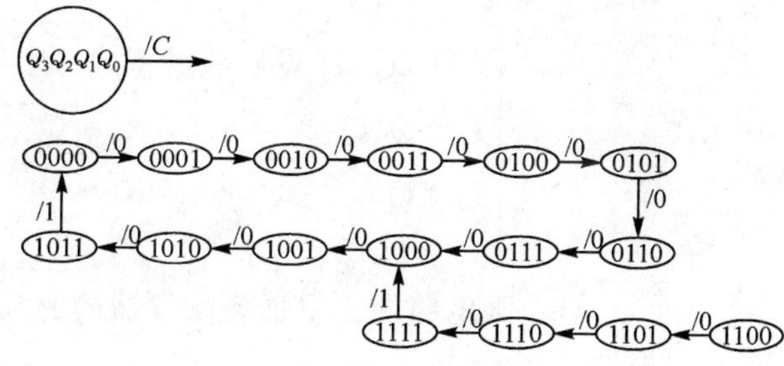

图 5.29　状态转换图

由状态转换图可以看出，电路具有自启动功能，但是当电路由于某种原因进入 1111 状态后，虽然经过一个时钟脉冲能自动进入有效状态 1000，但是却给出了一个错误的进位信号 1，会引起逻辑错乱。所以必须对进位信号 C 的卡诺图进行一下修改，把由 1111 进入 1000 过程中的进位信号改为 0，即把×当作 0 来处理。如图 5.30 所示。

$Q_3^nQ_2^n$ \ $Q_1^nQ_0^n$	00	01	11	10
00	0	0	0	0
01	0	0	0	0
11	0	0	0	0
10	0	0	(1)	0

图 5.30　修改后的进位信号 C 的卡诺图

由卡诺图可以得到状态方程为

$$\begin{cases} Q_3^{n+1}=Q_3^n\,\overline{Q_1^n}+Q_2^n\,Q_1^n\,Q_0^n+Q_3^n\,\overline{Q_0^n} \\ Q_2^{n+1}=Q_2^n\,\overline{Q_1^n}+Q_1^n\,\overline{Q_0^n} \\ Q_1^{n+1}=\overline{Q_1^n}\,Q_0^n+Q_1^n\,\overline{Q_0^n} \\ Q_0^{n+1}=\overline{Q_0^n} \\ C=Q_3^n\,\overline{Q_2^n}\,Q_1^n\,Q_0^n \end{cases}$$

(5) 求驱动方程。由于选用 JK 触发器，应把状态方程写成 JK 触发器特性方程的标准形式：

$$
\begin{cases}
Q_3^{n+1}=Q_3^n\,\overline{Q_1^n}+Q_2^n\,Q_1^n\,Q_0^n(Q_3^n+\overline{Q_3^n})+Q_3^n\overline{Q_0^n} \\
\qquad\;\;=Q_2^n\,Q_1^n\,Q_0^n\,\overline{Q_3^n}+(\overline{Q_1^n}+\overline{Q_0^n}+Q_2^n\,Q_1^n\,Q_0^n)Q_3^n \\
Q_2^{n+1}=Q_2^n\overline{Q_1^n}+Q_1^n\overline{Q_0^n}(Q_2^n+\overline{Q_2^n}) \\
\qquad\;\;=Q_1^n\overline{Q_0^n}\,\overline{Q_2^n}+\overline{\overline{\overline{Q_1^n}+Q_1^n\overline{Q_0^n}}}Q_2^n \\
\qquad\;\;=Q_1^n\overline{Q_0^n}\,\overline{Q_2^n}+\overline{Q_1^n\overline{Q_0^n}}Q_2^n \\
Q_1^{n+1}=\overline{Q_1^n}\,Q_0^n+Q_1^n\overline{Q_0^n} \\
Q_0^{n+1}=1\cdot\overline{Q_0^n}+\overline{1}\,Q_0^n
\end{cases}
$$

由JK触发器的特性$Q^{n+1}=J\,\overline{Q^n}+\overline{K}\,Q^n$可得到各触发器的驱动方程为

$$
\begin{cases}
J_3=Q_2^n\,Q_1^n\,Q_0^n, & K_3=\overline{\overline{Q_1^n\,Q_0^n}+Q_2^n}=\overline{Q_2^n}\cdot Q_1^n\,Q_0^n \\
J_2=Q_1^n\overline{Q_0^n}, & K_2=\overline{\overline{Q_1^n}+Q_1^n\overline{Q_0^n}}=Q_1^n\,Q_0^n \\
J_1=Q_0^n, & K_1=Q_0^n \\
J_0=1, & K_0=1
\end{cases}
$$

(6) 画电路图。根据各触发器的驱动方程，可得图5.31所示电路。

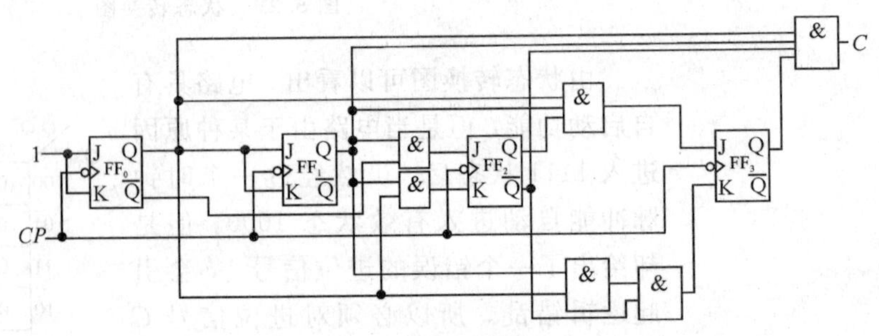

图5.31　电路

注意：一般地，在设计时序逻辑电路时，考虑自启动后，电路可能不是最简的，但是保证功能的实现才是首要的。

例5.13　已知CT54/74LS194是双向四位移位寄存器，有两个使能端S_1和S_0，当$S_1S_0=11$时，移位寄存器进行并行输入(置数)操作；而当$S_1S_0=01$时进行右移位操作。试分析图5.32所示电路，实现7位串行-并行变换电路的工作原理。

解　电路在清零负脉冲作用下，两片移位寄存器均被清零。第一个CP信号到来后，由于$Q_7=0$，所以$S_1=1$，移位寄存器进行并行输入操作，置入标志数$Q_0Q_1Q_2Q_3Q_4Q_5Q_6Q_7=01111111$，且$S_1=0$。从第二个$CP$信号输入开始，移位寄存器进行右移操作，接受串行输入数据$D_0\sim D_6$。再经过7个CP信号右移7次

后，标志位 0 移至 Q_8，表明串行数据 $D_0 \sim D_6$ 已全部移入，转为并行数据，并从移位寄存器的 $Q_0 \sim Q_7$ 输出。第 9 个 CP 信号到来时，由于 $Q_7 = 0$，又使得 $S_1 = 1$，移位寄存器再次进行并行输入操作，置入标志数。以后重复上述过程。

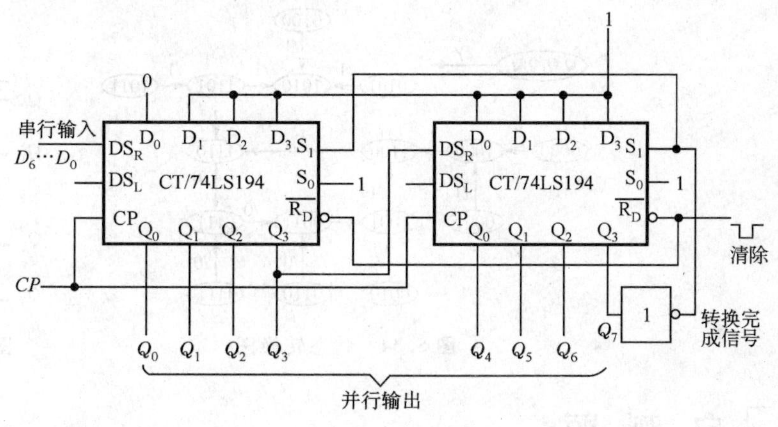

图 5.32 电路

例 5.14 试分析图 5.33 所示由 4 位双向移位寄存器 CT54/74LS194 构成的分频器的分频系数。要求(1) 列出状态转换表；(2) 画出完整的状态转换图；(3) 画出时序图。

解 (1) 本题 CT54/74LS194 的使能端 $S_1S_0 = 01$，工作处于右移位方式，并将第 3 位 Q_2 和第 2 位 Q_1 的输出通过与非门后反馈到第 1 位输入端，作为右移位输入信号，同时作为电路的输出信号(即 $Y = D_{SR} = \overline{Q_1^n Q_2^n}$)。状态转换表见表 5.6。

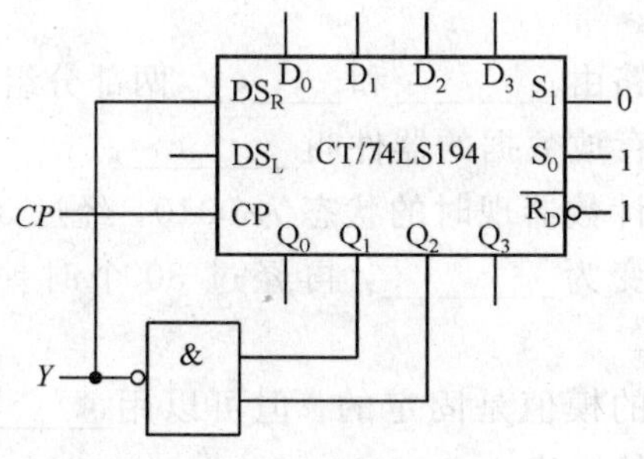

图 5.33 逻辑电路

表 5.6 状态转换表

CP	D_{SR}	Q_0	Q_1	Q_2	Q_3
0	1	1	1	0	0
1	0	1	1	1	0
2	0	0	1	1	1
3	1	0	0	1	1
4	1	1	0	0	1
5	1	1	1	0	0

由表可见，电路是由 4 位双向移位寄存器构成的 5 分频器。

注意：利用移位寄存器构成分频电路很普遍。一般采用右移位方式，并有一定的组成规律。若将寄存器的第 K 位输出求反后反馈到第一位输入，可构成分频系数 $N = 2K$ 的分频器(偶数分频器)；若将寄存器的第 K 位和($K-1$)位输出通过与非门在反馈到第一位输入，则可构成分频系数 $N=2K-1$ 的分频器(奇数分频器)。

(2) 完整的状态转换图如图 5.34 所示。

(3) 时序图如图 5.35 所示。

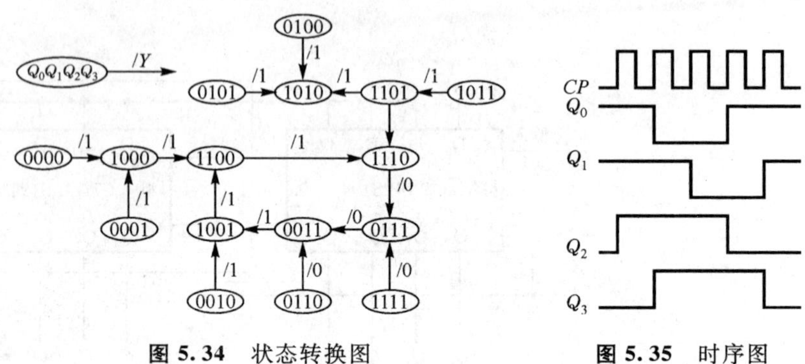

图 5.34 状态转换图　　　　图 5.35 时序图

自 测 题

1. 填空题

(1) 任一时刻的稳定输出不仅决定于该时刻的输入，而且还与电路原来的状态有关的电路叫________。

(2) 某 512 位串行输入串行输出右移寄存器，已知时钟频率为 4MHz，数据从输入端到输出端被延迟的时间为________。

(3) 描述时序逻辑电路功能的方法需要三个方程，它们是________方程、________方程和________方程。

(4) 时序逻辑电路按触发器的时钟端的连接方式分为________和________。

(5) 时序逻辑电路由________和________两部分组成。

(6) 可用来暂时存放数据的器件叫________。

(7) 十进制加法计数器现时的状态为 0010，经过 3 个时钟输入之后，其内容变为________，再经过 30 个时钟后，其内容变为________。

(8) 集成计数器的模值是固定的，但可以用________和________来改变它们的模值。

(9) N 级环形计数器的计数长度是________；N 级扭环形计数器的计数长度是________。

(10) 移位寄存器的主要功能有________、________、________。

2. 选择题

(1) 设计模值为 36 的计数器至少需要(　　)个触发器。

A. 3　　B. 4　　C. 5　　D. 6

(2) 下列各触发器(见图 5.36)电路中，能实现 $Q^{n+1}=\overline{Q^n}+A$ 功能的电路是(　　)。

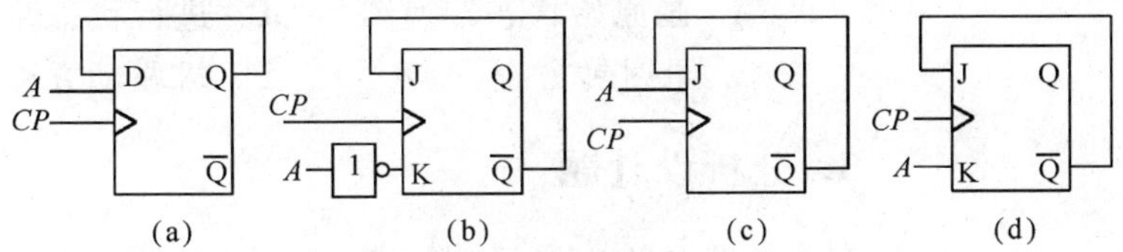

图 5.36　触发器电路

(3) 一个 4 位移位寄存器原来的状态为 0000，如果串行输入始终为 1，则经过 4 个移位脉冲后寄存器的内容为(　　)。

A. 0001　　B. 0111　　C. 1110　　D. 1111

(4) 同步计数器是指(　　)的计数器。

A. 由同类型的触发器构成的计数器

B. 各触发器时钟连在一起，统一由系统时钟控制

C. 可用前级的输出作后级触发器的时钟

D. 可用后级的输出作前级触发器的时钟

(5) 由 10 级触发器构成的二进制计数器，其模值为(　　)。

A. 10　　B. 20　　C. 1000　　D. 1024

(6) 同步 4 位二进制计数器的借位方程是 $B=\overline{Q}_4\overline{Q}_3\overline{Q}_2\overline{Q}_1$，则可知 B 的周期和正脉冲宽度为(　　)

A. 16 个 CP 周期，正脉冲宽度为 2 个 CP 周期

B. 16 个 CP 周期，正脉冲宽度为 1 个 CP 周期

C. 8 个 CP 周期，正脉冲宽度为 8 个 CP 周期

D. 8 个 CP 周期，正脉冲宽度为 4 个 CP 周期

(7) 已知 $Q_3Q_2Q_1Q_0$ 是同步十进制计数器的触发器输出，若以 Q_3 作进位，则其周期和正脉冲宽度是(　　)

A. 10 个 CP 脉冲，正脉冲宽度为 1 个 CP 周期

B. 10 个 CP 脉冲，正脉冲宽度为 2 个 CP 周期

C. 10 个 CP 脉冲，正脉冲宽度为 4 个 CP 周期

D. 10 个 CP 脉冲，正脉冲宽度为 8 个 CP 周期

(8) 若 4 位二进制加法计数器正常工作时，由 0000 状态开始计数，则经过 43 个输入计数脉冲后，计数器的状态应是(　　)。

A. 0011　　B. 1011　　C. 1101　　D. 1110

(9) 用反馈复位法来改变由8位二进制加法计数器的模值，可以实现(　　)模值范围的计数器。

A. 1～15　　B. 1～16　　C. 1～32　　D. 1～256

(10) 异步计数器设计时，比同步计数器的设计多增加的设计步骤是(　　)

A. 画原始状态转换图　　B. 进行状态编码

C. 求时钟方程　　D. 求驱动方程

3. 分析设计题

(1) 电路和输入波形如图5.37所示，试画出 Q_1、Q_2 点的工作波形，设初始状态 $Q_1Q_2=00$。

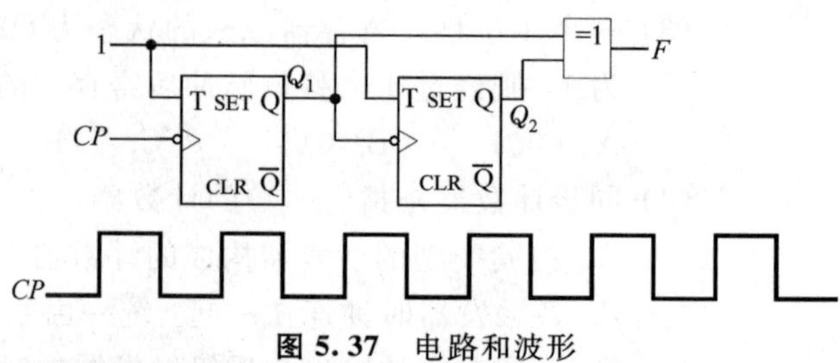

图 5.37　电路和波形

(2) 分析如图5.38所示电路，说明电路功能。

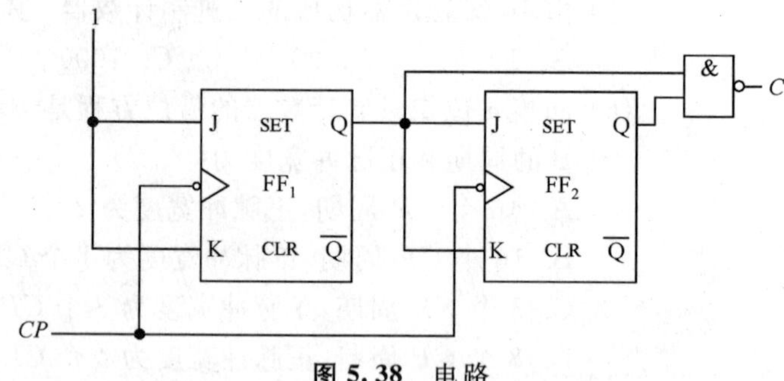

图 5.38　电路

(3) 分析图5.39所示同步时序逻辑电路，要求：①写出驱动方程、输出方程和状态方程；②画出状态转换图；③说明电路是否具有自启动能力。

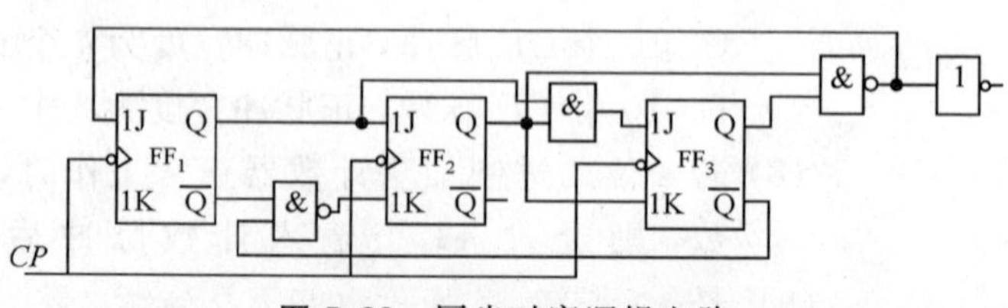

图 5.39　同步时序逻辑电路

(4) 试用集成计数芯片(见图 5.40) 74LS161 构成模 $N=14$ 的计数器。

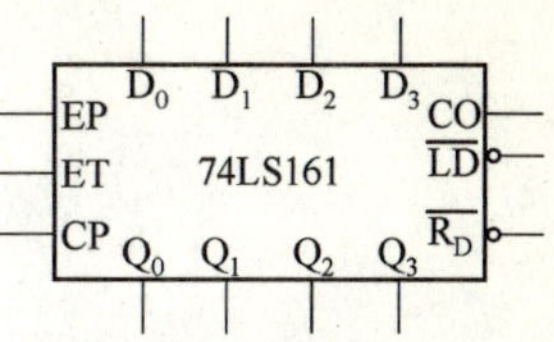

图 5.40 集成计数芯片

(5) 图 5.41 所示是由十进制集成计数芯片 74LS160 构成的计数器电路，说明它们分别是几进制的计数器。

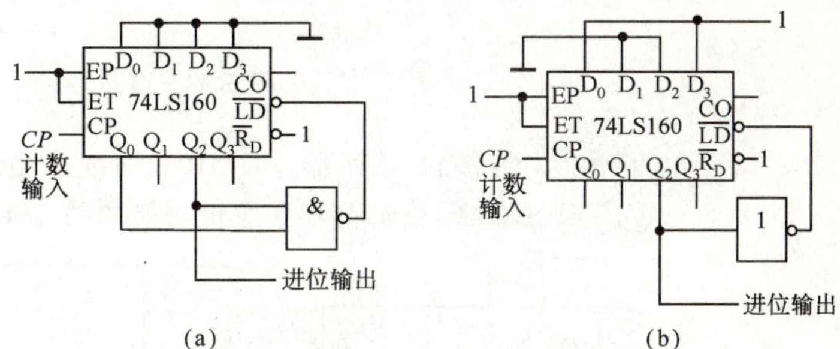

图 5.41 集成计数芯片 74LS160 构成的计数器电路

(6) 试分析图 5.42 所示电路为几进制计数器。

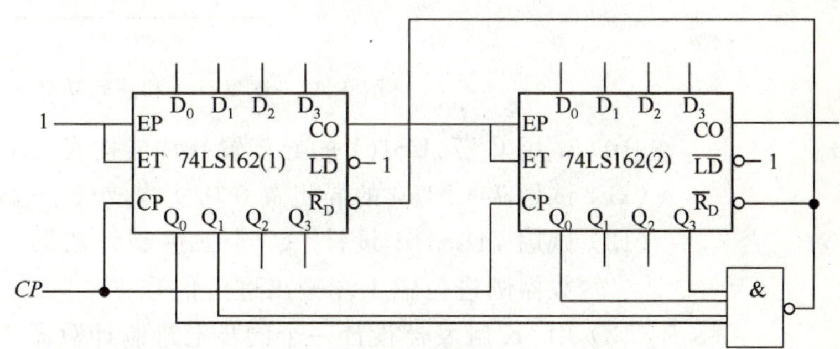

图 5.42 电路

(7) 试分析图 5.43 所示的电路为几进制计数器。

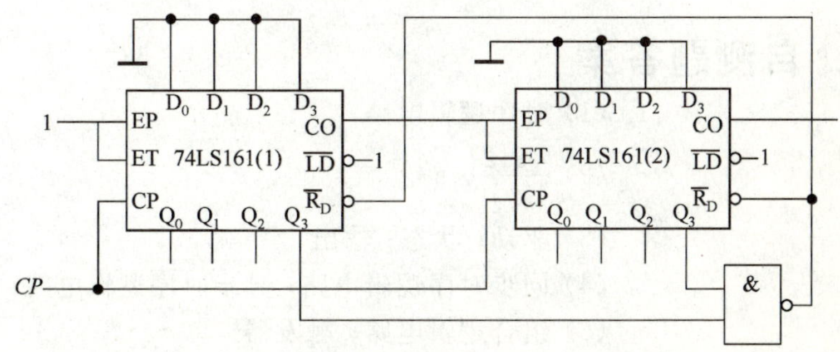

图 5.43 电路

(8) 试分析图 5.44 所示电路为几分频电路。

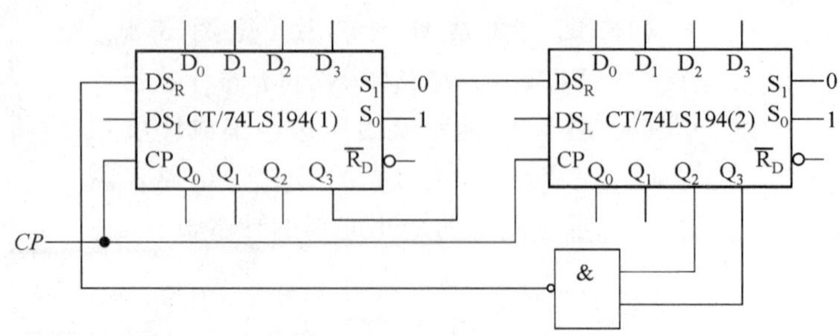

图 5.44 电路

(9) 用双向移位寄存器 74LS194 构成 8 位串并转换器电路，74LS194 的逻辑符号和逻辑功能如图 5.45 所示。

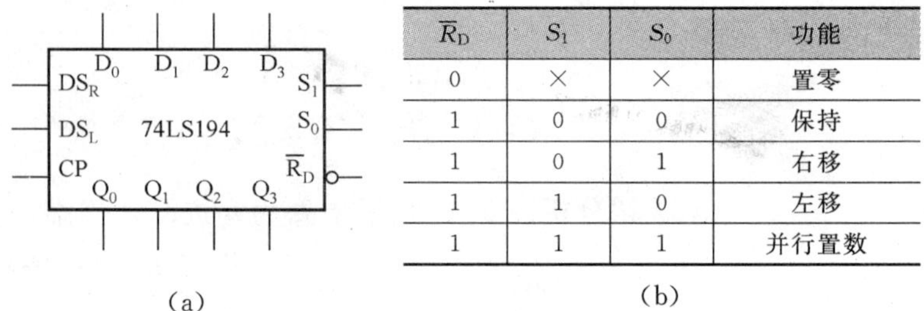

$\overline{R}_D$	S_1	S_0	功能
0	×	×	置零
1	0	0	保持
1	0	1	右移
1	1	0	左移
1	1	1	并行置数

(b)

图 5.45 逻辑符号和逻辑功能

(10) 试用 CT74LS161 的异步置 0 功能构成三十七进制计数器。

(11) 试用 74LS160 的异步置 0 功能构成三十七进制计数器。

(12) 试用 74LS161 设计一个十二进制计数器。要求利用集成计数器的进位输出端输出进位信号。

(13) 用 JK 触发器设计一个同步七进制计数器。要求能自启动。

(14) 设计一个串行“五中取二”电码检测电路，当检测到一组串行电码(五个码元)中的 1 码元与 0 码元的个数比为 2∶3 时，表示这组电码正确，输出 $Z=1$，其他情况下 $Z=0$。

自测题答案

1. (1) 时序逻辑电路

(2) $\frac{512}{4\times10^6}$ s

(3) 驱动；状态；输出

(4) 同步时序逻辑电路；异步时序逻辑电路

(5) 组合逻辑电路；触发器

(6) 寄存器

(7) 0101；0101

(8) 反馈复位；预置数

(9) N；$2N$

(10) 保存数据；构成移位寄存器型计数器；实现并/串转换或串/并转换。

2. (1) D (2) B (3) D (4) B (5) D (6) B (7) B (8) B (9) D (10) C

3. (1) 由于 JK 触发器结成 T 触发器，且 $J=K=T=1$，电路为异步时序电路，所以每一个时钟脉冲到来时触发器翻转，第一个触发器的时钟为 CP，第二个触发器的时钟为 Q_1，如图 5.46 所示。

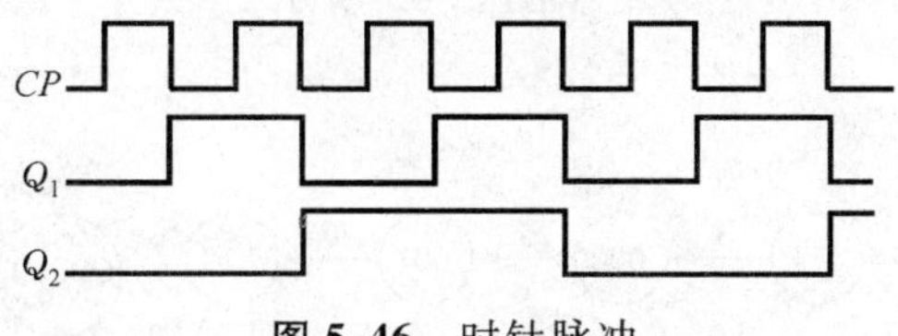

图 5.46 时针脉冲

(2) 驱动方程：$J_1=K_1=1, J_2=K_2=Q_1^n$

列状态方程：

$$\begin{cases} Q_1^{n+1}=\overline{Q}_1^n \\ Q_2^n=Q_1^n\overline{Q}_2^n+\overline{Q}_1^n Q_2^n \end{cases}$$

输出方程：

$$C=\overline{Q_1^n\,Q_2^n}$$

列状态转换表如表 5.7 所示。

状态转换图如图 5.47 所示。

表 5.7 转换表

Q_2^n	Q_1^n	Q_2^{n+1}	Q_1^{n+1}	C
0	0	0	1	0
0	1	1	0	0
1	0	1	1	0
1	1	0	0	1

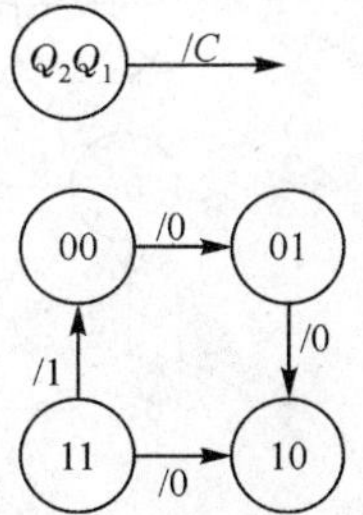

图 5.47 状态转换图

此电路的功能为两位四进制计数器。

(3) 驱动方程：

$$\begin{cases} J_1=\overline{Q_2Q_3}; & K_1=1 \\ J_2=Q_1; & K_2=\overline{\overline{Q}_1\overline{Q}_3} \\ J_3=Q_1Q_2; & K_3=Q_2 \end{cases}$$

状态方程：

$$\begin{cases} Q_1^{n+1}=\overline{Q_2 Q_3}\ \overline{Q_1} \\ Q_2^{n+1}=Q_1\overline{Q_2}+\overline{Q_1}\,\overline{Q_3}Q_2 \\ Q_3^{n+1}=Q_1Q_2\overline{Q_3}+\overline{Q_2}Q_3 \end{cases}$$

输出方程：$Y=Q_2Q_3$

状态转换图如图5.48所示。

该电路是一个七进制计数器，且能自启动。

(4) 采用异步置零法，反馈置零信号为 $Q_3Q_2Q_1Q_0=1110$，电路如图5.49所示。

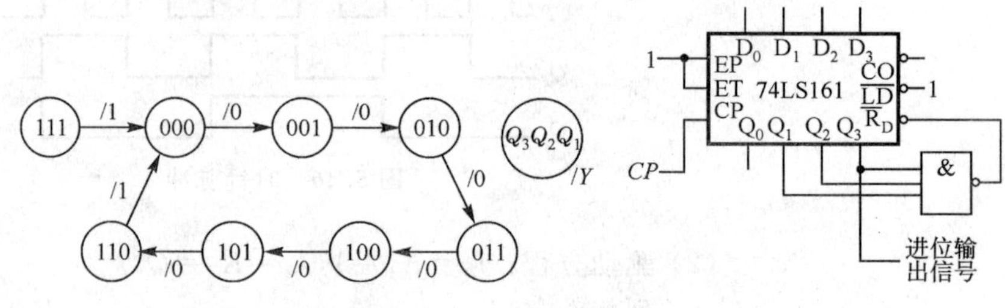

图5.48　状态转换图　　**图5.49**　电路

(5) 74160的功能与74161相似，具有同步置数和异步置零的特点，不同的是74160是十进制计数器。

图5.41(a)中采用的是置数法，置数信号 $Q_3Q_2Q_1Q_0=0100$，置数 $D_3D_2D_1D_0=0000$，状态转换图如图5.50所示。此电路是六进制计数器。

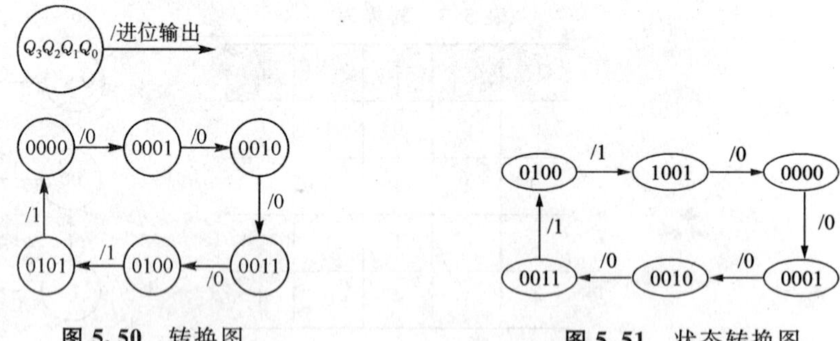

图5.50　转换图　　**图5.51**　状态转换图

图5.41(b)中，置数信号 $\overline{LD}=\overline{Q}_2^n=0100$，被置数 $D_3D_2D_1D_0=1001$，状态转换图如图5.51所示。此电路为四进制计数器。

(6) 74LS162是具有同步置数、同步置零功能的十进制同步计数器，根据其反馈归零函数 $\overline{CR}=Q'_3Q'_0Q_1Q_0$ 可知，计数

器的输出状态 $Q'_3Q'_2Q'_1Q'_0Q_3Q_2Q_1Q_0=10010011$，由于采用并行连接方式和整体置 0，前四位即 $Q'_3Q'_2Q'_1Q_0$ 代表十位，后四位为个位，故图 5.42 所示电路为 $9\times10+3=93$ 进制计数器。

(7) 74LS161 为具有同步置数、异步置 0 功能的 4 位二进制同步计数器，CO 为进位输出端，根据其反馈归零信号 $\overline{CR}=\overline{Q'_3Q_3}$，可知计数器的输出状态为 $Q'_3Q'_2Q'_1Q'_0Q_3Q_2Q_1Q_0=10001000$，对应的十进制数为 $2^7+2^3=136$，故图 5.43 所示的电路为一百三十六进制计数器。

(8) 74LS194 为双向移位寄存器。$S_1S_0=01$ 时电路执行右移操作，由图 5.44 可知，第 8 和第 7 个输出 $Q'_3Q'_2$ 通过与非门和 74LS194(1) 的 DSR 相连，这时电路构成奇数分频电路，为 $2\times8-1=15$ 分频器，又称为十五进制扭环计数器。

(9) 由例题分析可知，构成 8 位串并行转换电路如图 5.52 所示。

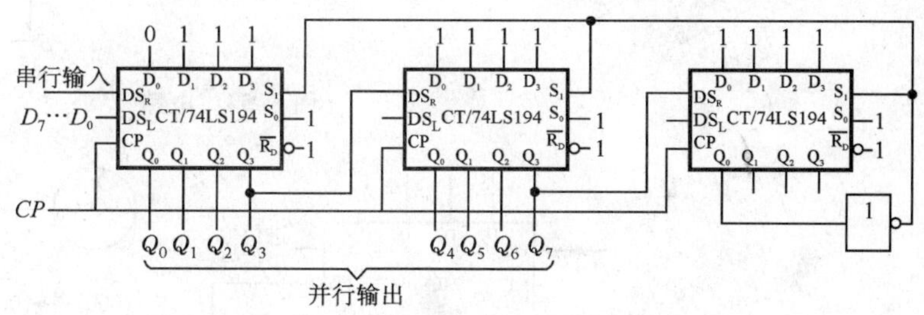

图 5.52 电路

(10) 37 是素数，所以必须利用整体置 0 法。$37=2\times16+5$，高位片代表十位，低位片为个位，由于是异步置 0 反馈，所以反馈归 0 信号状态为 $Q'_3Q'_2Q'_1Q'_0Q_3Q_2Q_1Q_0=00100101$，电路如图 5.53 所示。

(11) 37 是素数，利用整体置 0 法。但是 74LS160 是十进制计数器。$37=3\times10+7$，所以反馈归 0 信号为 00110111，电路如图 5.54 所示。

(12) 采用同步置数法，计数器计数状态中包含 1111～0000 的状态转换，因此状态转换为 0000 →0001～1010 →0000，并行数据输入端取 $D_3D_2D_1D_0=1111$，置数信号为 1010，电路如图 5.55 所示。状态转换图如图 5.56 所示。

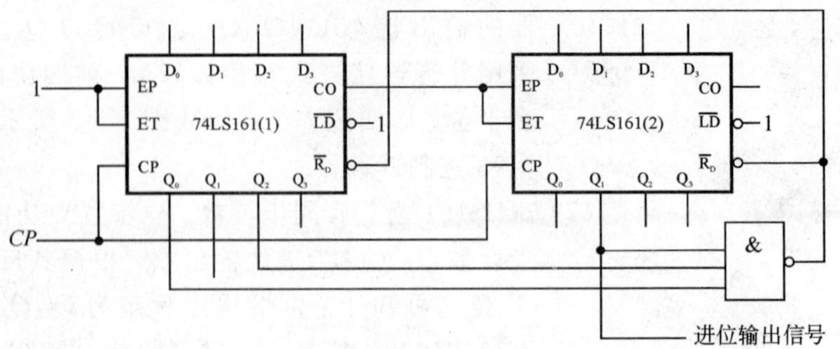

图 5.53 电路

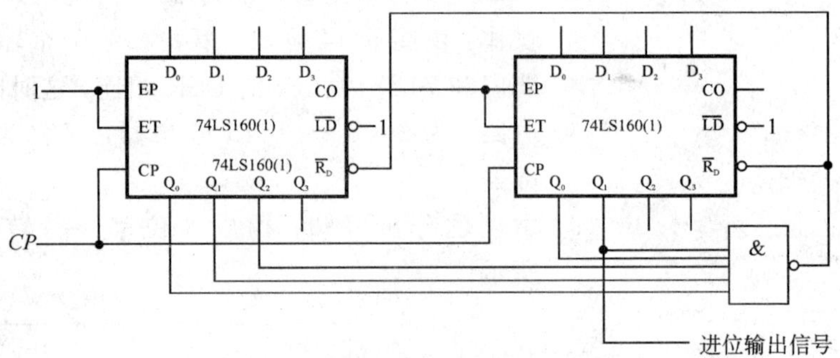

图 5.54 电路

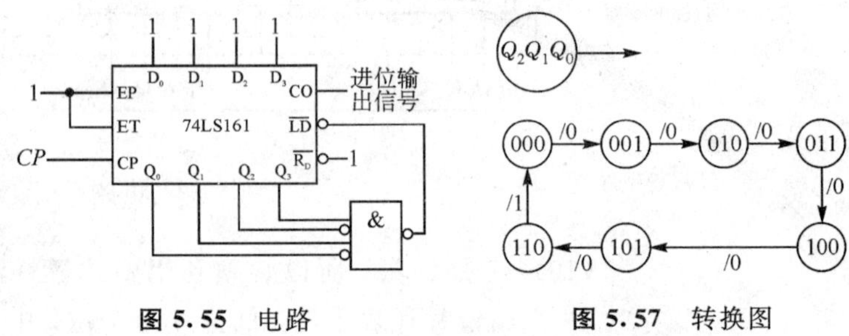

图 5.55 电路

图 5.57 转换图

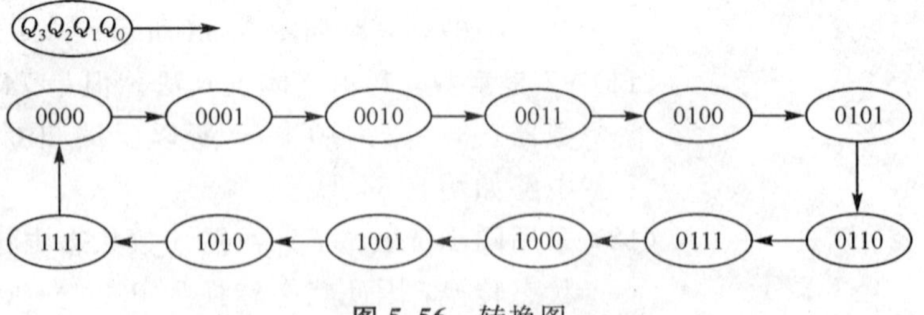

图 5.56 转换图

(13) 状态转换如图 5.57 所示。卡诺图如图 5.58 所示。

状态方程:

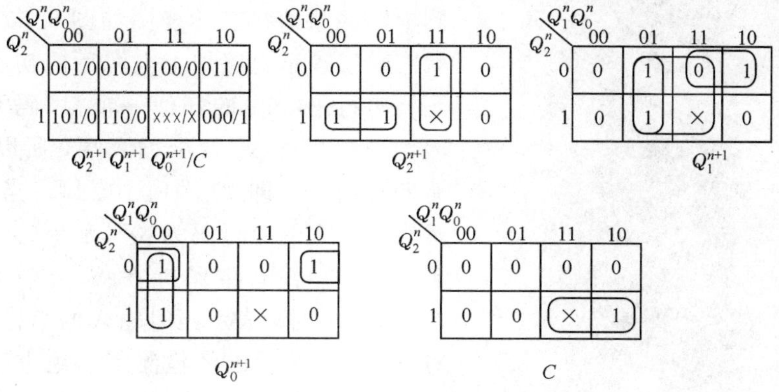

图 5.58 卡诺图

$$\begin{cases} Q_2^{n+1} = Q_2^n\overline{Q_1^n} + Q_1^n Q_0^n \\ Q_1^{n+1} = \overline{Q_1^n}Q_0^n + \overline{Q_2^n}Q_1^n\overline{Q_0^n} \\ Q_0^{n+1} = \overline{Q_2^n}\,\overline{Q_0^n} + \overline{Q_1^n}\,\overline{Q_0^n} \end{cases}$$

输出方程：

$$C = Q_2Q_1$$

采用 JK 触发器，驱动方程：

$$\begin{cases} J_0 = \overline{Q_2^n Q_1^n}, & K_0 = 1 \\ J_1 = Q_0^n, & K_1 = \overline{\overline{Q_2^n}\,\overline{Q_0^n}} \\ J_2 = Q_1^n Q_0^n, & K_2 = Q_1^n\overline{Q_0^n} \end{cases}$$

检查能否自启动：把 $Q_2^n\ Q_1^n\ Q_0^n = 111$ 代入状态方程得 $Q_2^{n+1}\ Q_1^{n+1}\ Q_0^{n+1} = 110$，进入正常工作状态，所以能自启动。电路如图 5.59 所示。

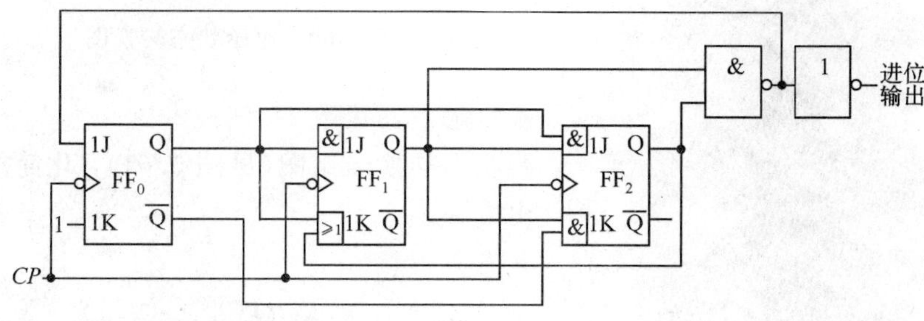

图 5.59 电路

(14) ① 建立最简原始状态转换图，如图 5.60 所示。X_1 是串行电码信号输入端；X_2 是同步信号输入端，当 $X_2=1$ 时表示电路检测到一组电码；CP 是时钟输入端，其周期为同步信号周期的 1/5；Z 是输出端。依题意得到电路的原始状态转换图如图5.60所示。图中的S_0状态转换表示电路加上电源后的初态，并表示没有检测到串行码(X_1)的任何一个“1”码元。在S_0状态下，因为没有X_1、X_2两个输入端，所以每个原始状态都有四种组合。即00、01、10、11。当$X_1X_2=00$时，表示当时输入的串行码为“0”($X_1=0$)，而且同步时钟未到($X_2=0$)，电路保持在S_0不变，输出$Z=0$；当$X_1X_2=01$时，表示当时输入的串行码为“0”，而同步时钟到来，表示已经检测了一组串行码，而且这一组的5个码元都为“0”(即“00000”)，是一组错误码，输出$Z=0$，同时从S_0开始检测下一组电码；当$X_1X_2=10$时，表示当时输入的串行码为“1”，而且同步时钟未到，因此电路转移到S_1状态，S_1状态转换表示电路检测到1个“1”码元；当$X_1X_2=11$时，表示当时输入的串行码为“1”，而同步时钟到来，表示已经检测到的一组电码中“1”码元与“0”码元的个数比为1∶4，是一组错误码，输出$Z=0$，同时从S_0状态开始重新检测下一组电码。依此类推，S_1、S_2、S_3分别表示已经检测到1、2、3个0的状态。

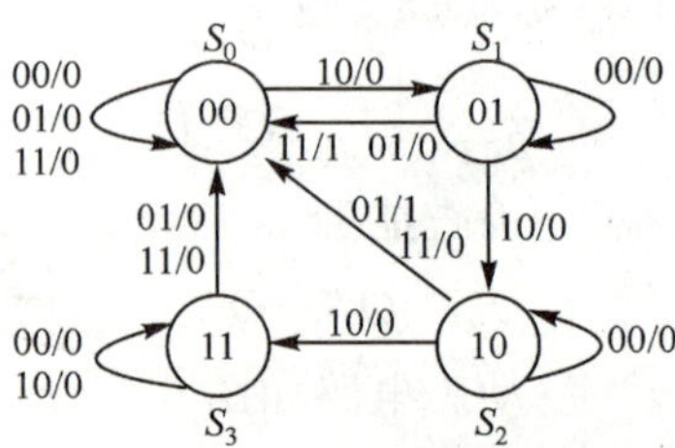

图5.60　原始状态转换图

② 确定触发器级数$N=2$。

③ 画状态转换卡诺图(见图5.61)，化简求状态方程和输出方程。

状态方程：

$$Q_1^{n+1}=X_1\overline{X}_2Q_2^n\overline{Q}_1^n+\overline{X}_2Q_1^n$$

$$\begin{aligned}Q_2^{n+1}&=\overline{X}_1\overline{X}_2Q_2^n+\overline{X}_2Q_1^nQ_2^n+X_1\overline{X}_2\overline{Q}_2^n\\&=X_1\overline{X}_2\overline{Q}_2^n+\overline{\overline{\overline{X}_1\ \overline{X}_2}\ \overline{\overline{X}_2Q_1^n}}Q_2^n\end{aligned}$$

输出方程：

$$Z=\overline{\overline{X_1X_2\overline{Q}_1^nQ_2^n}\cdot\overline{\overline{X}_1X_2Q_1^n\overline{Q}_2^n}}$$

④选择触发器的类型，求驱动方程。本题选用 JK 触发器。

驱动方程：

$$J_1 = X_1 \overline{X_2}\, Q_2^n, K_1 = X_2$$

$$J_2 = X_1 \overline{X_2}, K_2 = \overline{\overline{\overline{X_1}}\,\overline{\overline{X_2}}} \cdot \overline{\overline{\overline{X_2}}\, Q_1^n}$$

X_1X_2 \ $Q_1^nQ_2^n$	00	01	11	10
00	00/0	01/0	11/0	10/0
01	00/0	00/0	00/0	00/1
11	00/0	00/1	00/0	00/0
10	01/0	10/0	11/0	11/0

图 5.61 卡诺图

⑤ 画逻辑图(见图 5.62)。

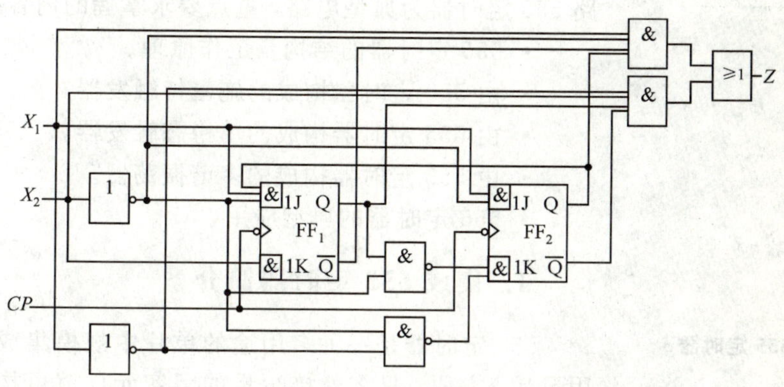

图 5.62 逻辑电路

第6章
脉冲信号的产生和整形电路

本章要点

本章应掌握应用555定时器、集成逻辑门组成的各种信号发生器及整形电路，了解石英晶体振荡器。

在数字电路和系统中，常常需要各种脉冲波形，如时钟脉冲、控制过程的定时信号等，而这些脉冲波形的获取，通常采用两种方法：一种是利用脉冲信号发生器直接产生；另一种则是通过对已有信号进行变换，使之满足系统的要求。本章以中规模集成电路555定时器为典型电路，重点要求掌握的内容有以下几部分：

- 555定时器的结构及工作原理。
- 由555定时器构成的施密特触发器。
- 由555定时器构成的单稳态触发器。
- 由555定时器构成的多谐振荡器。
- 555定时器的典型应用。

1. 集成555定时器简介

555定时器

555定时器是一种多用途的单片中规模集成电路，该电路使用灵活、方便，只需外接少量的阻容元件就可构成单稳、多谐和施密特触发器。在波形的产生与变换以及测量和控制中得到广泛的应用。目前生产的定时器有双极型和CMOS两种类型，其型号分别有NE555(或5G555)和C7555等多种。通常双极型的最后三位数码都是555，具有较大的驱动能力，工作的电源电压范围很宽，一般为5～16V，可承受较大的负载电流，最大负载电流可达200mA。

CMOS产品型号的最后四位数码都是7555，具有低功耗、输入阻抗高等优点，工作电压变化范围为3～18V，最大负载电流在4mA以下。它们的结构、工作原理以及外部引脚排列基本相同。

集成555定时器的电路结构如图6.1所示，它由以下几部分构成。

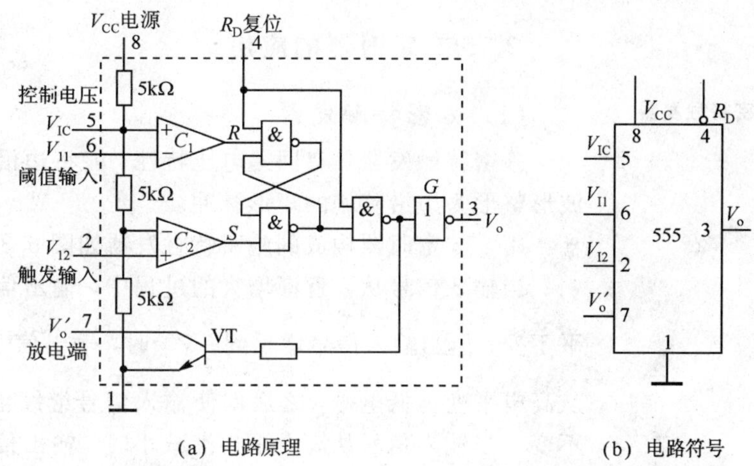

(a) 电路原理　　　　(b) 电路符号

图 6.1　555 定时器的电气原理及电路符号

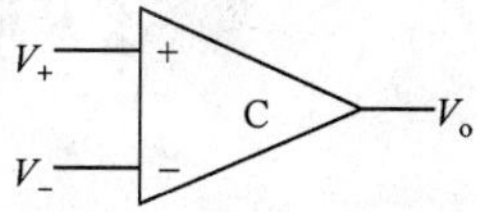

图 6.2　电压比较器

① 由 3 个阻值为 5kΩ 的电阻组成的分压器。

② 两个电压比较器 C_1 和 C_2，电压比较器的符号如图 6.2 所示。

$V_+ > V_-$，$V_o = 1$；

$V_+ < V_-$，$V_o = 0$。

③ 基本 RS 触发器。

④ 放电三极管 VT 及缓冲器 G。

555 定时器的 4 脚为复位输入端（R_D），当 R_D 为低电平时，不管其他输入端的状态如何，输出 V_o 为低电平。正常工作时，应将其接高电平。5 脚为电压控制端，当其悬空时，比较器 C_1 和 C_2 的比较电压分别为 $\frac{2}{3}V_{CC}$ 和 $\frac{1}{3}V_{CC}$。2 脚为触发输入端，6 脚为阈值输入端，两端的电位高低控制比较器 C_1 和 C_2 的输出，从而控制 RS 触发器，决定输出状态。

555 定时器的功能如表 6.1 所示。

表 6.1　555 定时器的功能表

阈值输入（V_{I1}）	触发输入（V_{I2}）	复位（R_D）	输出（V_o）	放电管 VT
×	×	0	0	导通
$<\frac{2}{3}V_{CC}$	$<\frac{1}{3}V_{CC}$	1	1	截止
$>\frac{2}{3}V_{CC}$	$>\frac{1}{3}V_{CC}$	1	0	导通
$<\frac{2}{3}V_{CC}$	$>\frac{1}{3}V_{CC}$	1	不变	不变

2. 555 定时器的应用

施密特触发器

(1) 施密特触发器

施密特触发器具有回差电压特性，能将边沿变化缓慢的电压波形整形为边沿陡峭的矩形脉冲。

用 555 定时器构成的施密特触发器如图 6.3 所示。

当输入信号从 0 逐渐增大的过程中，输出信号始终保持高电平不变；但当输入信号增长到$\frac{2}{3}V_{CC}$时，输出信号才发生跳变，即从高电平变为低电平，之后即使输入信号继续增长，输出也保持不变。当输入信号从高电平逐渐减小时，输出信号始终保持低电平不变；只有输入信号减小到$\frac{1}{3}V_{CC}$时，输出信号才发生跳变，即从低电平变为高电平。工作波形见图 6.3(b)所示。

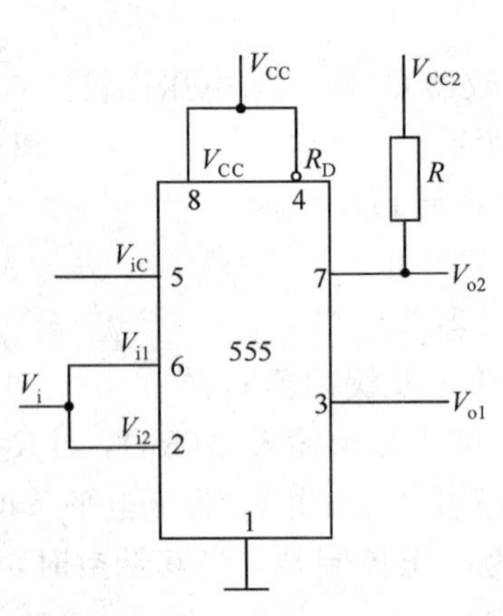

(a) 用555定时器构成的施密特触发器电路

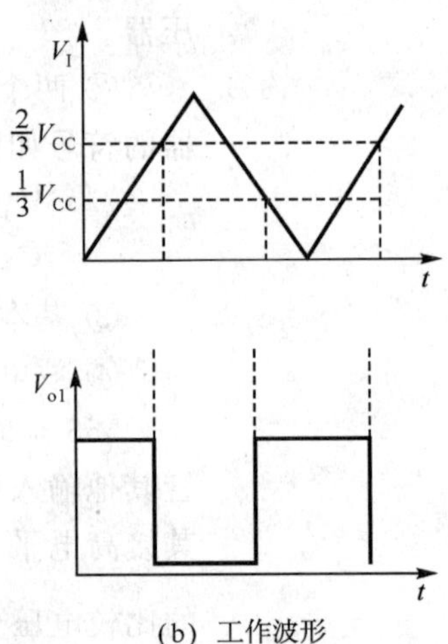

(b) 工作波形

图 6.3 555 定时器构成的施密特触发器电路及工作波形

电压滞回特性和主要参数如下所示：

上限阈值电压

① 上限阈值电压 V_{T+}：V_i 上升过程中，输出电压 V_o 由高电平 V_{oH} 跳变到低电平 V_{oL} 时，所对应的输入电压值 $V_{T+}=\frac{2}{3}V_{CC}$。

下限阈值电压

② 下限阈值电压 V_{T-}：V_i 下降过程中，V_o 由低电平 V_{oL} 跳变到高电平 V_{oH} 时，所对应的输入电压值 $V_{T-}=\frac{1}{3}V_{CC}$。

回差电压 $\Delta V_T=V_{T+}-V_{T-}=\frac{1}{3}V_{CC}$

下面几项是施密特触发器的应用举例：

① 用作接口电路。将缓慢变化的输入信号转换成为符合

TTL 系统要求的脉冲波形，如图 6.4 所示。

② 用作整形电路。把不规则的输入信号整形成为矩形脉冲，如图 6.5 所示。

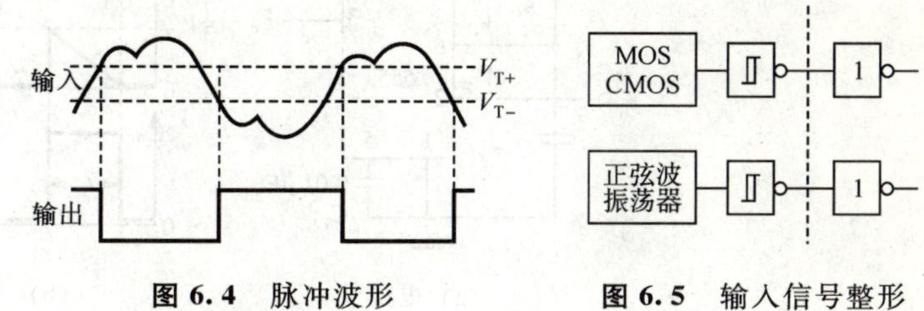

图 6.4 脉冲波形　　图 6.5 输入信号整形

③ 用于脉冲鉴幅。从一系列幅度不同的脉冲信号中，选出那些幅度大于 V_{T+} 的输入脉冲，如图 6.6 所示。

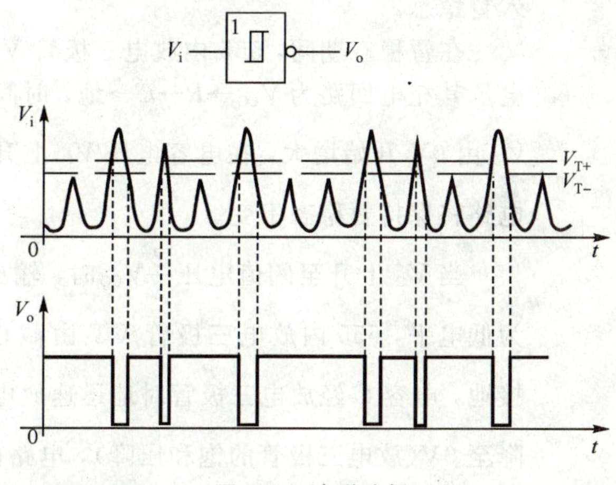

图 6.6 波形选择

单稳态触发器

(2) 单稳态触发器

单稳态触发器具有下列特点：

① 它有一个稳定状态和一个暂稳状态。

② 在外来触发脉冲作用下，能够由稳定状态翻转到暂稳状态。

③ 暂稳状态维持一段时间后，将自动返回到稳定状态。暂稳态时间的长短与触发脉冲无关，仅决定于电路本身的参数。

用 555 定时器构成的单稳态触发器如图 6.7(a)所示。

当电路无触发信号时，V_i 保持高电平，电路工作在稳定状态，即输出端 V_o 保持低电平，555 内放电三极管 VT 饱和导通，管脚 7“接地”，电容电压 V_C 为 0V。

当 V_i 下降沿到达时，555 触发输入端(2 脚)由高电平跳变为

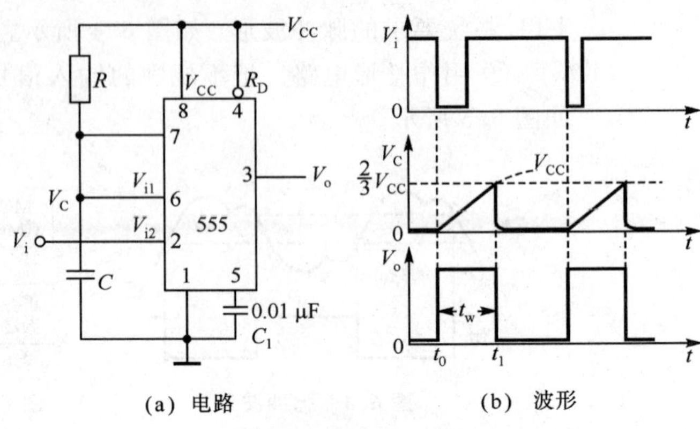

(a) 电路　　　　(b) 波形

图 6.7　电路组成及波形

低电平，电路被触发，V_o 由低电平跳变为高电平，电路由稳态转入暂稳态。

在暂稳态期间，555 内放电三极管 VT 截止，V_{CC}经 R 向 C 充电。其充电回路为 $V_{CC}\to R\to C\to$地，时间常数 $\tau_1=RC$，电容电压 V_C 由 0V 开始增大，在电容电压 V_C 上升到阈值电压$\frac{2}{3}V_{CC}$之前，电路将保持暂稳态不变。

当 V_C 上升至阈值电压$\frac{2}{3}V_{CC}$时，输出电压 V_O 由高电平跳变为低电平，555 内放电三极管 VT 由截止转为饱和导通，管脚 7 接地，电容 C 经放电三极管对地迅速放电，电压 V_C 由$\frac{2}{3}V_{CC}$迅速降至 0V(放电三极管的饱和压降)，电路由暂稳态重新转入稳态。

当暂稳态结束后，电容 C 通过饱和导通的三极管 VT 放电，时间常数 $\tau_2=R_{CES}C$，式中 R_{CES}是 VT 的饱和导通电阻，其阻值非常小，因此 τ_2 之值也非常小。经过(3～5)τ_2 后，电容 C 放电完毕，恢复过程结束。

恢复过程结束后，电路返回到稳定状态，单稳态触发器又可以接收新的触发信号。

整个工作波形如图 6.7(b)所示。

主要参数估算如下所示：

输出脉冲宽度

① 输出脉冲宽度 t_W。输出脉冲宽度就是暂稳态维持时间，也就是定时电容的充电时间。从图 6.7(b)所示电容电压 V_C 的工作波形不难看出 $V_C(0^+)\approx 0\text{V}$，$V_C(\infty)=V_{CC}$，$V_C(t_W)=\frac{2}{3}V_{CC}$，代入 RC 过渡过程计算公式，可得

$$t_W=\tau_1\ln\frac{V_C(\infty)-V_C(0^+)}{V_C(\infty)-V_C(t_W)}$$

$$=\tau_1 \ln \frac{V_{CC}-0}{V_{CC}-\frac{2}{3}V_{CC}}$$

$$=\tau_1 \ln 3$$

$$=1.1RC$$

上式说明，单稳态触发器输出脉冲宽度 t_W 仅决定于定时元件 R、C 的取值，与输入触发信号和电源电压无关，调节 R、C 的取值，即可方便地调节 t_W。

恢复时间

②恢复时间 t_{re}。一般取 $t_{re}=(3\sim5)\tau_2$，即认为经过 3～5 倍的时间常数电容就放电完毕。

单稳态触发器的应用，举例如下所示：

① 延时。图 6.8(b)中，V_o 的下降沿比 V_i 的下降沿滞后了时间 t_W。

② 定时。当 $V_o'=1$ 时，与门打开，$V_o=V_F$。当 $V_o'=0$ 时，与门关闭，V_o 为低电平。显然，与门打开的时间是恒定不变的，就是单稳输出脉冲 V_o' 的宽度 t_W。

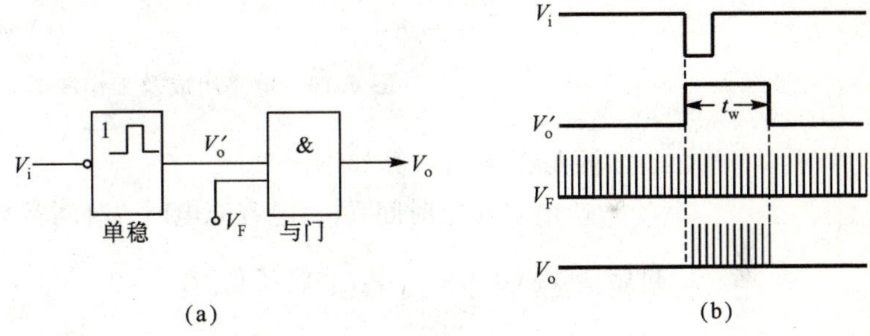

图 6.8 延时与定时电路及工作波形

③ 整形。单稳态触发器能够把不规则的输入信号 V_i，整形成为幅度和宽度都相同的标准矩形脉冲 V_o，V_o 的幅度取决于单稳态电路输出的高、低电平，宽度 t_W 决定于暂稳态时间，如图 6.9 所示。

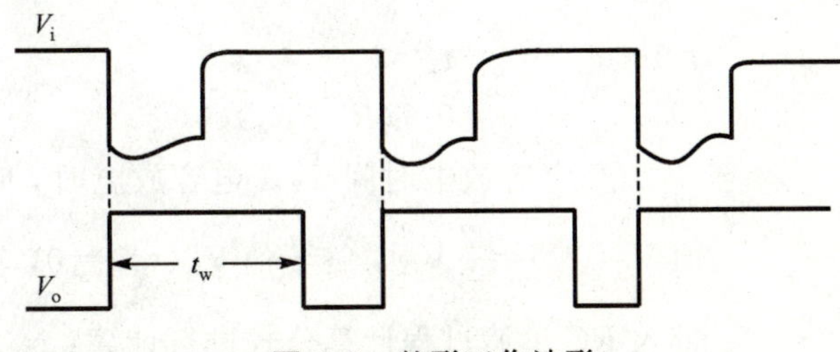

图 6.9 整形工作波形

多谐振荡器

(3) 多谐振荡器

多谐振荡器是产生矩形脉冲波的自激振荡器。多谐振荡器一旦起振之后，电路没有稳态，只有两个暂稳态，它们作交替变化，输出连续的矩形脉冲信号，因此它又称作无稳态电路，常用来作脉冲信号源。

用 555 定时器构成的多谐振荡器电路组成如图 6.10(a)所示，工作波形如图 6.10(b)所示。

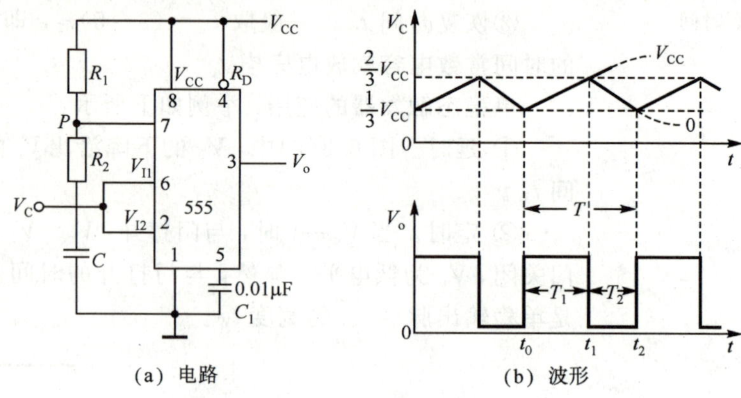

(a) 电路　　(b) 波形

图 6.10　电路组成及工作波形

振荡频率的估算如下。

① 电容充电时间 T_1。电容充电时，时间常数 $\tau_1=(R_1+R_2)C$，起始值 $V_C(0^+)=\frac{1}{3}V_{CC}$，终了值 $V_C(\infty)=V_{CC}$，转换值 $V_C(T_1)=\frac{2}{3}V_{CC}$，带入 RC 过渡过程计算公式进行计算：

$$\begin{aligned}T_1&=\tau_1\ln\frac{V_C(\infty)-V_C(0^+)}{V_C(\infty)-V_C(T_1)}\\&=\tau_1\ln\frac{V_{CC}-\frac{1}{3}V_{CC}}{V_{CC}-\frac{2}{3}V_{CC}}\\&=\tau_1\ln 2\\&=0.7(R_1+R_2)C\end{aligned}$$

② 电容放电时间 T_2。电容放电时，时间常数 $\tau_2=R_2C$，起始值 $V_C(0^+)=\frac{2}{3}V_{CC}$，终了值 $V_C(\infty)=0$，转换值 $V_C(T_2)=\frac{1}{3}V_{CC}$，带入 RC 过渡过程计算公式进行计算：

$$T_2=0.7R_2C$$

③ 电路振荡周期 T：

$$T=T_1+T_2=0.7(R_1+2R_2)C$$

④ 电路振荡频率 f：

$$f=\frac{1}{T}\approx\frac{1.43}{(R_1+2R_2)C}$$

占空比

⑤ 输出波形占空比 $q=T_1/T$，即脉冲宽度与脉冲周期之比，称为占空比。

$$q=\frac{T_1}{T}=\frac{0.7(R_1+R_2)C}{0.7(R_1+2R_2)C}=\frac{R_1+R_2}{R_1+2R_2}$$

3. 占空比可调的多谐振荡器电路

在图 6.10 所示电路中，由于电容 C 的充电时间常数 $\tau_1=(R_1+R_2)C$，放电时间常数 $\tau_2=R_2C$，所以 T_1 总是大于 T_2，V_o 的波形不仅不可能对称，而且占空比 q 不易调节。利用半导体二极管的单向导电特性，把电容 C 充电和放电回路隔离开来，再加上一个电位器，便可构成占空比可调的多谐振荡器，如图 6.11 所示。

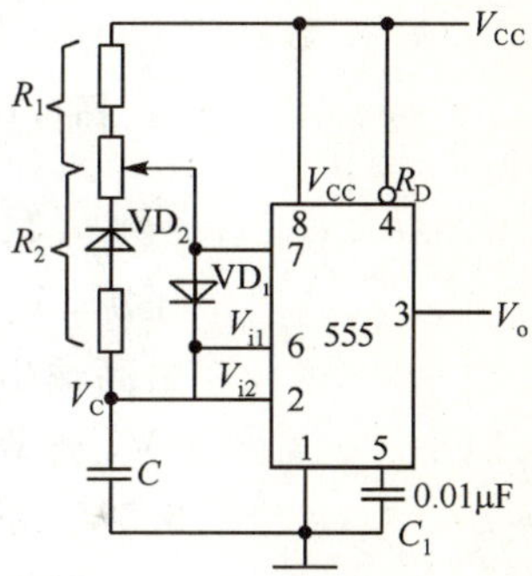

图 6.11 占空比可调的多谐振荡器

由于二极管的引导作用，电容 C 的充电时间常数 $\tau_1=R_1C$，放电时间常数 $\tau_2=R_2C$。通过与上面相同的分析计算过程可得

$$T_1=0.7R_1C,\qquad T_2=0.7R_2C$$

$$q=\frac{T_1}{T}=\frac{T_1}{T_1+T_2}=\frac{0.7R_1C}{0.7R_1C+0.7R_2C}=\frac{R_1}{R_1+R_2}$$

由此可知，只要改变电位器滑动端的位置，就可以方便地调节占空比 q。当 $R_1=R_2$ 时，$q=0.5$，V_o 就成为对称的矩形波。

典型例题解析

例 6.1 555 定时器构成的电路如图 6.12 所示。

(1) 令 5 管脚端接电容 C，分析 V_o 状态由 0 变 1，或由 1 变 0 时，R、$\overline{S}$ 端应加的电平值。

(2) 若要 V_o 状态保持不变，R、$\overline{S}$ 端应在什么电平范围内？

(3) 若在 5 管脚端加直流电压 V_R，并令 V_R 分别为 2V 和

4V，试问 V_o 状态保持和切换时，R、$\overline{S}$ 端应加的电平值。

解 (1) 欲使 V_o 状态由 0 变 1 时，则 R 应由 1 变 0，$\overline{S}$ 由 0 变 1；欲使 V_o 状态由 1 变 0 时，则 R 应由 0 变 1，$\overline{S}$ 为 0。

(2) R、$\overline{S}$ 端应加的电平值分别为 0、1。

(3) 当 V_R 为 2V 时，R、$\overline{S}$ 端应加的电平值为 2V 和 1V；当 V_R 为 4V 时，R、$\overline{S}$ 端应加的电平值为 4V 和 2V。

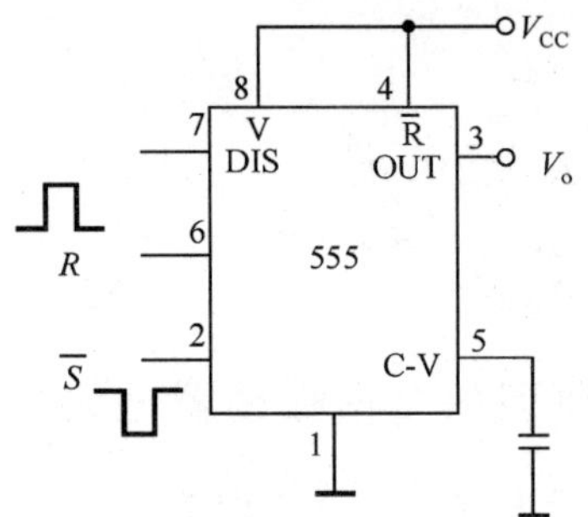

图 6.12 555 定时器构成的电路

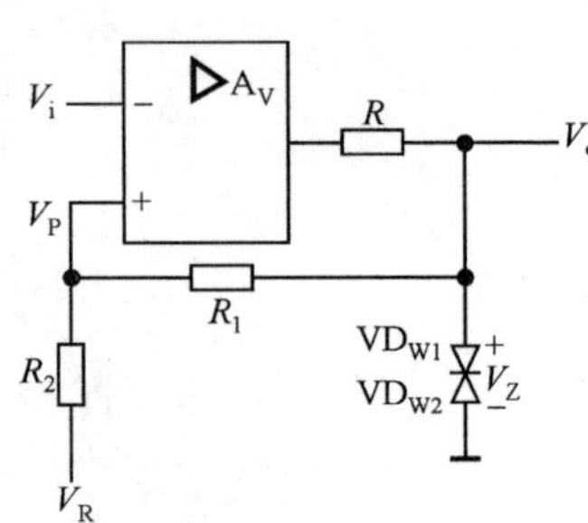

图 6.13 施密特触发器电路

例 6.2 施密特触发器电路如图 6.13 所示。图中 V_R 是参考电压源，V_Z 是稳压二极管 VD_{W1} 与 VD_{W2} 的稳压值，即使运算放大器最高输出电压 V_{oH} 和最低输出电压 V_{oL} 绝对值都等于 V_Z。若 $V_Z=4V$，运算放大器的开环放大倍数 $A_V=5000$，上触发电平 $V_{PH}=6.5V$，下触发电平 $V_{PL}=5.5V$，试求：

(1) R_2/R_1 的值；(2) 环路增益 A_VF；(3) 参考电源电压 V_R 的值。

解 采用等效电路的电压回路定理。

(1)

$$V_{PH}=V_R\frac{R_1}{R_1+R_2}+V_Z\frac{R_2}{R_1+R_2} \quad ①$$

$$V_{PL}=V_R\frac{R_1}{R_1+R_2}-V_Z\frac{R_2}{R_1+R_2} \quad ②$$

式①－式②得

$$V_{PH}-V_{PL}=2V_Z\frac{R_2}{R_1+R_2} \quad ③$$

将已知值 V_{PH}、V_{PL} 代入式③得

$$6.5-5.5=2\times4\frac{R_2}{R_1+R_2}$$

可解得 $\dfrac{R_2}{R_1}=\dfrac{1}{7}$

(2) 正反馈网络的反馈系数 $F=\dfrac{R_2}{R_1+R_2}$，因为 $\dfrac{R_2}{R_1}=\dfrac{1}{7}$，所以

$R_1=7R_2$，代入反馈系数 F 的算式中得

$$F=\frac{R_2}{7R_2+R_2}=\frac{1}{8}$$

因而得环路增益 $A_V F$ 为：

$$A_V F=5000\times\frac{1}{8}=625$$

(3) 式①+式②得

$$6.5\text{V}+5.5\text{V}=2\times V_R\frac{7R_1}{7R_1+R_2}=\frac{7}{4}V_R$$

即 $12=\frac{7}{4}V_R$。

最后得参考电压源 V_R 的值为

$$V_R=12\times\frac{4}{7}=\frac{48}{7}(\text{V})\approx 7(\text{V})$$

例 6.3 图 6.14 所示为由 CMOS 施密特触发器组成的多谐振荡器。设 $V_{DD}=10\text{V}$，$V_{T+}=7\text{V}$，$V_{T-}=3\text{V}$，$R_1=3\text{k}\Omega$，$R_2=8.2\text{k}\Omega$，$C=0.01\mu\text{F}$，试求该电路输出脉冲的频率和占空比。

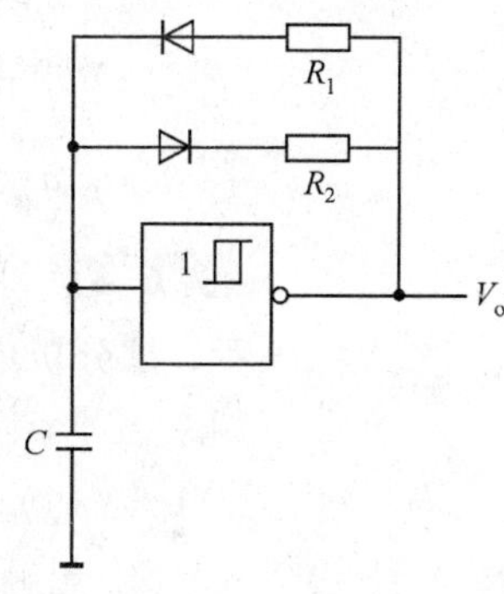

图 6.14 电路

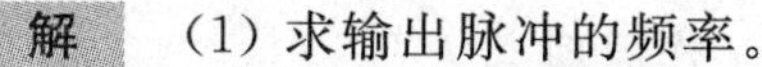

解 (1) 求输出脉冲的频率。

① 求输出脉冲宽度。电容 C 的充电电压为 CMOS 施密特触发器输出正脉冲幅值 V_{om}，其值接近 V_{DD}。C 充电时，C 上的电压 V_C 由 V_{T-} 充电到 V_{T+} 所需的时间为暂稳态时间，即输出正脉冲宽度，用 t_{W1} 表示。根据电容 C 的充电公式可得

$$\begin{aligned}V_{T+}-V_{T-}&=(V_{om}-V_{T-})(1-e^{-\frac{t_{W1}}{R_1C}})\\&=(V_{DD}-V_{T-})(1-e^{-\frac{t_{W1}}{R_1C}})\end{aligned}$$

根据上式可求得 t_{W1} 为：

$$\begin{aligned}t_{W1}&=R_1C\ln\frac{V_{DD}-V_{T-}}{V_{DD}-V_{T+}}=3\times10^3\times0.01\times10^{-6}\ln\frac{10-3}{10-7}(\text{s})\\&\approx 25(\mu\text{s})\end{aligned}$$

② 求输出脉冲宽度。电容 C 上的放电电压为 V_{T+}，C 上的电压 V_C 由 V_{T+} 放电到 V_{T-} 所需的时间为另一个暂稳态的时间，即输出脉冲间隔，用 t_{W2} 表示。根据 C 的放电公式可求得

$$V_{T-}=V_{T+}e^{-\frac{t_{W2}}{R_2C}}$$

根据上式可求得 t_{W2} 为：

$$t_{W2}=R_2C\ln\frac{V_{T+}}{V_{T-}}$$

$$=8.2\times10^3\times0.01\times10^{-6}\ln\frac{7}{3}(\mathrm{s})$$

$$\approx69.45(\mu\mathrm{s})$$

③ 求输出脉冲的频率：

振荡周期为

$$T=t_{W1}+t_{W2}$$

$$=(35+69.45)\mu\mathrm{s}$$

$$=94.45\mu\mathrm{s}$$

振荡频率为

$$f=\frac{1}{T}=\frac{1}{94.45}\times10^6(\mathrm{Hz})$$

$$\approx10.59(\mathrm{kHz})$$

(2) 求占空比 q。

$$q=\frac{t_{W1}}{T}=\frac{25}{94.45}=0.27$$

例 6.4 用 555 定时器组成单稳态触发器的电路如图 6.15 所示，试分析电路的工作原理，画出工作波形并计算电路的周期和频率。

解 (1) 电路工作原理

① 无触发信号输入时电路工作在稳定状态。

当 $V_i=1$ 时，电路工作在稳定状态，即 $V_o=0$，$V_C=0$。

② V_i 下降沿触发。

当 V_i 下降沿到达时，V_o 由 0 跳变为 1，电路由稳态转入暂稳态。

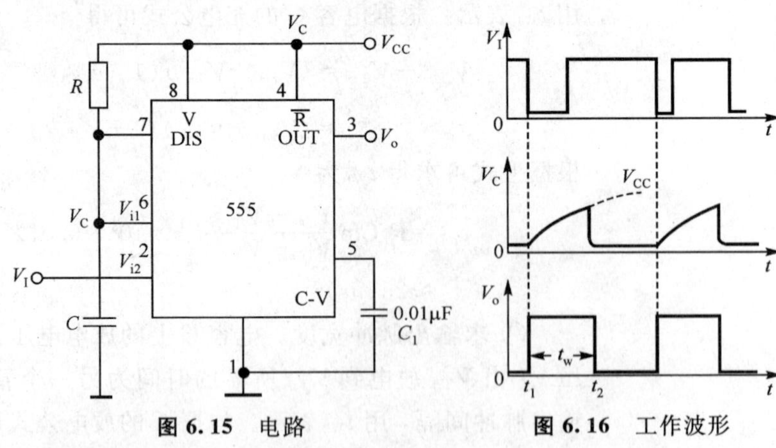

图 6.15 电路　　图 6.16 工作波形

③ 暂稳态的维持时间。

在暂稳态期间，三极管 VT 截止，V_{CC} 经 R 向 C 充电。时间

常数 $\tau_1=RC$，V_C 由 0V 开始增大，在 V_C 上升到$\frac{2}{3}V_{CC}$之前，电路保持暂稳态不变。

④ 自动返回(暂稳态结束)时间。

当 V_C 上升至$\frac{2}{3}V_{CC}$时，V_o 由 1 跳变到 0，三极管 VT 由截止转为饱和导通，电容 C 经 VT 迅速放电，电压 V_C 迅速降至 0V，电路由暂稳态重新转入稳态。

⑤ 恢复过程。

当暂稳态结束后，电容 C 通过饱和导通的放电三极管 VT 放电，时间常数 $\tau_2=RC$，经过(3～5)τ_2 后，电容 C 放电完毕，恢复过程结束。

(2) 主要参数估算。

① 输出脉冲宽度 t_W(用三要素法计算)：

$$t_W=\tau_1\ln\frac{V_C(\infty)-V_C(0^+)}{V_C(\infty)-V_C(t_W)}=\tau_1\ln\frac{V_{CC}-0}{V_{CC}-\frac{2}{3}V_{CC}}=1.1RC$$

上式说明，单稳态触发器输出脉冲宽度 t_W 仅决定于定时元件 R、C 的取值，与输入触发信号和电源电压无关，调节 R、C 的取值，即可方便地调节 t_W。

② 恢复时间 t_{re}：

$$t_{re}=(3\sim5)\tau_2$$

③ 最高工作频率 f_{max}：

因为 V_i 周期的最小值

$$t_{min}=t_W+t_{re}$$

所以单稳态触发器的最高工作频率应为

$$f_{min}=\frac{1}{t_{min}}=\frac{1}{t_W+t_{re}}$$

(3) 工作波形如图 6.16 所示。

例 6.5 图 6.17 所示为用 555 定时器构成的多谐振荡器，估算振荡频率和占空比，并画出该电路的工作波形。

解 (1) 估算电路的频率

① 电容充电时间 T_1(用三要素法计算)：

$$T_1=\tau_1\ln\frac{V_C(\infty)-V_C(0^+)}{V_C(\infty)-V_C(T_1)}=\tau_1\ln\frac{V_{CC}-\frac{1}{3}V_{CC}}{V_{CC}-\frac{2}{3}V_{CC}}$$

$$=0.7(R_1+R_2)C$$

② 电容放电时间 T_2：

$$T_2=0.7R_2C$$

③ 电路振荡周期 T：

$$T=T_1+T_2=0.7(R_1+2R_2)C$$

④ 电路振荡频率 f：

$$f=\frac{1}{T}\approx\frac{1.43}{(R_1+2R_2)C}$$

⑤ 输出波形占空比 q：

$$q=\frac{T_1}{T}=\frac{R_1+R_2}{R_1+2R_2}$$

(2) 电路的工作波形如图 6.18 所示。

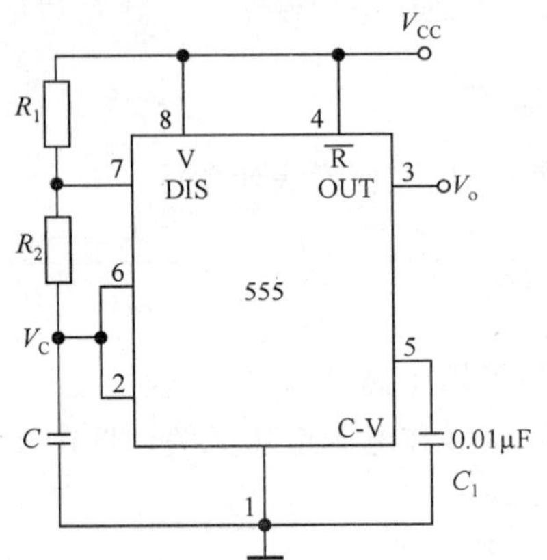

图 6.17 用 555 定时器构成的多谐振荡器

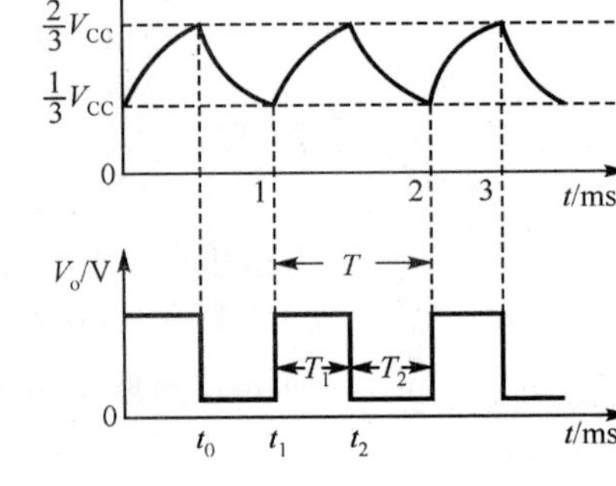

图 6.18 工作波动

例 6.6 电路连接如图 6.19 所示。其 $R_1=R_2=71.5\text{k}\Omega$，$C=0.01\mu\text{F}$，VD 为理想的二极管；理想运放的供电电压为±15V，其他参数如图 6.19 所示。

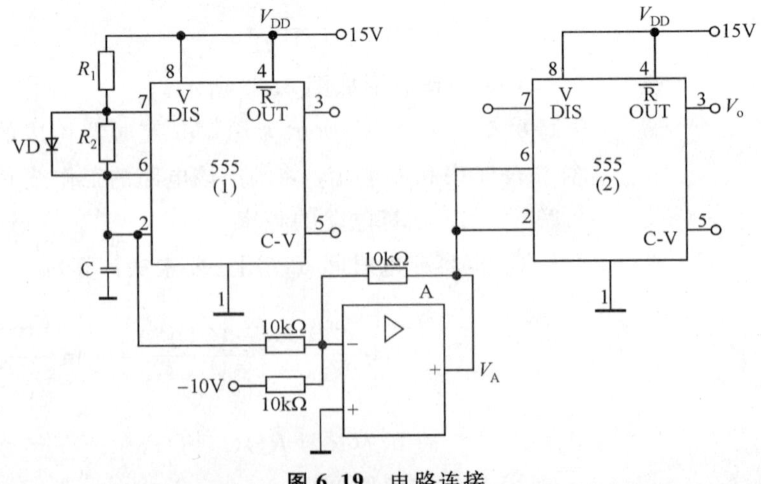

图 6.19 电路连接

(1) 指出 555(1)、555(2) 各是什么电路。

(2) 画出 V_C，V_A 和 V_o 的波形。

(3) 计算输出电压 V_o 的周期 T 值。

解 (1) 定时器 555(1) 是多谐振荡器，555(2) 是施密特触发器。

(2) 对于定时器 555(1) 组成的多谐振荡器，其电源电压为 15V，所以电路翻转时电容 C 上的电压 V_C 分别为 5V 和 10V。又由于二极管 VD 的作用，使得

$$T_1 = T_2 = (0.7 \times 71.5 \times 10^3 \times 0.01 \times 10^{-6})\text{s} = 0.5\text{ms},$$

根据以上两项参数可以画出 V_C 的波形。运算放大器 A 组成反相加法器，其输出电压 $V_A = 10\text{V} - V_C$，根此可以画出的 V_A 波形。

对于定时器 555(2) 组成的施密特触发器，

$$V_{T+} = \frac{2}{3}V_{DD} = \frac{2}{3} \times 5\text{V} = 3.33\text{V}$$

$$V_{T-} = \frac{1}{3}V_{DD} = \frac{1}{3} \times 5\text{V} = 1.66\text{V}$$

其输出电压的高电平 $V_{oH} \approx 5\text{V}$，低电平 $V_{oL} \approx OV$，据此可以画出 V_o 的波形。

电路的 V_C，V_A 和 V_o 的波形如图 6.20 所示。

(3) 由多谐振荡可以确定输出电压的周期

$$T = 0.7(R_1 + R_2) \cdot C = 1(\text{ms})$$

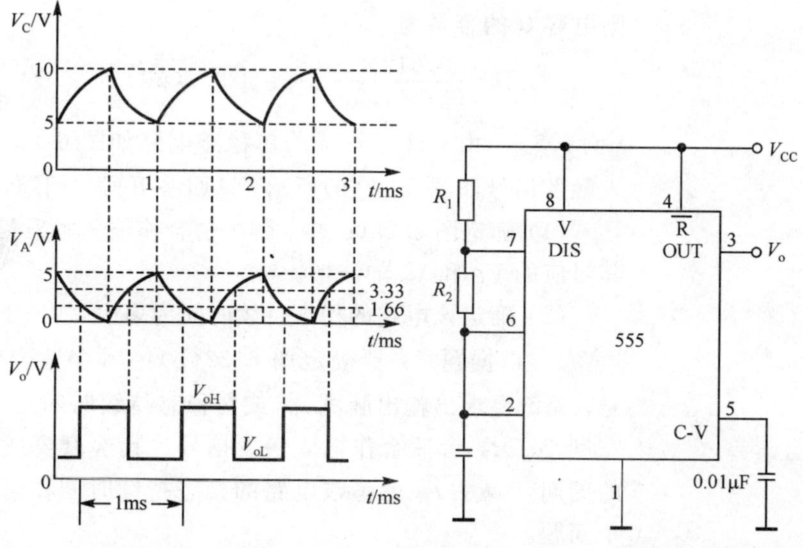

图 6.20 波形图　　图 6.21 555 定时器构成的多谐振荡器

例 6.7 由 555 定时器构成的多谐振荡器如图 6.21 所示，图中 $V_{DD}=12V$，$R_1=10k\Omega$，要求输出电压 V_o 的振荡频率为 25kHz，占空比 $q=70\%\left(q=\frac{t_{WH}}{T}\times 100\%\right)$，试确定定时元件 R_2 和 C 的数值。

解 根据题意，可得输出 V_o 的高电平持续时间(即电容充电时间)为

$$t_{WH}\approx 0.7(R_1+R_2)C=qT$$

低电平持续时间(即电容放电时间)为

$$t_{WL}\approx 0.7R_2C=(1-q)T$$

振荡周期为

$$T=t_{WH}+t_{WL}\approx 0.7(R_1+R_2)C=\frac{1}{f}=0.04(\text{ms})$$

又 $$q=\frac{t_{WH}}{T}\times 100\%$$

$$\frac{70}{100}=\frac{0.7(R_1+R_2)C}{0.7(R_1+2R_2)C}$$

解上式得

$$R_2=\frac{3}{4}R_1$$

将 $R_1=10k\Omega$ 代入上式得

$$R_2=7.5(k\Omega)$$

$$t_{WL}=(1-q)T=0.3\times 0.04(\text{ms})=0.012\times 10^{-3}(\text{s})$$

则电容 C 的容量为

$$C=\frac{0.012\times 10^{-3}}{0.7\times 7.5\times 10^{3}}=229.7(\text{pF})$$

例 6.8 由 CH55 构成的单稳态电路如图 6.22(a)所示，其输入触发信号如图 6.22(b)所示，试回答下列各问题：

(1) 确定图 6.22(b)中，哪个适合作输入触发信号，并画出与其对应的 V_C 和 V_o 的波形。

(2) 确定该电路的稳态持续时间为多少？

解 根据题意，要确定图 6.22(b)中哪个适合作输入触发信号，关键要求出输出脉宽 t_W(或暂稳态持续时间)，则输入负脉冲宽度小于 t_W 者适合作输入触发信号。其次只要从输入触发信号的周期 T 减去 t_W 就是该电路的稳态持续时间，这就回答了第二个问题。

根据题给参数可以求出

$$t_W=1.1RC=1.1\times 330\times 0.1\times 10^{-6}=36.3(\mu\text{s})。$$

（1）由图 6.22(b)可见，上图负脉冲持续时间为 50μs，下图负脉冲持续时间为 20μs，因此下图适合作输入触发信号，与其对应的 V_C 和 V_o 的波形如图 6.23 所示。

（2）由图 6.22(b)中的 V_{i2} 可见，它的周期为 100μs，故该电路的稳态时间为

$$100\mu s - 36.3\mu s = 63.7\mu s$$

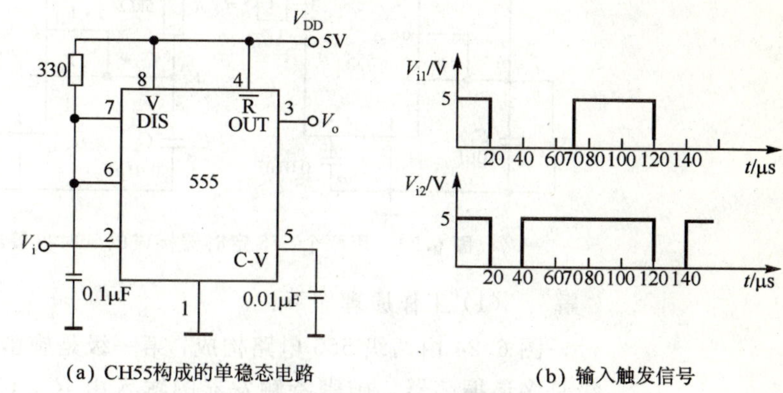

(a) CH55构成的单稳态电路 (b) 输入触发信号

图 6.22 电路及波形

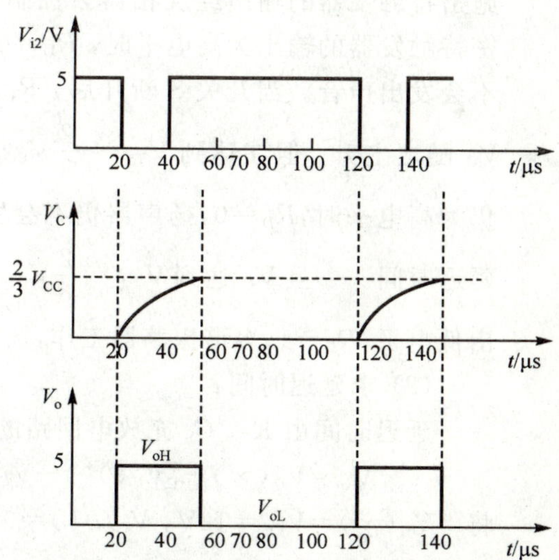

图 6.23 V_{i2} 与其对应的 V_C 和 V_o 的波形

例 6.9 图 6.24 是用两个 555 定时器接成的延时报警器。当开关 S 断开后，经过一定的延迟时间后，扬声器开始发声。如果在延迟时间内开关 S 重新闭合，扬声器不会发出声音。在图中给定参数下，试求延迟时间的具体数值和扬声器发出声音的频率。

图中 G_1 是CMOS反相器，输出的高、低电平分别为 $V_{oH}=12V$，$V_{oL}\approx 0V$。

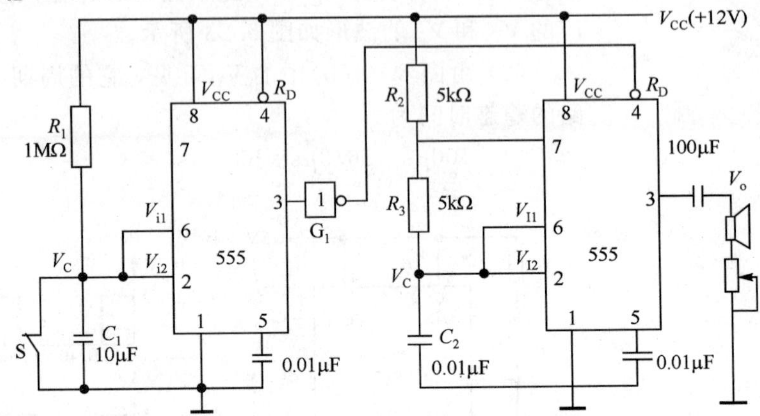

图 6.24 用两个555定时器接成的延时报警器电路

解 (1) 工作原理如下：

图6.24由两级555电路构成，第一级是施密特触发器，第二级是多谐振荡器。施密特触发器的输入由 R_1、C_1 充放电回路和开关S控制，当S闭合时，$V_C=0V$，施密特触发器输出高电平。施密特触发器的输出经反相器去控制多谐振荡器的 R_D 端，当施密特触发器的输出为高电平时，$R_D=0$，多谐振荡器复位，扬声器不会发出声音。当开关S断开后，R_1、C_1 充放电回路开始充电，V_C 随之上升，但在达到 $V_{T+}=\frac{2}{3}V_{CC}$ 之前，施密特触发器的输出仍为高电平时，$R_D=0$，扬声器仍不会发出声音。这一段时间即为延迟时间。一旦 V_C 达到 $V_{T+}=\frac{2}{3}V_{CC}$，施密特触发器触发翻转，输出低电平，$R_D=1$，多谐振荡器工作，扬声器开始发声报警。

(2) 求延迟时间：

延迟时间由 R_1、C_1 充放电回路的充电过程决定：

$$V_C=V_C(\infty)+[V_C(0^+)-V_C(\infty)]e^{-t/\tau}$$

将 $V_C(\infty)=V_{CC}=12V$，$V_C(0^+)=0V$，R_1C_1 代入上式，得

$$V_C=V_{CC}(1-e^{-t/R_1C_1})$$

$t=t_1$ 时，$V_C=\frac{2}{3}V_{CC}$ 代入上式，整理得延迟时间为

$$t_1=R_1C_1\ln 3\approx 1.1R_1C_1=1.1\times 10^6+10\times 10^{-6}=11(s)$$

扬声器发声频率为

$$f=\frac{1}{0.7(R_2+2R_3)C_2}=\frac{1}{0.7\times 15\times 10^3\times 0.01\times 10^{-6}}$$

$$\approx 0.95(MHz)$$

自 测 题

1. 填空题

(1) 单稳态触发器的主要功能是________。最重要的参数是________，其大小取决于________。

(2) 一个振荡器中的晶振元件标称频率是 6MHz，其他电容为 30pF，该电路输出信号的频率是________。

(3) 施密特触发器的主要功能是________，参数有________。

(4) 回差是________电路的主要特性参数。

(5) 石英晶体振荡器的振荡频率仅取决于晶体本身的________，而与电路中________的数值无关。

(6) 单稳态触发器有一个________和一个________。

(7) 单稳态触发器有________个稳定状态，施密特触发器有________个稳定状态，多谐振荡器有________个稳定状态。

(8) 已知由 101 级非门构成的振荡器的振荡周期为 10.1μs，这些非门的平均传输延迟时间 t_{pd} 为________ μs。

(9) 欲把输入的正弦波信号转换成同频率的矩形波信号，可采用________电路。

(10) 利用门电路的传输延迟时间，可以把(　　　)个与非门首尾相接，组成多谐振荡器。

①8　　②7　　③6　　④4

2. 应用题

(1) 试用 555 定时器设计一个振荡周期 T 为 100ms 的方波脉冲发生器。给定电容 $C=0.47\mu F$，试确定电路的形式和电阻的大小。

(2) 利用 CMOS 石英晶体多谐振荡器设计一个秒脉冲器。说明工作原理并画出电路图。

(3) 试用 555 定时器设计一个占空比可调的多谐振荡器。电路的振荡频率为 10kHz，占空比 $q=0.2$。若取电容 $C=0.01\mu F$，试确定电阻的阻值。

(4) 分析由集成定时器 CB555 构成的多谐振荡器。已知电路参数如图 6.25 所示。求：①该多

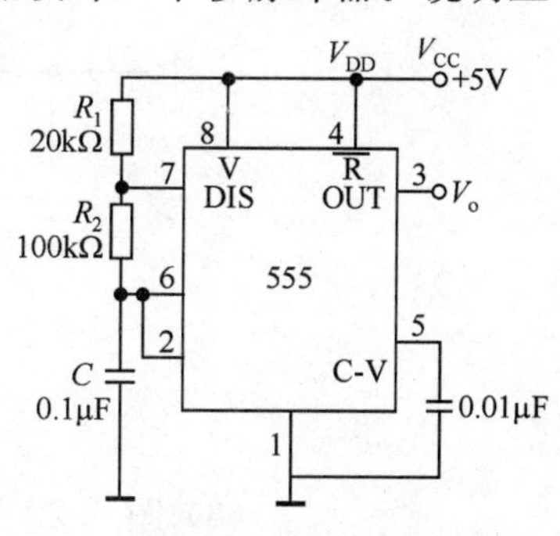

图 6.25　电路

谐振荡器的振荡周期 T；②输出脉冲的占空比 q。

(5) 反相输入的施密特触发器输入波形如图 6.26 所示，试对应地画出输出波形。

(6) 分析图 6.27 所示由集成定时器 CB555 构成的施密特触发器。已知：$V_{CC}=12V$，$V_{REF}=20V$。求：①当开关 S 断开时，该施密特触发器的回差电压 ΔV_T；

②当开关 S 闭合时，该施密特触发器的回差电压 ΔV_T。

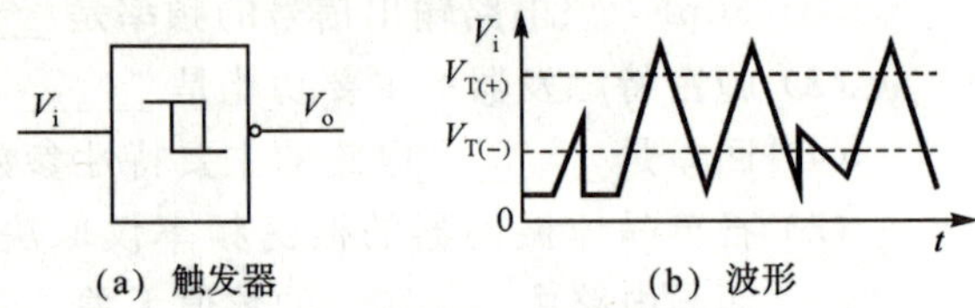

图 6.26 反相输入的施密特触发器

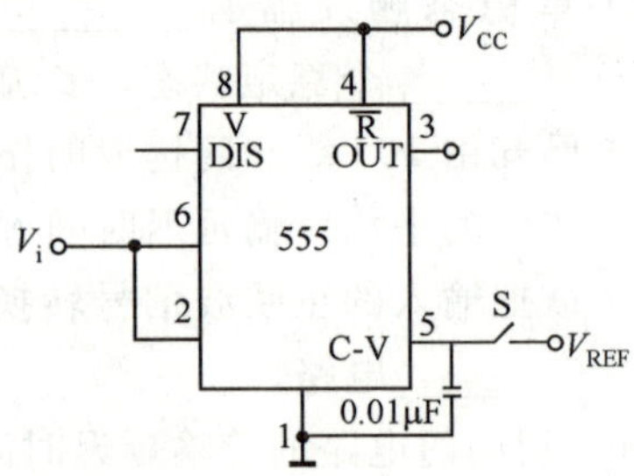

图 6.27 由集成定时器 CB555 构成的施密特触发器

(7) 图 6.28 为由 555 定时器构成的施密特触发器，已知输入 V_i 为一三角波，试对应地画出输出 V_o 的波形。

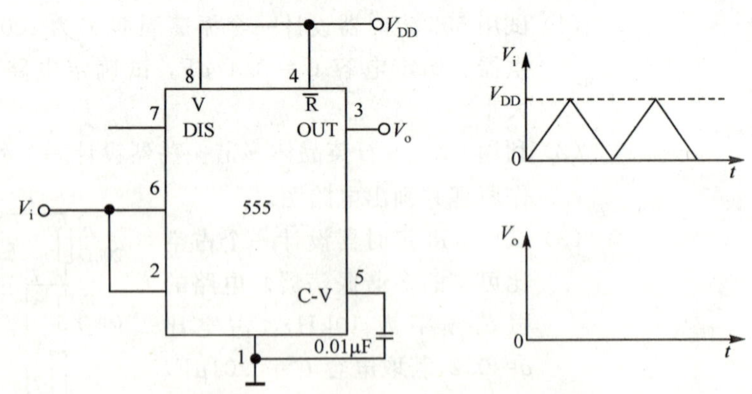

图 6.28 由 555 定时器构成的施密特触发器

(8) 图 6.29 为由 555 定时器构成的单稳态触发器，已知 $V_{DD}=10V$，$R=10k\Omega$，$C=0.1\mu F$，求输出脉冲的宽度，试对应地画

出输出 V_C、V_o 的波形。

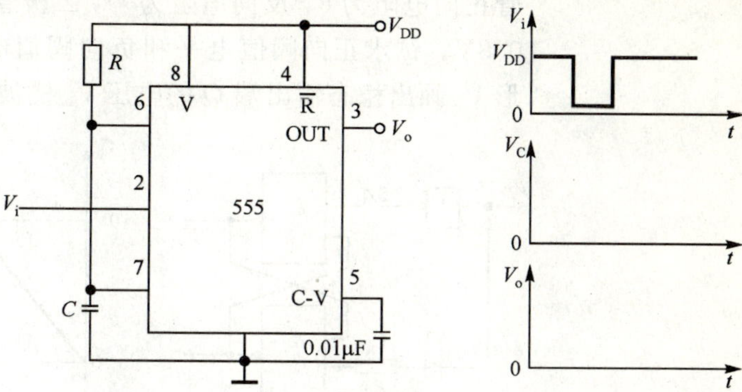

图 6.29 由 555 定时器构成的单稳态触发器

(9) 图 6.30 所示为由 555 定时器构成的多谐振荡器，已知 $V_{DD}=10V$，$C=0.1\mu F$，$R_A=20k\Omega$，$R_B=80k\Omega$，求它的振荡周期，并对应地画出 V_o、V_C 的波形。

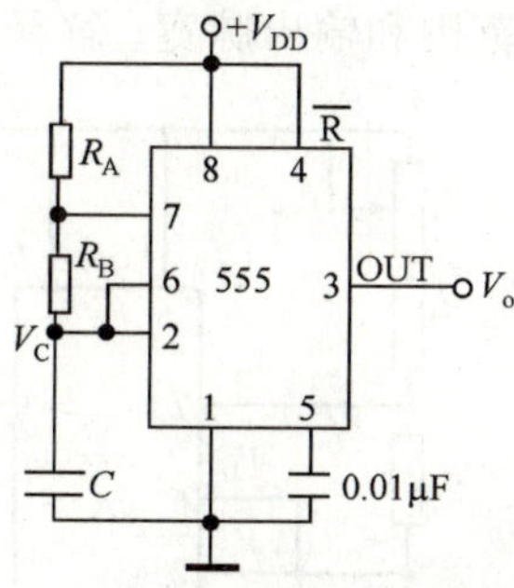

图 6.30 由 555 定时器构成的多谐振荡器

(10) 图 6.31 为由集成门电路构成的单稳态触发器电路和输入波形 V_i。设集成门的 $V_{oH}=3.6V$。试对应地画出 V_R 和 V_o 的波形，并求出暂稳态宽度 t_W。

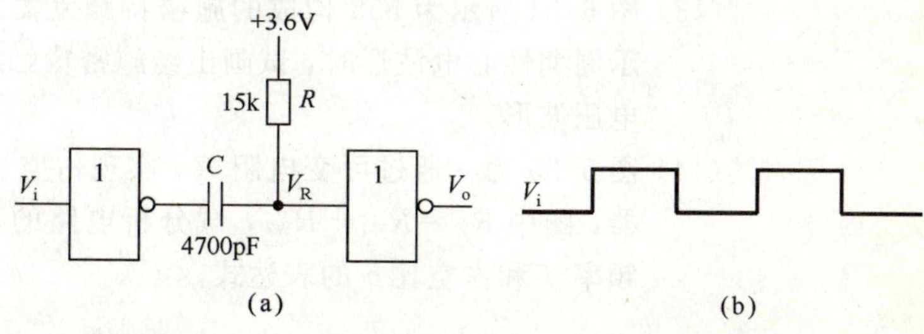

图 6.31 由集成门电路构成的单稳态触发器电路

(11) 由集成门构成的施密特触发器如图 6.32(a)所示，输入波形如图 6.32(b)所示，设集成门阈值电平 $V_T=1.4V$，设二极管正向电阻为 0，反向电阻为∞，二极管导通时的压降 $V_D=0.8V$。试求正向阈值电平和负向阈值电平，并对应输入波形 V_i 画出稳态输出端 Q 的电压 V_o 的波形。

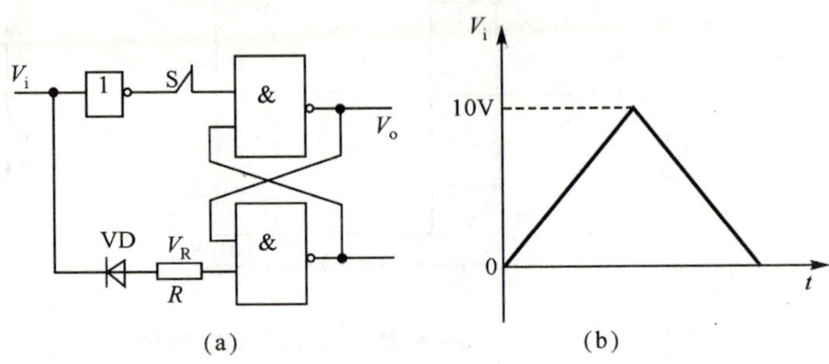

图 6.32 由集成门构成的施密特触发器电路及输入波形

(12) 图 6.33 所示电路是由两个 555 定时器构成的频率可调而脉宽不变的方波发生器，试说明其工作原理；确定频率变化的范围和输出脉宽；解释二极管 VD 在电路中的作用。

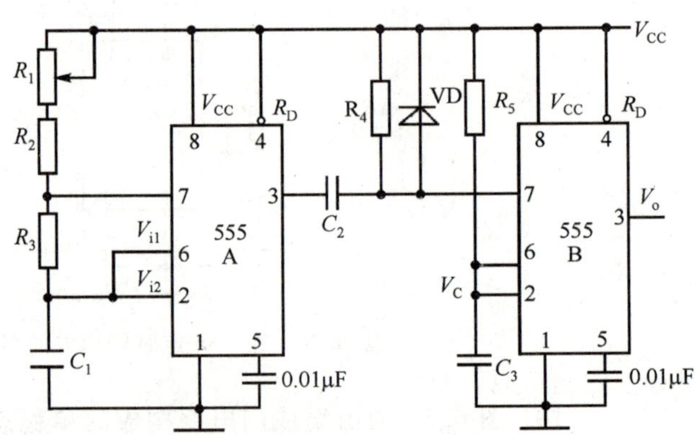

图 6.33 方波发生器电路

(13) 图 6.34 所示为 555 构成的施密特触发器，当输入信号为图示周期性心电波形时，试画出经施密特触发器整形后的输出电压波形。

(14) 图 6.35 为一通过可变电阻 R_W 实现占空比调节的多谐振荡器，图中 $R_W=R_{W1}+R_{W2}$，试分析电路的工作原理，求振荡频率 f 和占空比 q 的表达式。

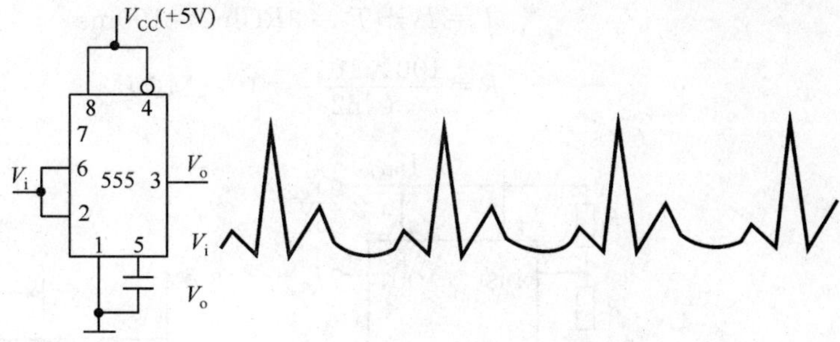

图 6.34 555 构成的施密特触发器

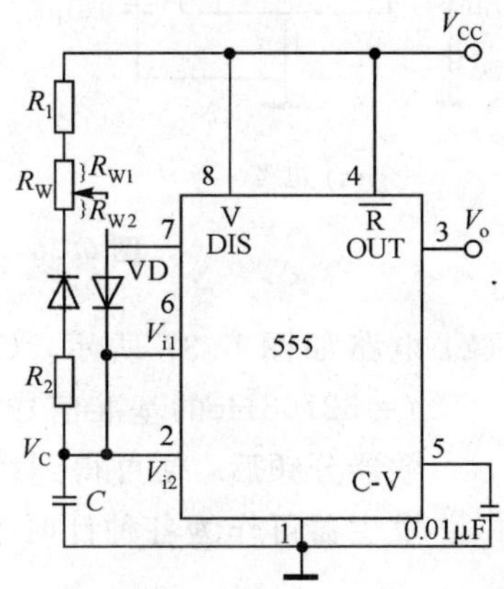

图 6.35 通过可变电阻 R_W 实现占空比调节的多谐振荡器

自测题答案

1. (1) 延时　暂稳宽度 t_W　电路时间常数 RC

   (2) 6MHz

   (3) 整形、波形变换、抑制干扰、幅度鉴别　上触发电平、下触发电平、回差

   (4) 施密特触发器

   (5) 谐振频率　RC

   (6) 稳态　暂稳态

   (7) 1　2　0

   (8) 0.05

   (9) 施密特触发器

   (10) ②

2. (1) 如图 6.36(a)和(b)所示，取 $R_1=R_2=R$，

$$T_1=(R_1+R_2)C\ln2=2RC\ln2$$

$$T_2=R_2C\ln2=RC\ln2$$

$$T=T_1+T_2=3RC\ln 2=100\text{ms}$$

$$R=\frac{100\times 10^{-3}}{3C\ln 2}=102(\text{M}\Omega)$$

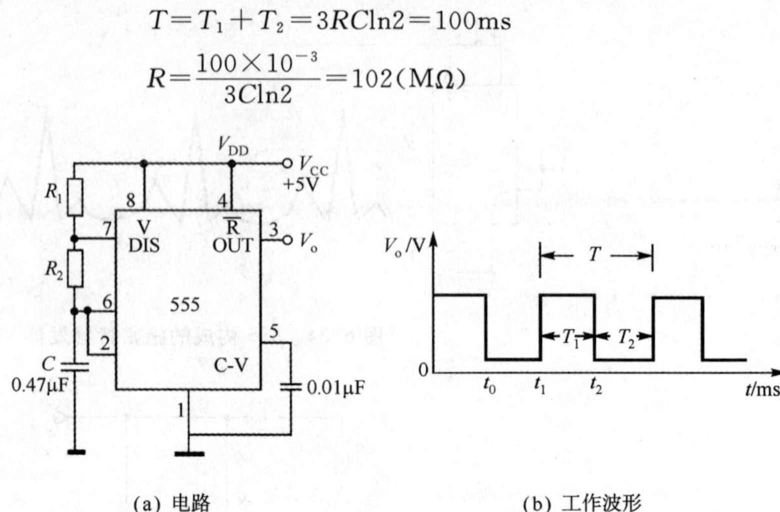

(a) 电路　　　　(b) 工作波形

图 6.36　电路及波形

(2) 电路如图 6.37 所示，CMOS 石英晶体多谐振荡器产生 $f=32768\text{Hz}$的基准信号，经 T 触发器构成的 15 级异步计数器分频后，便可得到稳定度极高的秒信号。这种秒脉冲发生器可作为各种计时系统的基准信号源。

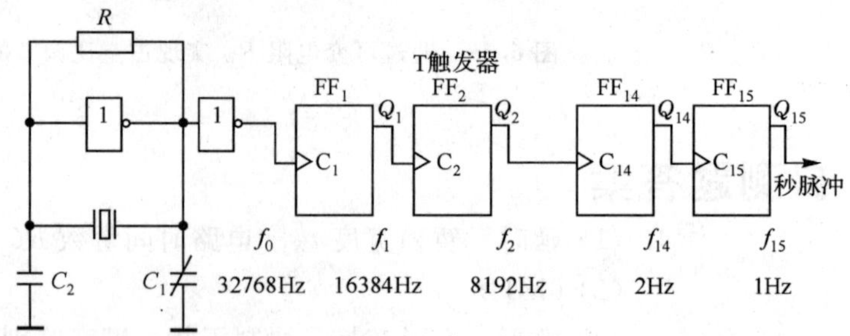

图 6.37　电路

(3) 电路如图 6.38 所示，

$$f=\frac{1}{0.7(R_1+R_2+R_W)C}=10\ 000$$

$$q=\frac{R_1+R_{W1}}{R_1+R_2+R_W}=0.2$$

$$R_1+R_2+R_W=\frac{1}{10000\times 0.7\times 0.01\times 10^{-6}}=14.29(\text{k}\Omega)$$

取 $R_1=1.29\text{k}\Omega$，$R_2=R_W=6.5\text{k}\Omega$，$R_{W1}=1.57\text{k}\Omega$。

(4) ①$T=15.4\text{ms}$　②9%

(5) 波形如图 6.39 所示。

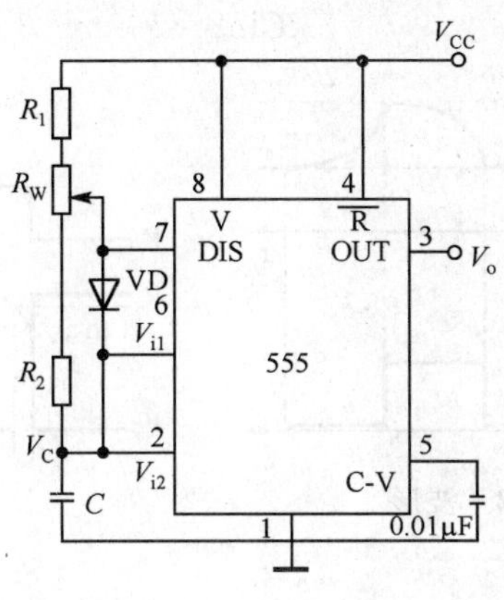

图 6.38 电路

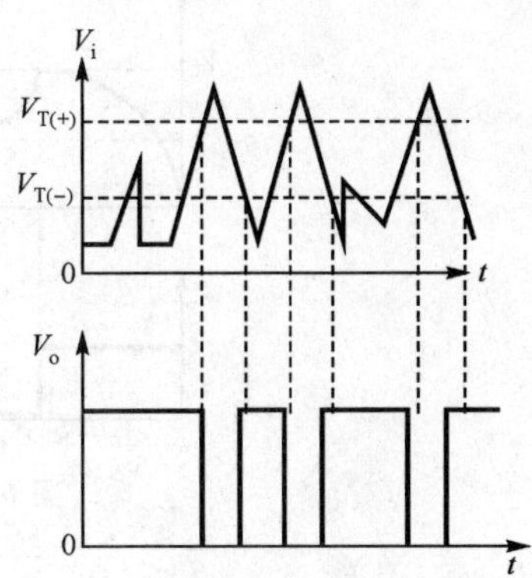

图 6.39 波形

(6) ① $\Delta V_T = \frac{1}{3}V_{CC}$ ② $\Delta V_T = \frac{1}{2}V_{REF} = 10V$

(7) 输出波形如图 6.40 所示。

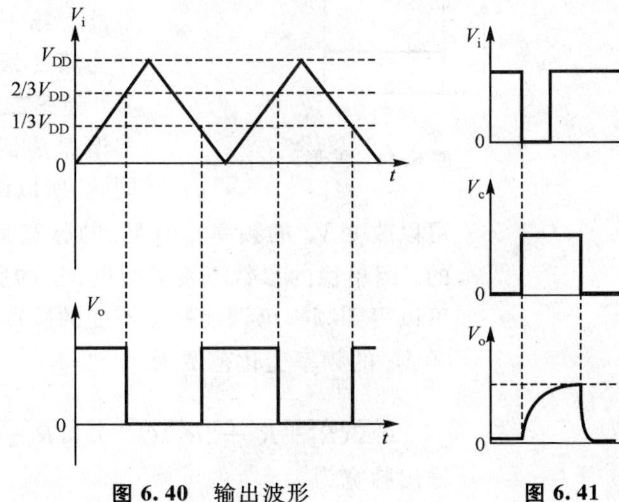

图 6.40 输出波形

图 6.41 波形

(8) 脉冲宽度为

$$t_W = 1.1RC = 1.1 \times 10 \times 10^3 \times 0.1 \times 10^{-6} = 1.1(\text{ms})$$

波形如图 6.41 所示。

(9) ① 振荡周期为 $T = 0.7(R_A + 2R_B)C$

$$= 0.7 \times (20 + 2 \times 80) \times 10^3 \times 0.1 \times 10^{-6}$$

$$= 12.6(\text{ms})$$

② 波形如图 6.42 所示。

(10) $t_W = 28.9\mu s$，波形如图 6.43 所示。

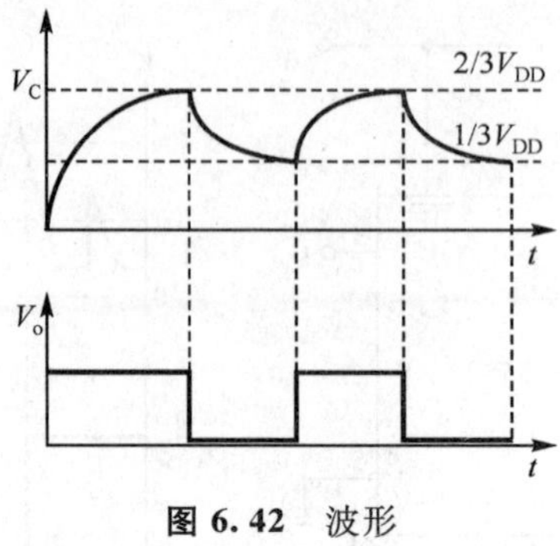

图 6.42　波形

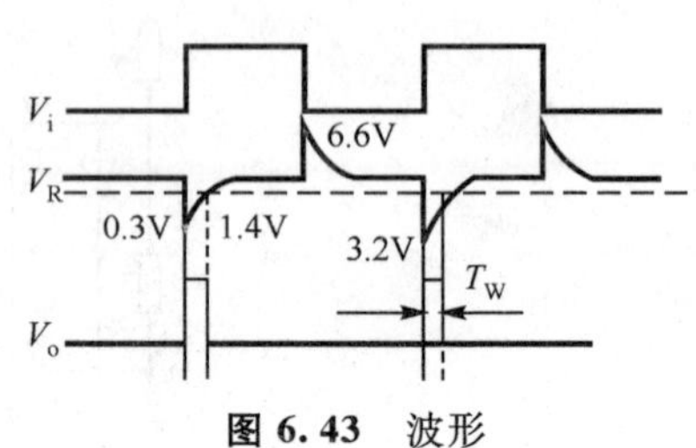

图 6.43　波形

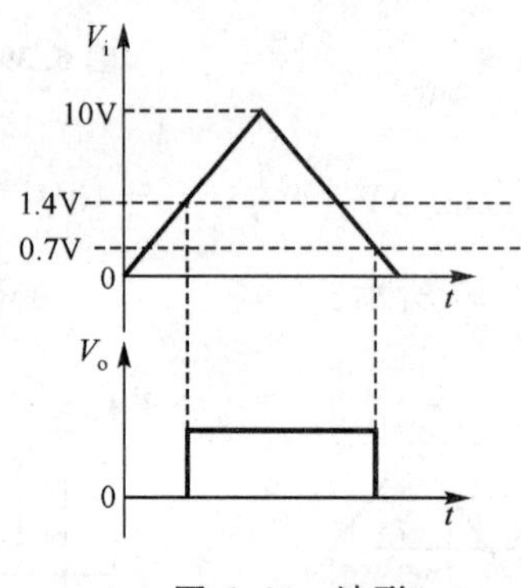

图 6.44　波形

(11) 正向阈值电平为 1.4V　负向阈值电平为 0.7V　输出波形如图 6.44 所示。

(12) ① 第一级 555 定时器构成多谐振荡器，第二级构成单稳态触发器。第一级的输出脉冲信号作为第二级电路的输入触发信号，使第二级输出 V_o 的频率与多谐振荡器输出信号的频率相同，所以调节可变电阻 R_1，就可以改变 V_o 的频率。但 V_o 的脉宽是由单稳的参数决定的，因单稳的参数不变，所以 V_o 的脉宽不变。于是，就可以得到频率可调而脉宽不变的脉冲波了。

② V_o 的频率变化范围为

$$\frac{1}{0.7(R_1+R_2+2R_3)C}\sim\frac{1}{0.7(R_2+2R_3)C_1}$$

输出脉宽为

$$t_{po}=1.1R_5C_3$$

③ 二极管 DV 在电路中起限幅作用，避免过大的电压加于单稳的输入端，以保护定时器的安全。

(13) 经施密特触发器整形后的输出电压波形如图 6.45 所示。

(14) 当多谐振荡器输出端 V_o 为高电平时，放电三极管截止，V_{CC} 经 R_1、R_{W1}、VD 向电容 C 充电，充电时间常数为$(R_1+R_{W1})C$，电容 C 上的电压 V_C 伴随着充电过程不断增加。当电容电压 V_C 增大至$\frac{2}{3}V_{CC}$时，多谐振荡器输出端 V_o 由高电平跳变为低电平，放电三极管由截止转为导通，电容 C 经 R_2、R_{W2} 放电三极管集电极(7 脚)放电，放

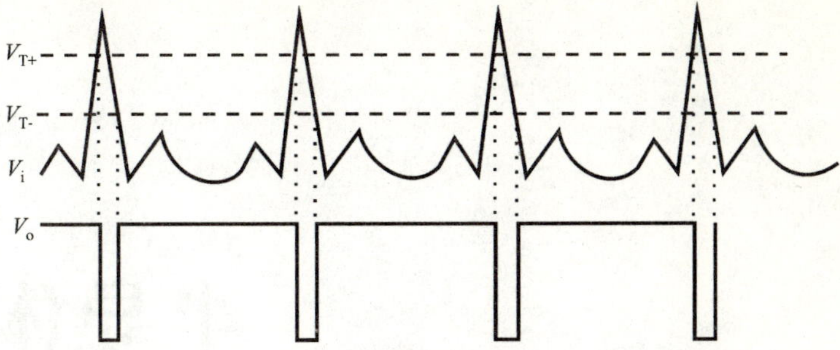

图 6.45　电压波形

电时间常数为$(R_2+R_{W2})C$，此后，电容 C 上的电压 V_C 伴随着放电过程由$\frac{2}{3}V_{CC}$点不断下降。当电容电压 V_C 减小至$\frac{1}{3}V_{CC}$时，多谐振荡器输出端 V_o 由低电平跳变为高电平，放电三极管由导通转为截止，放电过程结束。此后，V_{CC}经 R_1、R_{W1}、VD 再向电容 C 充电，电容电压 V_C 由$\frac{1}{3}V_{CC}$开始增大，继续重复上述充电过程。

振荡频率　$f=\dfrac{1}{0.7(R_1+R_2+R_W)C}$

占空比　$q=\dfrac{R_1+R_{W1}}{R_1+R_2+R_W}$

第 7 章 半导体存储器

本章要点

1. 只读存储器(ROM)

ROM

(1) ROM 的特点和电路结构

ROM 是一种非易失性存储器，在工作时 ROM 只能根据地址码读取信息，不能随意改写信息。

ROM 的电路结构主要包括三部分：地址译码器(与阵列)、存储矩阵(或阵列)和输出缓冲器，如图 7.1 所示。

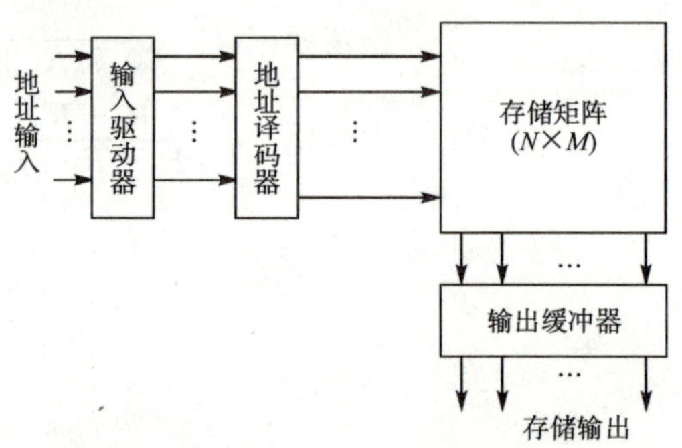

图 7.1 ROM 的电路结构

ROM 的分类

(2) ROM 的分类

ROM 按其写入方式分为以下三种。

固定 ROM

① 固定 ROM。固定 ROM 存储器的内容不能修改(制造商制造芯片时写入信息)，断电后信息不会消失，所以用来存放永久性的、固定不变的信息。

PROM

② 可编程 ROM(PROM)。PROM 称为可 1 次编程 ROM，由用户按照设计要求将信息“一次性写入”(采用烧断熔丝的方法)，一旦写入后不能再改变。

EPROM

③ 可擦除可编程 ROM(EPROM)。EPROM 中的内容可以

多次进行擦除和改写，克服了PROM的缺点。擦除的方法主要是紫外线和电擦除两种，后者的擦除速度很快，但是可靠性和重复改写寿命不如前者，所以前者使用广泛。

(3) 用PROM实现组合逻辑函数

地址译码器的输出为输入地址变量的全部最小项，存储矩阵可对输入的最小项进行或运算，所以用PROM可实现任何组合逻辑函数。

步骤如下：

① 写出逻辑函数的最小项表达式。

② 根据逻辑函数的输入和输出变量数选择PROM。

③ 画出逻辑图。PROM的地址输入变量和逻辑函数输入变量对应相连，输出数据端即为相应逻辑函数的输出端。

RAM

2. 随机存取存储器(RAM)

(1) RAM的特点和电路结构

RAM是一种时序逻辑电路，具有记忆功能，存储的信息随电源断电而消失，是一种易失性的读写存储器。主要用于存放临时性的数据或中间结果。工作时既可写入又可读出数据，还可改写存储内容。

RAM主要由地址译码器、存储矩阵和读/写控制电路组成。

(2) RAM的扩展

在数字系统和计算机中，单个存储器芯片往往不能满足存储容量的要求，需要把多片存储器芯片进行组合，以扩展存储容量。

如单片存储器芯片输出数据的位数不够，需进行位扩展；如单片存储器芯片的字数不够，需进行字扩展；如存储器芯片的位数和字数都不够用，则需同时进行位和字的扩展。

存储器的字数通常采用K、M、G为倍率，其中$1K=2^{10}=1024$，$1M=2^{20}=1024K$，$1G=2^{30}=1024M$。

□ 典型例题解析

例 7.1 某台计算机的内存储器设置有32位的地址线，16位并行数据输入/输出端，试计算它的最大存储量是多少？

解 $2^{32}=2^2\times2^{10}\times2^{20}=4\times1024M=4G$

所以最大存储量为$4G\times16$。

例 7.2 试用ROM实现下列组合逻辑函数(见图7.2)。

解 $Y_0=\sum m(2,4,6)$

$$Y_1 = \sum m(3, 6, 15)$$
$$Y_2 = \sum m(3, 7, 14)$$
$$Y_3 = \sum m(7, 10, 15)$$

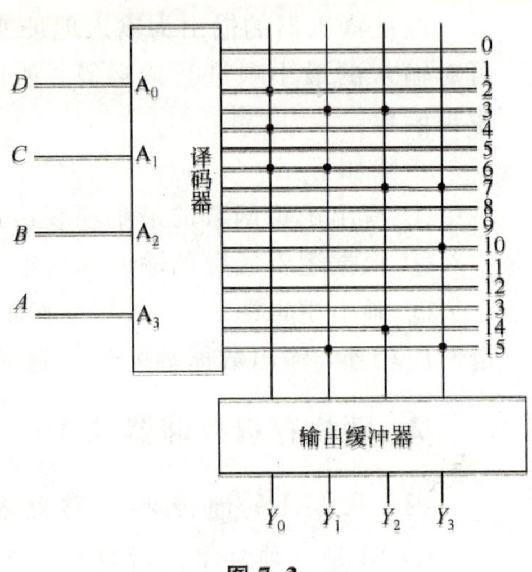

图 7.2

例 7.3 用 4K×4 位的 RAM 芯片扩展成 4K×16 位的存储系统，并画出接线图。

解 要求扩展的存储系统字数仍为 4K，只需进行位扩展。

一片 4K×4 位的 RAM 芯片数据线的位数为 4，因此用四片这样的 RAM 芯片即可实现要求。如图 7.3 所示。

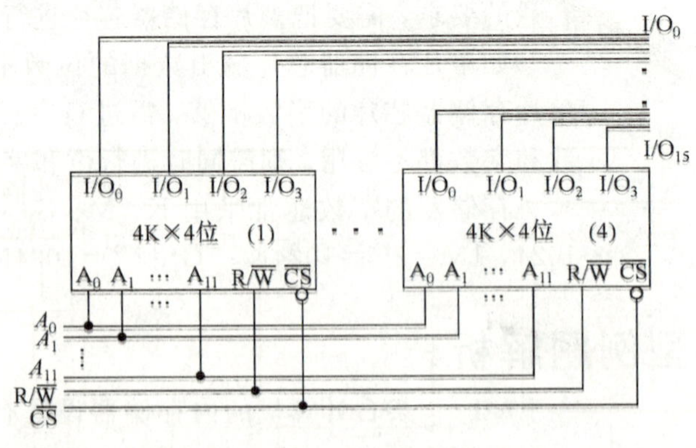

图 7.3 例 7.3 图

例 7.4 设计一个判断 4 位二进制数 $A_3\ A_2\ A_1\ A_0$ 状态的组合逻辑电路。要求：

(1) 当能被 5 整除时，输出 $F_0 = 1$，否则 $F_0 = 0$；

(2) 当 $A_3A_2A_1A_0$ 小于3时，输出 $F_1=1$，否则 $F_1=0$；

$A_3A_2A_1A_0$ 作为输入逻辑变量，F_1、F_0 作为输出逻辑变量。要求用ROM实现，并画出简图。

解 真值表如表7.1所示。

表7.1 真值表

地址输入				数据输出		地址输入				数据输出	
A_3	A_2	A_1	A_0	F_1	F_0	A_3	A_2	A_1	A_0	F_1	F_0
0	0	0	0	1	1	1	0	0	0	0	0
0	0	0	1	1	0	1	0	0	1	0	0
0	0	1	0	1	0	1	0	1	0	0	1
0	0	1	1	0	0	1	0	1	1	0	0
0	1	0	0	0	0	1	1	0	0	0	0
0	1	0	1	0	1	1	1	0	1	0	0
0	1	1	0	0	0	1	1	1	0	0	0
0	1	1	1	0	0	1	1	1	1	0	1

由表可得

$$F_0=m_0+m_5+m_{10}+m_{15}$$

$$F_1=m_0+m_1+m_2$$

把地址 $A_3A_2A_1A_0$ 作为地址输入变量，F_1、F_0 作为输出变量，画出ROM电路如图7.4所示。

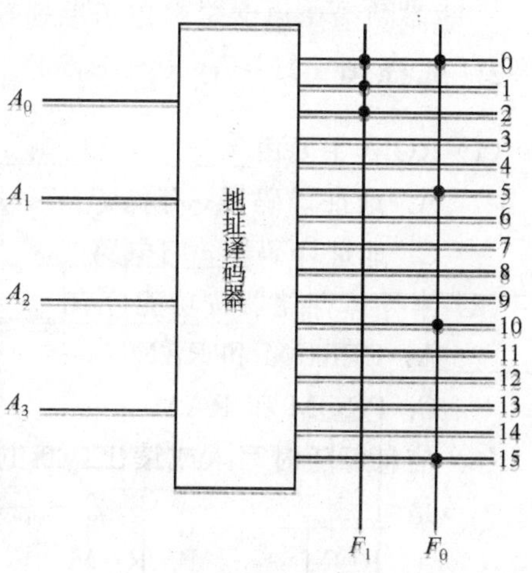

图7.4 ROM电路

自 测 题

1. 填空题

(1) 一个16K×4的存储系统具有________个存储单元，至少需要________条地址线和________条数据线。

(2) ROM用于存放________信息，其优点是________。

(3) 一个8K字节的EPROM芯片，它的地址输入端的个数是________，数据端的个数是________。

(4) 动态存储器DRAM的优点是________、________，缺点是________。

(5) 设ROM地址为$A_0 \sim A_7$，输出为$Y_0 \sim Y_3$，则ROM容量为________。

(6) RAM基本结构包含________三大部分。

(7) 一块ROM芯片有10个地址输入端，有8个数据输出端，该ROM芯片的容量是________。

(8) 半导体存储器的结构包括________、________、________等组成部分。

(9) 动态存储器芯片存储的信息会丢失，使用时必须对芯片进行________。

(10) 构成半导体存储器中一个字的二进制位数称为________。

(11) 半导体存储器对存储单元的寻址一般有________和________两种方式。

(12) 用单片容量为1K×4位的存储器组成4K×8位的存储器，需要________片。

2. 选择题

(1) ROM主要由________和________两部分组成。

A. 地址译码器，存储矩阵　　B. 地址译码器，触发器

C. 地址译码器，门电路　　D. 存储矩阵，触发器

(2) 半导体存储器按功能分有________和________两种。

A. EPROM和RAM　　B. ROM和RAM

C. PROM和RAM　　D. E^2ROM和RAM

(3) 信息可随时写入或读出，断电后信息立即全部消失的存储器是________。

A. ROM　　B. RAM　　C. EPROM　　D. PROM

(4) 只能1次写入信息的存储器是________。

A. ROM　　B. PROM　　C. EPROM

(5) 有6条地址线和8条数据线的存储器有________个存储单元。

A. 48　　B. 512　　C. 1536　　D. 1024

(6) 某RAM有8位数据线，13位地址线，其存储容量是________。

A. 16KB　　B. 8KB　　C. 4KB　　D. 64KB

(7) 动态随机存储器 DRAM 是依靠________来存储信息的。

A. MOS 管的输入电阻　　B. MOS 管的输入电容

C. 触发器　　D. RC 电路

(8) 在下列器件中，不属于组合逻辑电路的是________。

A. 组合 PLA　　B. EPROM　　C. PROM　　D. SRAM

(9) 对某顺序访问存储器，设相邻两字的访问间隔为 10ns，若在时刻为 100ns 时读出第五个字，则在 140ns 时，读出的是第________个字。

A. 4　　B. 9　　C. 8　　D. 16

3. 应用题

(1) 试用 256×4 位的 RAM，用位扩展方式组成一个 256×8 位的 RAM，要求画出电路图。

(2) 若要求用 4 片 1K×4 位的 RAM 组成一个 2K×8 位的 RAM，试画出电路图。

(3) 128×4 位 ROM 的逻辑图如图 7.5 所示，试问构成 256×8 位的 ROM 需要多少块 128×4 位 ROM？并画出连接图。

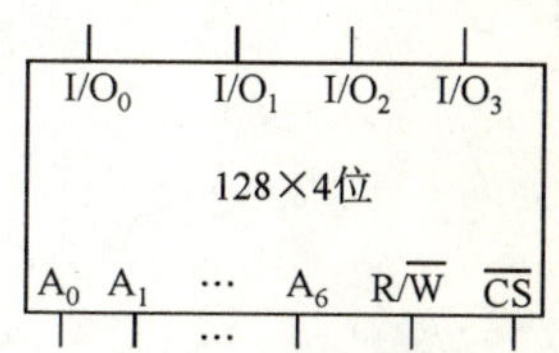

图 7.5　逻辑图

(4) 试问 RAM 在工作电源下可进行哪三种操作？数据在掉电后是否保持不变？

(5) 试问 ROM 与 RAM 最明显的不同之处是什么？ROM 阵列可由哪两种逻辑阵列组成？

(6) 动态 RAM 与静态 RAM 的区别是什么？动态 RAM 的刷新有什么作用？

(7) 试问固定 ROM、PROM、EPROM、E^2PROM 在使用时有什么区别？EPROM 在写操作前要进行什么处理？

(8) 4K 字节的 EPROM 有多少根地址变量输入线和多少根数据输入线？

(9) PLD 器件的基本结构有哪三种类型？

(10) 1024×8 位的存储器，地址代码应取几位？数据线几位？容量为多少？

(11) 用 ROM 实现下面多输出函数，画出阵列图。

$$\begin{cases} F_1 = ABCD + \overline{C} + \overline{B}CD \\ F_2 = (A+B)(\overline{A}+\overline{B}+CD) \end{cases}$$

(12) 用 ROM 实现 4 位二进制到格雷码的转换。

(13) 用 ROM 实现下面多输出函数，画出阵列图。

$$\begin{cases} F_1 = AB \\ F_2 = A+B \\ F_3 = A \oplus B \\ F_4 = \overline{A \oplus B} \end{cases}$$

(14) 用计数器 74LS161 和 ROM 设计产生序列信号为 10110 的序列信号发生器。

(15) PROM 实现的组合逻辑函数如图 7.6 所示，试写出输出函数 D_0、D_1、D_2、D_3 的表达式。

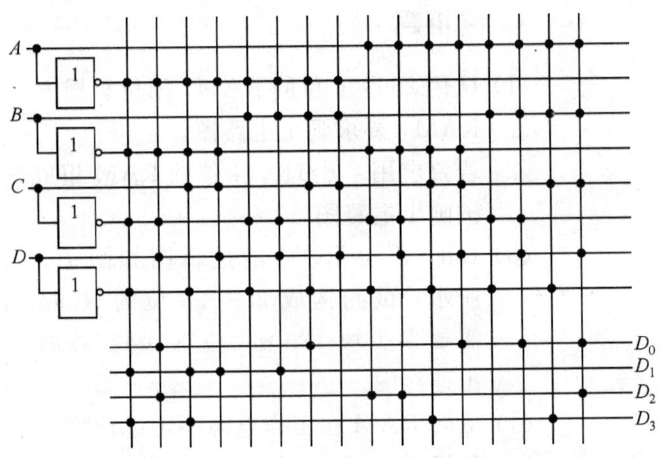

图 7.6 PROM 实现的组合逻辑函数

(16) MCM6264 是 MOTOROLA 公司生产的 8K×8 位 SRAM，该芯片采用 28 脚塑料双列直插式封装，单电源 +5V 供电。图 7.7 给出了该芯片的管脚排列图和逻辑功能表，图中 A_0 ~A_{12} 为地址输入，DQ_0~DQ_7 为数据输入/输出，W 为写允许，E_1、E_2 为片选，NC 为空引脚。试用 MCM6264 SRAM 芯片设计一个 16K×16 位的存储器系统，画出其逻辑图。

(17) 16×4 位 EPROM 有四个地址输入端和四个数据输出端，可以实现四输入变量、四输出变量的逻辑函数，画出阵列图。

$$Y_1 = ABC + \overline{A}(B+C)$$

$$Y_2 = A\overline{B} + \overline{A}B$$

$$Y_3 = \overline{(A+B)(\overline{A}+\overline{C})}$$

$$Y_4 = ABC + \overline{ABC}$$

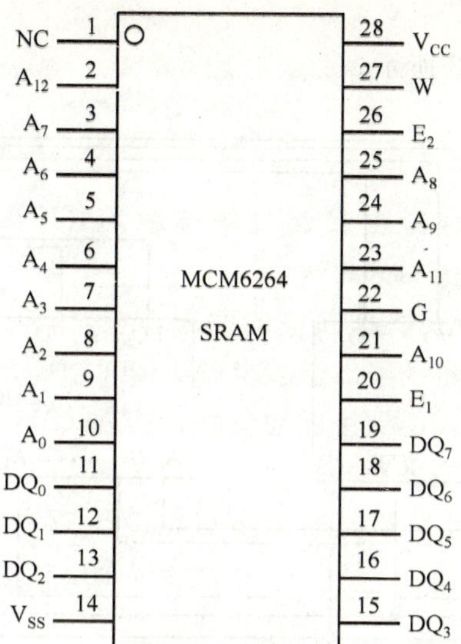

(a) 引脚图

E	*E*	*G*	*W*	方式	I/O	周期
H	×	×	×	无选择	高阻态	—
×	*L*	×	×	无选择	高阻态	—
L	*H*	*H*	*H*	输出禁止	高阻态	—
L	*H*	*L*	*H*	读	D_O	读
L	*H*	×	*L*	写	D_I	写

(b) 逻辑功能表

图 7.7 MCM6264 SRAM 的引脚图和逻辑功能表

(18) 指出下列存储系统各具有多少个存储单元，至少需要几条地址线和数据线。

①64K×1 ②256K×4 ③1M×1 ④128K×8

(19) 设存储器的起始地址全为 0，试指出下列存储系统的最高地址为多少？

①2K×1 ②16K×4 ③256K×32

自测题答案

1. (1) 64K，14，4
   (2) 二进制，数据不易丢失
   (3) 13，8
   (4) 存储容量大，功耗低，控制电路复杂
   (5) 256×4
   (6) 地址译码器，存储矩阵，读写电路
   (7) 8KB
   (8) 地址译码器，存储矩阵，输出控制电路
   (9) 定时刷新
   (10) 字长
   (11) 字译码，矩阵译码
   (12) 8
2. (1) A (2) B (3) B (4) B (5) B (6) D (7) B (8) D

(9) B

3. (1) 电路如图 7.8 所示。

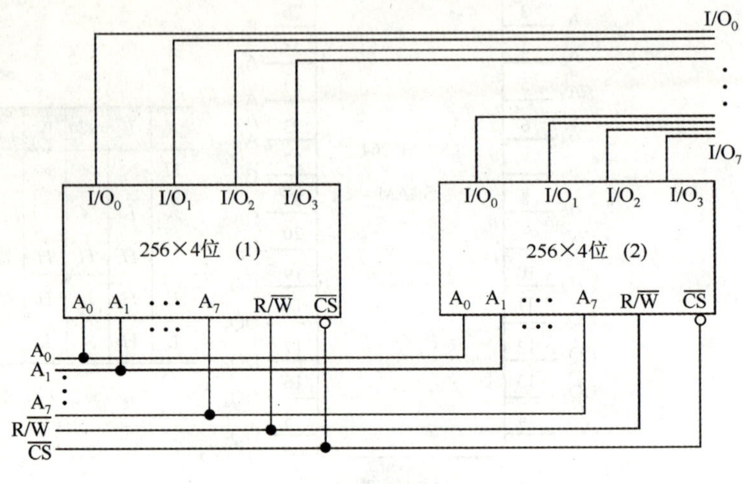

图 7.8 电路

(2) 电路如图 7.9 所示。

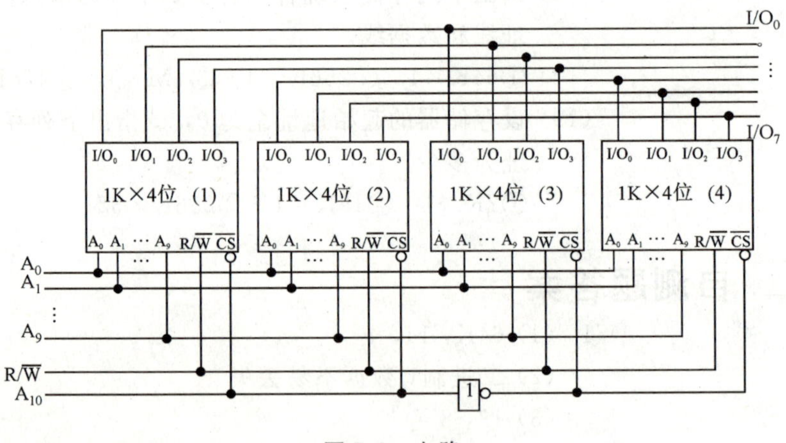

图 7.9 电路

(3) 构成 256×8 位的 ROM 需要 4 块 128×4 位 ROM，电路如图 7.10 所示。

(4) 可进行读、写、存储三种操作，数据在掉电后丢失。

(5) ROM 与 RAM 最明显的不同之处是 ROM 掉电后仍保持数据，而 RAM 掉电后丢失数据。ROM 阵列可由与阵列和或阵列组成。

(6) 动态 RAM 利用寄生电容存储数据，静态 RAM 不利用寄生电容存储数据。动态 RAM 存储阵列的外围电路每隔一定时间给 RAM 的刷新是给存储数据的寄生电容补充

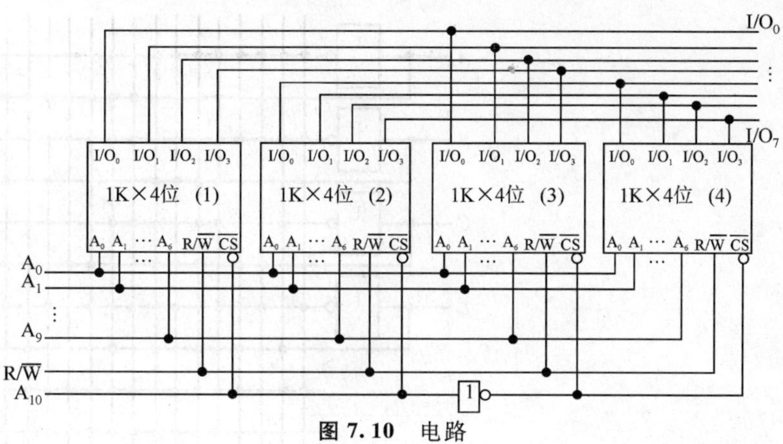

图 7.10　电路

电荷。

(7) 固定 ROM 不能由用户改写数据；PROM 可由用户改写一次数据；EPROM 可由用户改写数据达 20 次左右，但在改写数据之前要利用专用的紫外线擦除器对该芯片进行擦除，PROM、EPROM 写入数据时要使用专用的编程器；E^2PROM在一般的工作电源及工作环境下就可以进行数据的改写。

(8) 因为字节是由 8 位的二进制代码组成的，所以该芯片有 8 根数据线，12 根地址线。

(9) 有 PROM、PAL、PLA 三种类型。

(10) 10　8　8K

(11) 多输出的逻辑函数式可变换为

$$\begin{cases} F_1 = \sum m(0, 1, 3, 4, 5, 8, 9, 11, 12, 13, 15) \\ F_2 = \sum m(4, 5, 6, 7, 8, 9, 10, 11, 15) \end{cases}$$

实现的阵列图如图 7.11 所示。

(12) 列出 4 位二进制码转换为格雷码的真值表，如表 7.2 所示。其中 A_0、A_1、A_2、A_3 为输入变量，Y_0、Y_1、Y_2、Y_3 为输出变量。由真值表写出最小项表达式：

$$\begin{cases} Y_3 = \sum m(8, 9, 10, 11, 12, 13, 14, 15) \\ Y_2 = \sum m(4, 5, 6, 7, 8, 9, 10, 11) \\ Y_1 = \sum m(2, 3, 4, 5, 10, 11, 12, 13) \\ Y_0 = \sum m(1, 2, 5, 6, 9, 10, 13, 14) \end{cases}$$

根据最小项表达式，得出存储电路的阵列结构如图 7.12 所示。

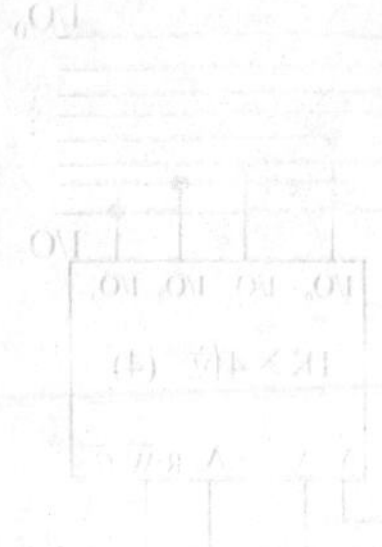

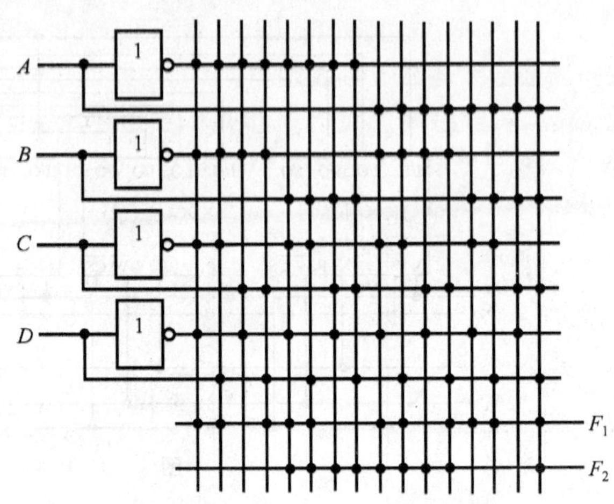

图 7.11 实现的阵列图

表 7.2 4位二进制码转换为格雷码的真值表

二进制码				格雷码				二进制码				格雷码			
A_3	A_2	A_1	A_0	Y_3	Y_2	Y_1	Y_0	A_3	A_2	A_1	A_0	Y_3	Y_2	Y_1	Y_0
0	0	0	0	0	0	0	0	1	0	0	0	1	1	0	0
0	0	0	1	0	0	0	1	1	0	0	1	1	1	0	1
0	0	1	0	0	0	1	1	1	0	1	0	1	1	1	1
0	0	1	1	0	0	1	0	1	0	1	1	1	1	1	0
0	1	0	0	0	1	1	0	1	1	0	0	1	0	1	0
0	1	0	1	0	1	1	1	1	1	0	1	1	0	1	1
0	1	1	0	0	1	0	1	1	1	1	0	1	0	0	1
0	1	1	1	0	1	0	0	1	1	1	1	1	0	0	0

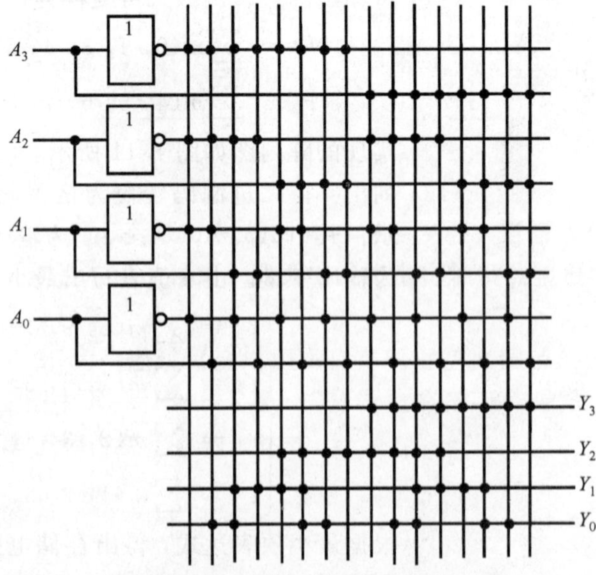

图 7.12 存储电路的阵列结构

(13) 多输出的逻辑函数式可变换为

$$\begin{cases} F_1 = AB = m_3 \\ F_2 = A + B = \sum m(1, 2, 3) \\ F_3 = A \oplus B = \sum m(1, 2) \\ F_4 = \overline{A \oplus B} = \sum m(0, 3) \end{cases}$$

实现该多输出函数的阵列图如图 7.13 所示。

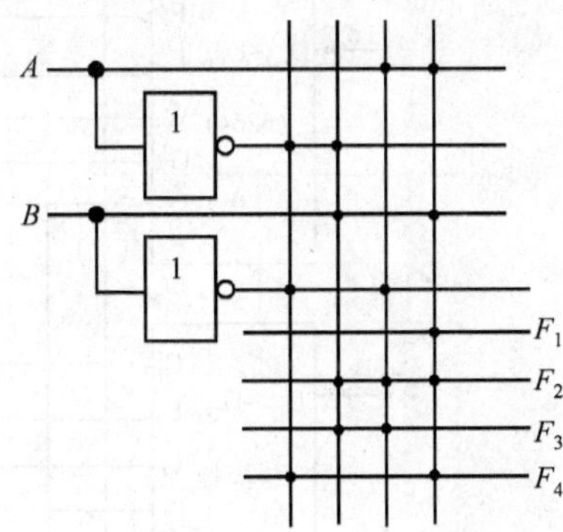

图 7.13 阵列图

(14) 由于序列信号的长度为 5，所以先设计为五进制计数器；采用容量为 8×1 的 ROM 中存储器的数据为 10110。其逻辑图如图 7.14 所示。

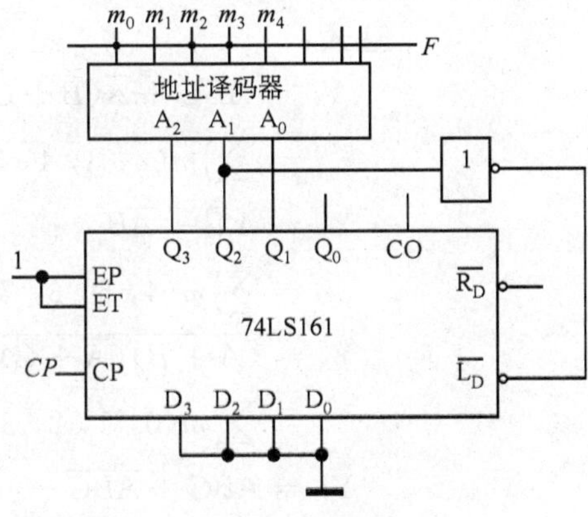

图 7.14 逻辑图

(15) 由图 7.6 所示的电路可得输出函数的表达式为

$$\begin{cases} D_0=\overline{A}\,\overline{B}\,\overline{C}D+\overline{A}BC\,\overline{D}+A\,\overline{B}CD+AB\,\overline{C}D+ABCD \\ D_1=\overline{A}\,\overline{B}\,\overline{C}\,\overline{D}+\overline{A}\,\overline{B}C\,\overline{D}+\overline{A}\,\overline{B}CD+\overline{A}B\,\overline{C}D \\ D_2=\overline{A}\,\overline{B}\,\overline{C}D+A\,\overline{B}\,\overline{C}\,\overline{D}+A\,\overline{B}\,\overline{C}D+ABCD \\ D_3=\overline{A}\,\overline{B}\,\overline{C}\,\overline{D}+\overline{A}\,\overline{B}C\,\overline{D}+A\,\overline{B}C\,\overline{D}+ABC\,\overline{D} \end{cases}$$

(16) 其逻辑图如图 7.15 所示。

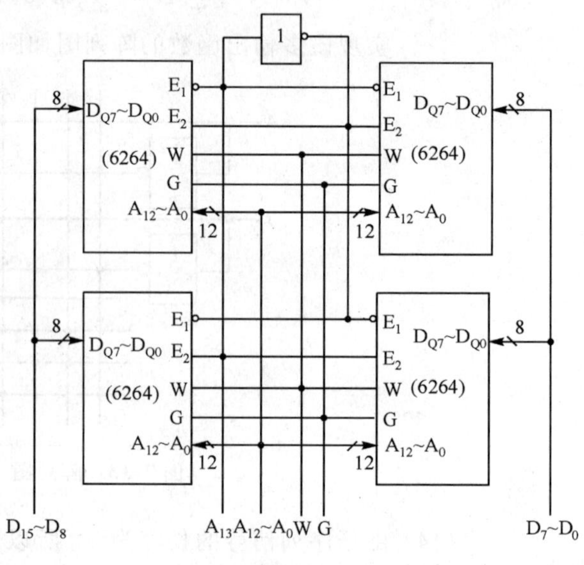

图 7.15

(17) ①将逻辑函数展开为 $ABCD$ 四变量逻辑函数的最小项表达式：

$$\begin{aligned} Y_1 &= ABC+\overline{A}(B+C) \\ &= \sum m(2,3,4,5,6,7,14,15) \\ Y_2 &= A\overline{B}+\overline{A}B \\ &= \sum m(4,5,6,7,8,9,10,11) \\ Y_3 &= \overline{(A+B)(\overline{A}+\overline{C})} \\ &= \sum m(0,1,2,3,10,11,14,15) \\ Y_4 &= ABC+\overline{ABC} \\ &= \sum m(0,1,2,3,4,5,6,7,8,9,10,11, \\ &\quad 12,13,14,15) \end{aligned}$$

②画出存储矩阵的连线图：$ABCD$ 四输入变量由 EPROM 的地址端输入，Y_1Y_2 Y_3Y_4 四输出变量由 EPROM 的数据输出端引出。EPROM 的与门阵列是固定的，或门阵列是可编程的，根据以上各式对或门

阵列编程：表达式中包含的最小项，在或门阵列相应的位置上画点，否则不画。具体连线如图 7.16 所示，此电路即可实现本题要求的逻辑函数。

(18) ① $2^{16}\times1$ 个存储单元，至少需要 16 条地址线和 1 条数据线。

② $2^{18}\times4$ 个存储单元，至少需要 18 条地址线和 4 条数据线。

③ $2^{20}\times1$ 个存储单元，至少需要 20 条地址线和 1 条数据线。

④ $2^{17}\times8$ 个存储单元，至少需要 17 条地址线和 8 条数据线。

(19) ①$(7FF)_H$ ②$(3FFF)_H$ ③$(3FFFF)_H$

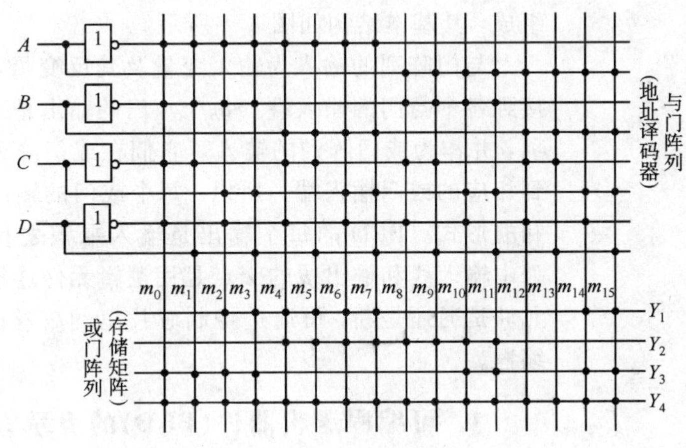

图 7.16 连线图

第8章 可编程逻辑器件

本章要点

PLD

可编程逻辑器件(PLD: Programmable Logic Device)是由用户编程确定逻辑功能的器件。PLD器件由与门阵列和或门阵列组成,其基本结构如图8.1所示。

与门阵列的输入为输入变量及其反变量,它们被有选择地连接到各个与门的输入端。每个与门的输出是某些输入变量的乘积项,并作为或门阵列的输入。它们在或门阵列中被有选择地连接到相应的或门输入端。所以,每个或门的输出是输入变量的乘积和的形式。PLD的每个输出是输入乘积之和(即或)的函数。阵列中输入线和输出线的交点是用逻辑元件连接起来的。这些逻辑元件是通还是断,可通过烧制芯片里的熔丝决定,这一过程称为编程。

编程

1. 可编程逻辑器件(PLD)的表示方法

PLD门阵列交叉点上的连线方式有三种情况:

① 硬线连接:是固定连接,不可以编程改变。

② 可编程"接通"单元:可通过用户编程来实现"接通"连接。

③ 可编程"断开"单元:用户可编程实现断开状态,又称为被编程断开擦除单元。

以上三种单元的图形符号如图8.2所示。

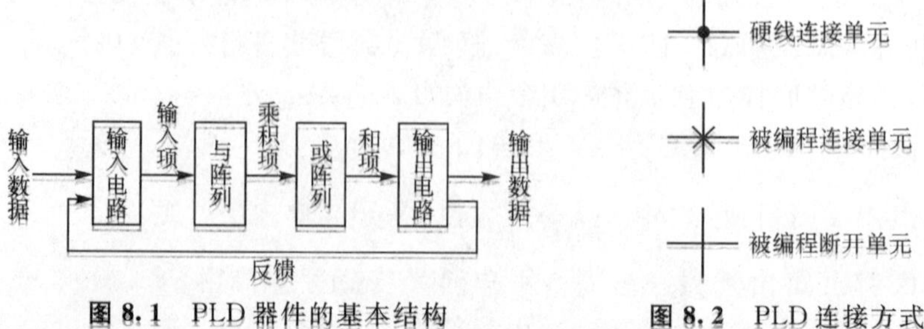

图8.1 PLD器件的基本结构

图8.2 PLD连接方式

基本门电路的 PLD 表示法如图 8.3 所示。

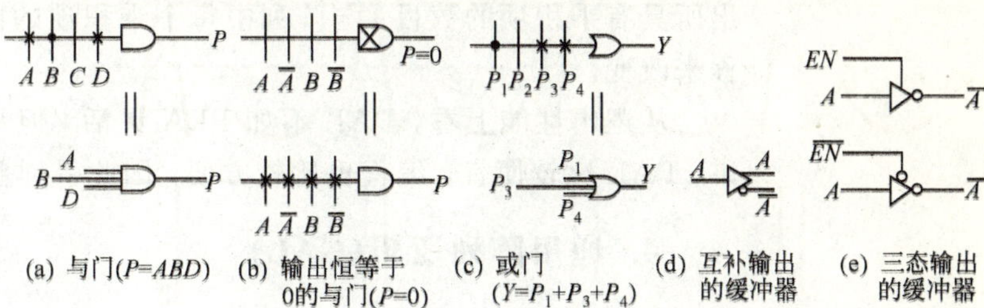

图 8.3 PLD 电路中门电路的图形符号

2. 可编程逻辑阵列(PLA)

PLA

译码矩阵和存储矩阵均可编程的电路称为可编程逻辑阵列(PLA:Programmable Logic Array)，PLA 的基本结构如图 8.4 所示。

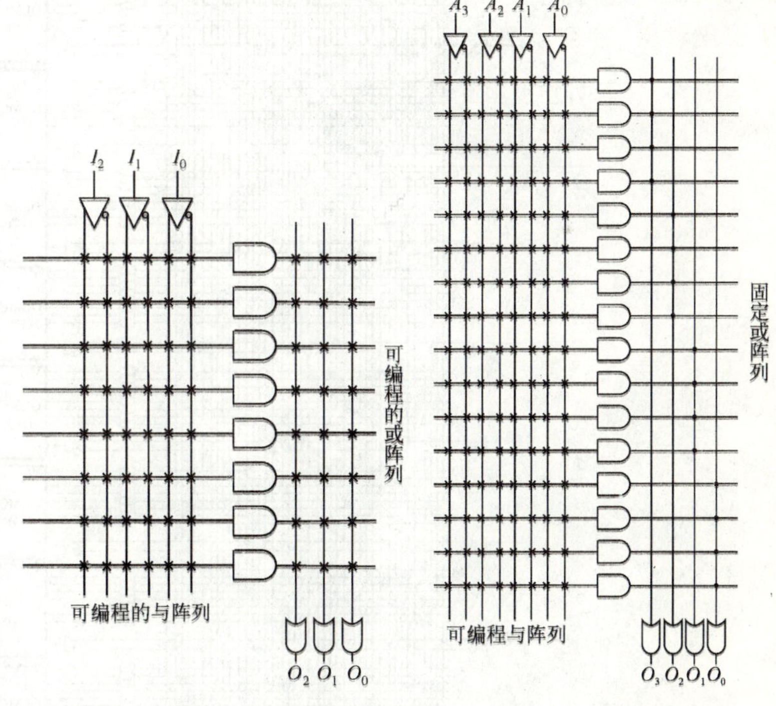

图 8.4 PLA 的基本结构　　**图 8.5** PAL 基本结构

3. 可编程阵列逻辑(PAL)

PAL

与 PLA 不同的是，PAL(Programmable Array Logic)只有与阵列是可编程的，而或阵列是固定的(不可编程)，其基本结构如

图 8.5 所示。使用时逻辑函数乘积项的数目不能超过器件每个输出所具有乘积项的数目；与阵列中每个乘积项的内容可以通过编程来改变。

从逻辑性能上看，PAL 不如 PLA 灵活，但从成本和使用来讲，PAL 比较便宜，编程也比较方便，因此得到普遍使用。

4. 通用阵列逻辑(GAL)

GAL GAL(Generic Array Logic)的基本结构与 PAL 相同，由可编程的与阵列和固定(不可编程)的或阵列组成。它与 PAL 的区别仅在于输出部分的结构不同，GAL 器件每个输出端都有一个可

OLMC 编程的输出逻辑宏单元(OLMC)。GAL16V8 的逻辑图如图 8.6 所示。

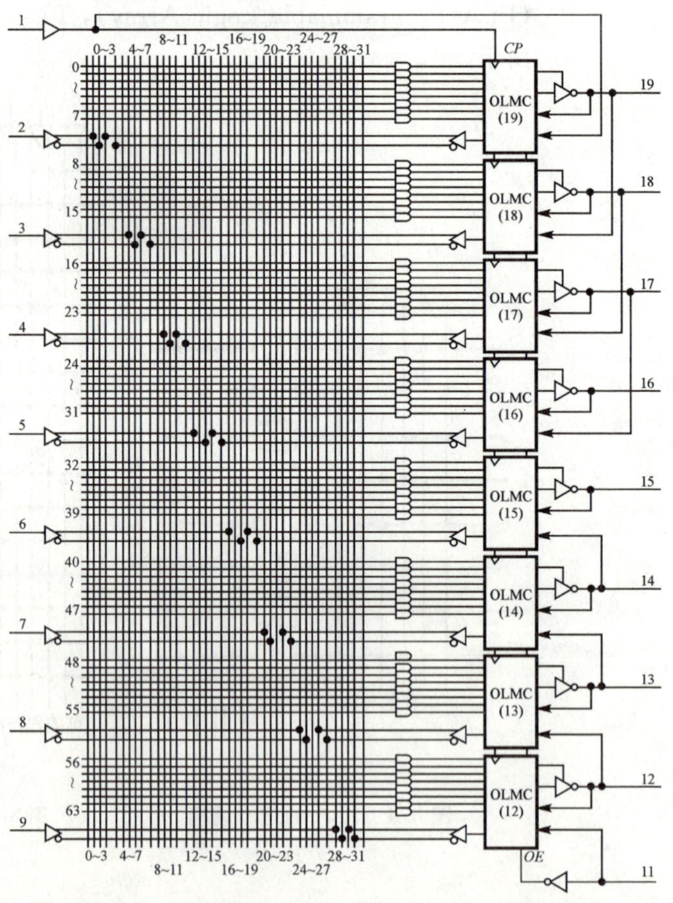

图 8.6 GAL16V8 的逻辑图

输出宏单元(OLMC)的结构如图 8.7 所示。每个 OLMC 单元的实际工作组态是由开发软件及编程来完成的。用户使用 GAL 除要熟悉组合逻辑电路设计、时序电路设计外，还需要某种 PLD 软件开发语言。

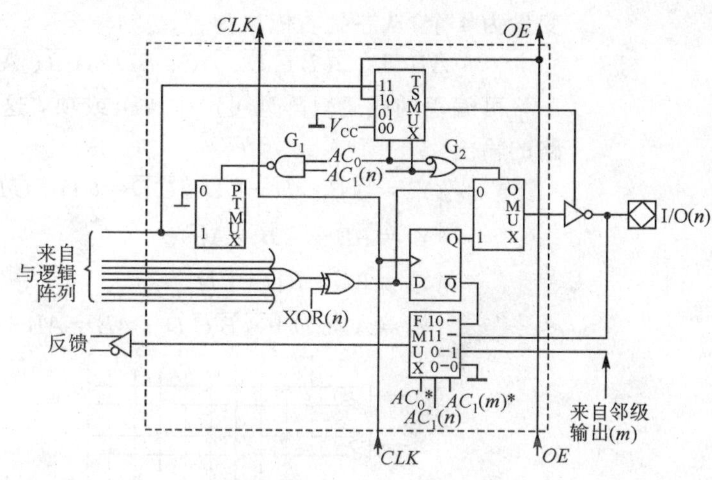

图 8.7 OLMC 的结构框图

GAL 器件具有可擦除、可重新编程与可重新结合结构组态，从而大大地提高了逻辑电路设计的灵活性。

典型例题解析

例 8.1 可编程逻辑器件的分类。

FPLA、PAL
GAL、EPLD
CPLD、FPGA

解 可编程逻辑器件按其集成密度和结构特点可分为低密度和高密度可编程逻辑器件。其中，低密度可编程逻辑器件又分为 FPLA(现场可编程逻辑阵列)、PAL(可编程阵列逻辑)和 GAL(通用阵列逻辑)等；高密度可编程逻辑器件可分为 EPLD(可擦除的可编程逻辑器件)、CPLD(复杂的可编程逻辑器件)和 FPGA(现场可编程门阵列)。GAL 由与门阵列、输出逻辑宏单元(OLMC)、输入/输出缓冲器等部分组成，通过编程可将 OLMC 设置成不同的输出方式。CPLD 为阵列型 HDPLD，其内部一般包含三种结构：可编程逻辑宏单元、可编程输入输出单元和可编程连线阵列。FPGA 通常由三种可编程单元和存放编程数据的 SRAM 组成。

例 8.2 试分析图 8.8 所示电路，写出输出组合逻辑函数的表达式。

解　该图为可编程逻辑阵列 FPLA，它由可编程的与阵列、可编程的或阵列和输出缓冲器组成。其中可编程与逻辑阵列产生的8个乘积项(该电路最多可以产生8个乘积项，即与项，若要增加乘积项，则必须增加与门的个数，最多可增加到16个，因为输入变量为4个)从左到右依次为：

$$ABCD、\overline{A}\,\overline{B}\,\overline{C}\,\overline{D}、AC、BD、A\overline{B}、\overline{A}B、CD、\overline{C}\,\overline{D}$$

可编程的或逻辑阵列可产生4个或项，这4个或项即为该电路的输出：

$$\begin{cases} Y_0=\overline{A}\,\overline{B}\,\overline{C}\,\overline{D}+CD+\overline{C}\,\overline{D}=CD+\overline{C}\,\overline{D} \\ Y_1=\overline{A}B+A\overline{B}=A\oplus B \\ Y_2=AC+BD+CD \\ Y_3=ABCD+\overline{A}\,\overline{B}\,\overline{C}\,\overline{D}+\overline{A}B=\overline{A}B+BCD+\overline{A}\,\overline{C}\,\overline{D} \end{cases}$$

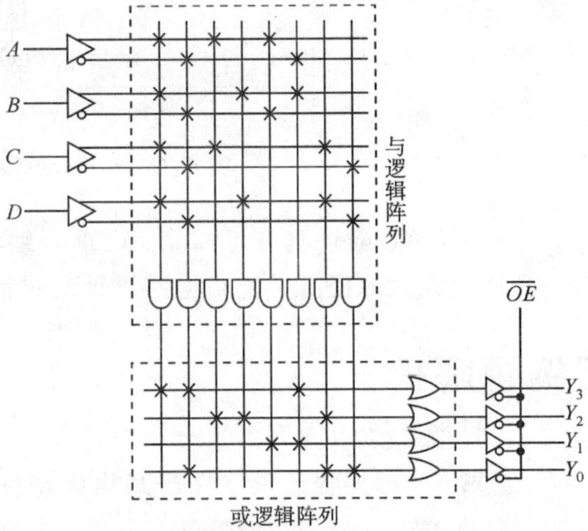

图 8.8　例 8.2 图

例 8.3　试用 PLA 阵列设计格雷码十进制和七段显示译码器，设七段字符如图 8.9 所示。

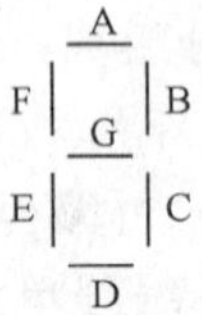

图 8.9　七段字符

解　该题包含组合逻辑电路和时序逻辑电路的设计。其中，组合逻辑电路的设计要求列写真值表和逻辑函数式；时序逻辑电路部分要求确定触发器的个数及类型，列写状态转换表，求出状态方程和驱动方程。具体步骤如下：

(1) 先确定所需触发器的个数及类型。因为格雷码有4位数码，所以选择触发器的个数为4个，并选用D触发器。

(2) 列写状态转换表见表 8.1。

(3) 写出4个D触发器的状态方程和驱动方程。由表8.1可得4个触发器的次态卡诺图，如图8.10所示。

表 8.1 状态转换表

N	Q_3	Q_2	Q_1	Q_0	Q_3^{n+1}	Q_2^{n+1}	Q_1^{n+1}	Q_0^{n+1}	D_3	D_2	D_1	D_0
0	0	0	0	0	0	0	0	1	0	0	0	1
1	0	0	0	1	0	0	1	1	0	0	1	1
2	0	0	1	1	0	0	1	0	0	0	1	0
3	0	0	1	0	0	1	1	0	0	1	1	0
4	0	1	1	0	0	1	1	1	0	1	1	1
5	0	1	1	1	0	1	0	1	0	1	0	1
6	0	1	0	1	0	1	0	0	0	1	0	0
7	0	1	0	0	1	1	0	0	1	1	0	0
8	1	1	0	0	1	0	0	0	1	0	0	0
9	1	0	0	0	0	0	0	0	0	0	0	0

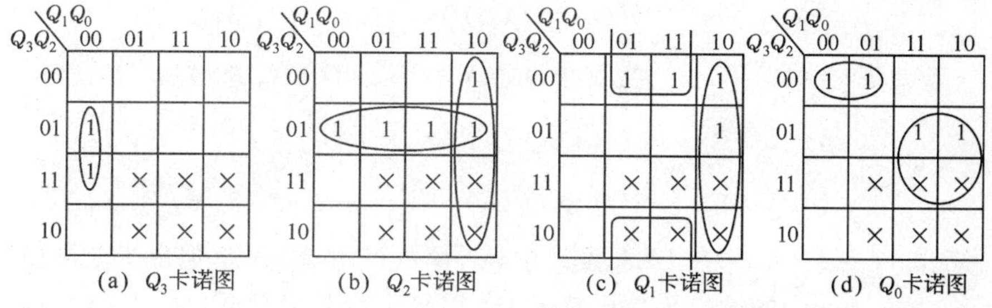

(a) Q_3卡诺图　(b) Q_2卡诺图　(c) Q_1卡诺图　(d) Q_0卡诺图

图 8.10 卡诺图

经过化简，可得4个D触发器的状态方程为

$$Q_3^{n+1}=Q_2\overline{Q}_1\overline{Q}_0$$

$$Q_2^{n+1}=\overline{Q}_3Q_2+Q_1+\overline{Q}_0$$

$$Q_1^{n+1}=Q_1\overline{Q}_0+\overline{Q}_2Q_0$$

$$Q_0^{n+1}=Q_2Q_1+\overline{Q}_3\overline{Q}_2\overline{Q}_1$$

则驱动方程为

$$D_3=Q_2\overline{Q}_1\overline{Q}_0$$

$$D_2=\overline{Q}_3Q_2+Q_1\overline{Q}_0$$

$$D_1=Q_1\overline{Q}_0+\overline{Q}_2Q_0$$

$$D_0=Q_2Q_1+\overline{Q}_3\overline{Q}_2\overline{Q}_1$$

(4) 七段显示译码器的逻辑函数真值表如表8.2所示。

表 8.2 七段显示译码器的逻辑函数真值表

N	Q_3	Q_2	Q_1	Q_0	A	B	C	D	E	F	G
0	0	0	0	0	1	1	1	1	1	1	0
1	0	0	0	1	0	1	1	0	0	0	0
2	0	0	1	1	1	1	0	1	1	0	1
3	0	0	1	0	1	1	1	1	0	0	1
4	0	1	1	0	0	1	1	0	0	1	1

续表 8.2

N	Q_3	Q_2	Q_1	Q_0	A	B	C	D	E	F	G
5	0	1	1	1	1	0	1	1	0	1	1
6	0	1	0	1	0	0	1	1	1	1	1
7	0	1	0	0	1	1	1	0	0	0	0
8	1	1	0	0	1	1	1	1	1	1	1
9	1	0	0	0	1	1	1	0	0	1	1

由真值表可得七段显示译码器的输出函数表达式为

$$A(Q_3Q_2Q_1Q_0) = \sum m(0, 2, 3, 4, 7, 8, 12)$$

$$B(Q_3Q_2Q_1Q_0) = \sum m(0, 1, 2, 3, 4, 6, 8, 12)$$

$$C(Q_3Q_2Q_1Q_0) = \sum m(0, 1, 2, 4, 5, 6, 7, 8, 12)$$

$$D(Q_3Q_2Q_1Q_0) = \sum m(0, 2, 3, 5, 7, 12)$$

$$E(Q_3Q_2Q_1Q_0) = \sum m(0, 3, 5, 12)$$

$$F(Q_3Q_2Q_1Q_0) = \sum m(0, 5, 6, 7, 8, 12)$$

$$G(Q_3Q_2Q_1Q_0) = \sum m(2, 3, 5, 6, 7, 8, 12)$$

在 PLA 设计中，对函数可用最简式，但由于七段显示译码器的输出函数比较多，若用每个函数最简式，所含的不同与项比较多，这将使有关与门阵列复杂，而采用每个函数的最小项标准式，与项也只有 10 个，所以对于输出函数不用简化。如上式所示，采用最小项表达式表示。

(5) 根据触发器的驱动方程和 $A \sim G$ 真值表，可画出 PLA 阵列如图 8.11 所示。

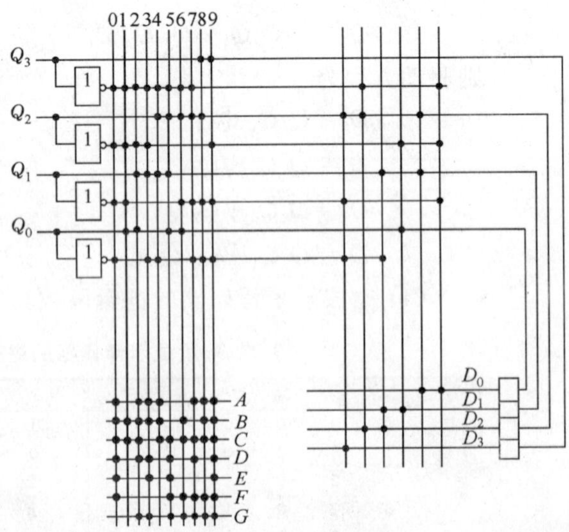

图 8.11 PLA 阵列

例 8.4 试分析图 8.12 所示的逻辑电路，写出输出逻辑函数的表达式。

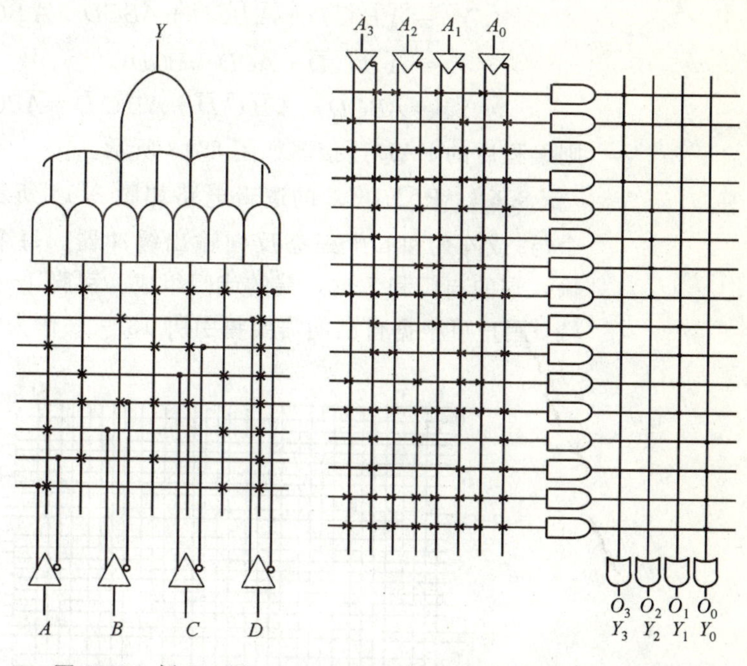

图 8.12 例 8.3 图　　**图 8.13** 编程后的 PAL 的连接结构

解 图中，与阵列中的“×”表示相连接，进行线与。各与门输出从上到下依次为

$$AB\overline{C}\,\overline{D}、\overline{A}\,\overline{B}\,C\,\overline{D}、\overline{B}D、\overline{A}\,\overline{B}\,\overline{C}\,\overline{D}、\overline{B}\,\overline{C}\,\overline{D}、ABCD$$

$$A\overline{A}B\overline{B}C\overline{C}D\overline{D}$$

最后输出为 $Y=AB\overline{C}\,\overline{D}+\overline{A}\,\overline{B}\,C\,\overline{D}+\overline{B}D+\overline{A}\,\overline{B}\,\overline{C}\,\overline{D}+\overline{B}\,\overline{C}\,\overline{D}$
$+ABCD+A\overline{A}B\overline{B}C\overline{C}D\overline{D}=\overline{A}\,\overline{B}+\overline{B}\,\overline{C}+ACD$

例 8.5 试用可编程阵列逻辑器件 PAL 实现下列逻辑函数：

$$Y_1=\sum m(0,2,4),$$

$$Y_2=\sum m(3,4,7,9),$$

$$Y_3=\sum m(0,3,7,11),$$

$$Y_4=\sum m(7,8,12)$$

解 可编程阵列逻辑器件 PAL 的基本结构如图 8.5 所示，它包括可编程与门阵列和固定连接的或门阵列，可编程与门阵列一般采用熔丝编程技术实现。

待实现的逻辑函数可变换成如下形式：

$$Y_1=\overline{A}\,\overline{B}\,\overline{C}\,\overline{D}+\overline{A}\,\overline{B}C\,\overline{D}+\overline{A}B\,\overline{C}\,\overline{D}=\overline{A}\,\overline{B}\,\overline{D}+\overline{A}\,\overline{C}\,\overline{D}$$

$$
\begin{aligned}
Y_2 &= \overline{A}\,\overline{B}CD + \overline{A}B\,\overline{C}\,\overline{D} + \overline{A}BCD + A\,\overline{B}\,\overline{C}D \\
&= \overline{A}CD + \overline{A}B\,\overline{C}\,\overline{D} + A\,\overline{B}\,\overline{C}D \\
Y_3 &= \overline{A}\,\overline{B}\,\overline{C}\,\overline{D} + \overline{A}\,\overline{B}CD + \overline{A}BCD + A\,\overline{B}CD \\
&= \overline{A}\,\overline{B}\,\overline{C}\,\overline{D} + \overline{A}CD + \overline{B}CD \\
Y_4 &= \overline{A}BCD + A\,\overline{B}\,\overline{C}\,\overline{D} + AB\,\overline{C}\,\overline{D} = \overline{A}BCD + A\,\overline{C}\,\overline{D}
\end{aligned}
$$

则编程后的 PAL 连接图如图 8.13 所示。

例 8.6 PAL16L8 的逻辑电路如图 8.14 所示，其内部包括 8 个与-或阵列和 8 个三态反向输出缓冲器。每个与-或阵列由 32 输入端的与门和 7 输入端的或门组成。引脚 1～9 和 11 作为输入端，用户可根据自己的需要将引脚 13～18 作为输入端或输出端。

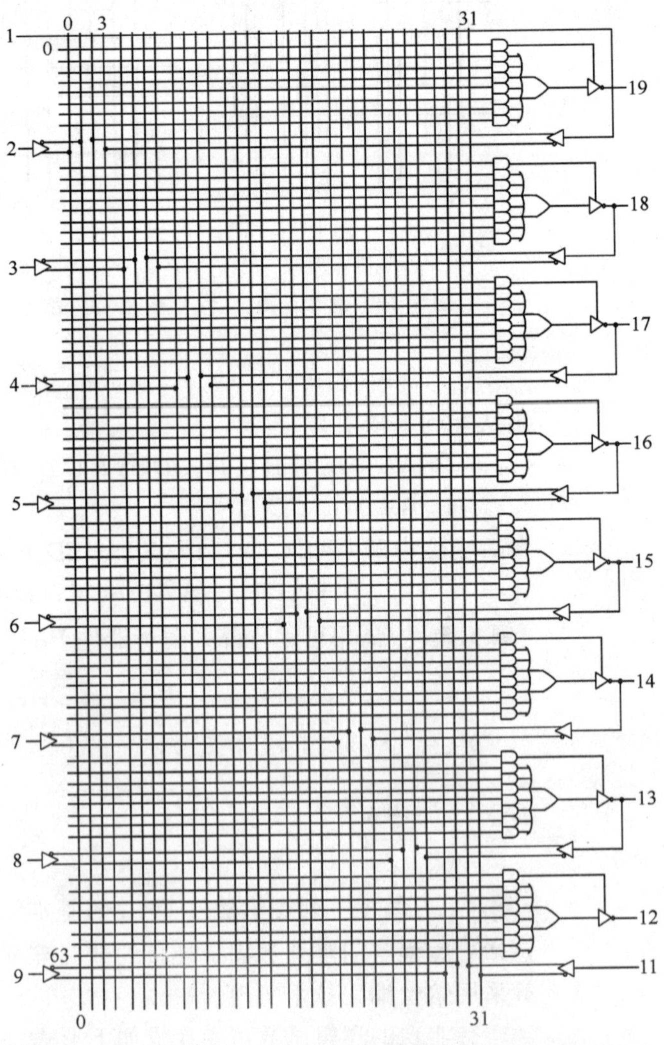

图 8.14 PAL16L8 的逻辑电路

如当引脚 16 的三态反向输出缓冲器的输出呈高阻态时，引脚 16 可以用作输入端。否则，它将用作输出端，且低电平有效。引脚 12 和 9 只能用作输出端。

设输入变量为 A、B、C、D、E、F、G、H、I，用图 8.14 所示的 PAL16L8 实现逻辑函数 X、Y、Z 的表达式分别为

$$X=\overline{A}B+\overline{B}C+\overline{C}D$$

$$Y=ABG+\overline{H}I+E\,\overline{F}GI$$

$$Z=B\,\overline{C}D\,\overline{E}+FG+\overline{B}C\,\overline{D}\,\overline{F}$$

试画出编程后的逻辑电路。

解 根据 PAL16L8 的结构原理可得，编程后的逻辑电路如图 8.15 所示。

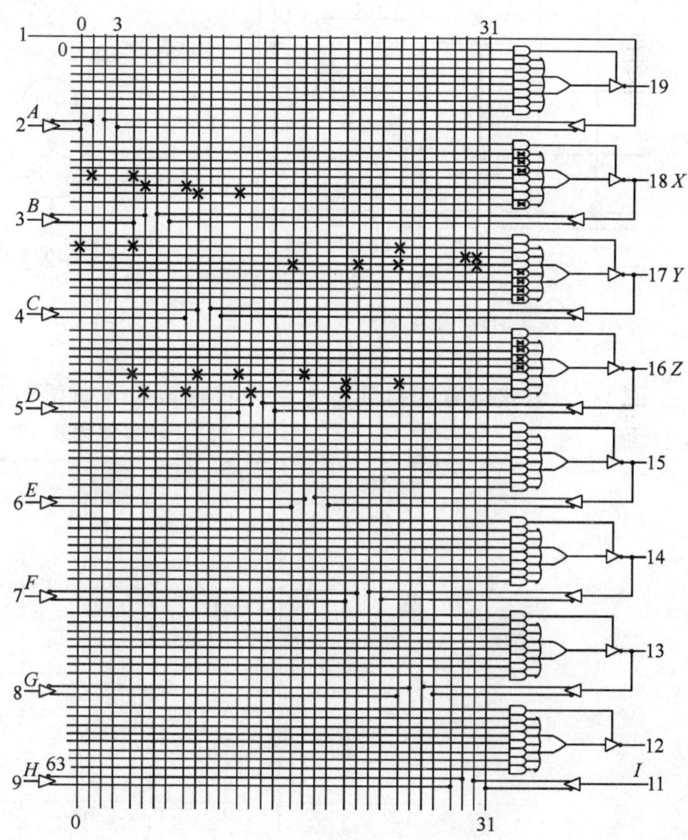

图 8.15 编程后的逻辑电路

例 8.7 分析图 8.16 所示时序 PLA 的阵列图，说明该电路的功能。

解 由图 8.16 可知，该电路是一个由 3D 触发器作为存储元件的同步时序逻辑电路。

该电路的驱动方程为

$$D_2 = AB + BC$$

$$D_1 = \overline{A}C + BC$$

$$D_0 = \overline{A}\,\overline{B} + \overline{A}C$$

将驱动方程代入 D 触发器的特征方程得到其状态方程为

$$A^{n+1} = AB + BC,$$

$$B^{n+1} = \overline{A}C + BC,$$

$$C^{n+1} = \overline{A}\,\overline{B} + \overline{A}C$$

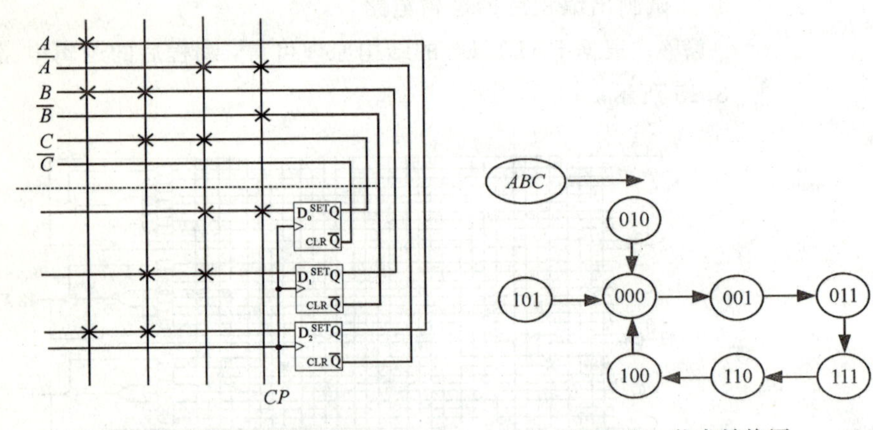

图 8.16 时序 PLA 的阵列图

图 8.17 状态转换图

由状态方程得到该电路的状态转换表如表 8.3 所示。

表 8.3 状态转换表

现 态			次 态		
A	B	C	A^{n+1}	B^{n+1}	C^{n+1}
0	0	0	0	0	1
0	0	1	0	1	1
0	1	0	0	0	0
0	1	1	1	1	1
1	0	0	0	0	0
1	0	1	0	0	0
1	1	0	1	0	0
1	1	1	1	1	0

由状态转换表可得，该电路的状态转换图如图 8.17 所示。由状态转换图可知，该电路是一个具有自启动能力的同步六进制计数器。

例 8.8 描述一个 2 位计数器的简单 ABEL-HDL 模块。

解

```
MODULE   counter
TITLE  'Two Bits Counter clock';
     DECLARAATIONS
       "Input
       clock PIN;
       "Output
       q0, q1 PIN ISTYPE 'reg';
EQUATIONS
       q0.clk=clock;
       q1.clk=clock;
       q0:=!   Q0
       q1:=!   q1  &  q0  #  q1  &  !  q0;
END  COUNTER
```

该名为 counter 的 2 位计数器有一个输入引脚 clock，是计数器的时钟；它有两个输出引脚，q0 是 clock 的二分频，q1 是 clock 的四分频。经过编译、连接、器件适配、下载后，能在可编程器件中实现两位计数器的功能。

自 测 题

1. 填空题

(1) FPGA 是指________，它是一种________密度的可编程逻辑器件。

(2) PLA 是指________，它是把 ROM 中的________改为________的一种可编程逻辑器件。

(3) 可编程逻辑器件的英文缩写字母是________，它是泛指一类________，即由________编程使用的逻辑器件。

(4) GAL 器件的主要特点是________、________、________、________、________。

(5) ROM 和 PLA 在结构上的区别，主要是 ROM 的与阵列________编程，而 PLA 的与阵列________编程。

(6) PLD 的基本结构通常采用点阵表示。一般在线段的交叉处加________表示固定连接，加________表示可编程连接。

(7) 常用的 PLD 有________、________、________、________ 4 种主要类型。

(8) PLA 的规格一般用 3 个数的乘积表示。如：$A\times B\times C$，其中 A 表示________的个数，B 表示________的个数，C 表示

________的个数。

(9) PLA的译码矩阵不是________的，与阵列和或阵列都可以根据需要________。

(10) 通用逻辑阵列GAL按门阵列的可编程程度可以分为________和________两类。

2. 应用题

(1) PLD器件的基本结构有哪三种类型？

(2) PLD的PROM结构、PAL结构、PLA结构有何区别？

(3) PLA结构如图8.18所示，试写出函数X、Y、Z的逻辑表达式。

(4) 试用PAL16L8实现4位二进制码到格雷码的转换。4位二进制码转换为格雷码的真值表见表8.4所示。

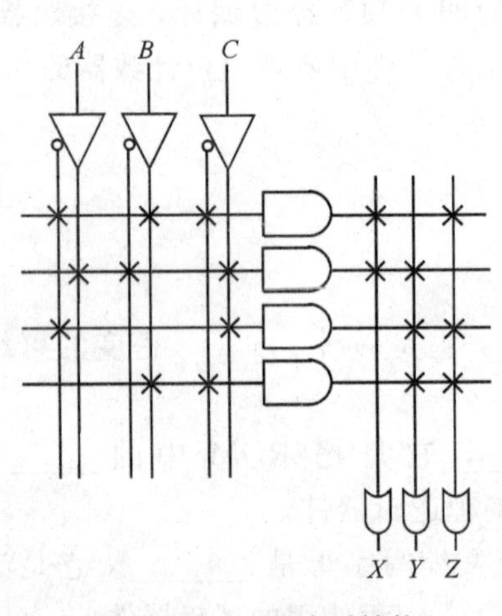

图8.18 PLA阵列结构

表8.4 4位二进制码转换为格雷码的真值表

二进制码				格雷码			
B_3	B_2	B_1	B_0	G_3	G_2	G_1	G_0
0	0	0	0	0	0	0	0
0	0	0	1	0	0	0	1
0	0	1	0	0	0	1	1
0	0	1	1	0	0	1	0
0	1	0	0	0	1	1	0
0	1	0	1	0	1	1	1
0	1	1	0	0	1	0	1
0	1	1	1	0	1	0	0
1	0	0	0	1	1	0	0
1	0	0	1	1	1	0	1
1	0	1	0	1	1	1	1
1	0	1	1	1	1	1	0
1	1	0	0	1	0	1	0
1	1	0	1	1	0	1	1
1	1	1	0	1	0	0	1
1	1	1	1	1	0	0	0

(5) 用PAL实现串行全加器。全加器的真值表如表8.5所示。

(6) 如果用通用逻辑阵列GAL来编程实现，下面的逻辑函数应化简成何种形式？

$$Y=b(a+d)+a(c+d)$$

(7) 某同步时序逻辑电路有一个输入X和一个输出Z，其状态如表8.6所示。试用PLA和T触发器实现该电路的功能。

表 8.5　全加器的真值表

输入			输出	
A	B	C_{i-1}	S	C_i
0	0	0	0	0
0	0	1	1	0
0	1	0	1	0
0	1	1	0	1
1	0	0	1	0
1	0	1	0	1
1	1	0	0	1
1	1	1	1	1

表 8.6　状态表

现态		次态 $Q_2^{n+1}Q_1^{n+1}/Z$	
Q_2	Q_1	$X=0$	$X=1$
0	0	00/0	01/0
0	1	11/0	01/0
1	0	11/0	01/0
1	1	00/0	00/1

(8) 试用 PLA 和 D 触发器设计一个具有以下逻辑功能的电路，并画出 PLA 阵列图。

①当 $M=0$ 时，$D_4D_3D_2D_1=ABCD$

②当 $M=1$ 时，$D_4=Q_3$、$D_3=Q_2$、$D_2=Q_1$、$D_1=0$ 在 CP 作用下实现左移操作。

(9) 写出由 PLA 组成的如图 8.19 所示电路中的 F_1 和 F_2 的表达式。

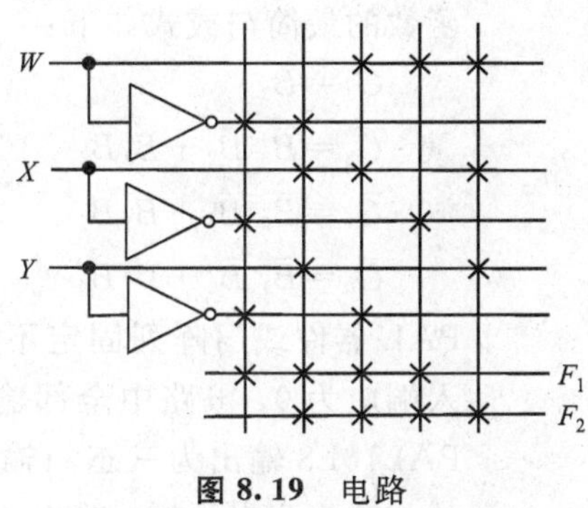

图 8.19　电路

(10) 用 PAL 器件设计一个数字判别电路。要求判别 4 位二进制数 $DCBA$ 的大小属于 0～5、6～10、11～15 三个区间的哪一个之内。

□ 自测题答案

1. (1) 现场可编程门阵列，高

(2) 可编程逻辑阵列，译码器，乘积项发生器

(3) PLD，现场片，用户

(4) 高速电擦工艺制造、具有 CMOS 低功耗特性、速度和 TTL 可编程器件相当、具有速度宏单元 OLMC

(5) 不可，可以

(6) “·”，“×”

(7) PROM，PLA，PAL，GAL

(8) 输入端，乘积项，输出端

(9) 固定，编程

(10) 普通型，新一代

2. (1) PLD 器件的基本结构有 PROM、PAL 和 PLA 三种类型。

(2) PROM 结构是与门阵列固定连接，而或门阵列可编程；PAL 结构是或门阵列固定，而与门阵列可编程；PLA 结构是与门阵列及或门阵列都可以编程。

(3) 根据阵列图可写出逻辑表达式如下：

$$X=\overline{A}B\,\overline{C}+A\,\overline{B}C$$

$$Y=A\,\overline{B}C+\overline{A}C+B\,\overline{C}$$

$$Z=B\,\overline{C}+\overline{A}B\,\overline{C}+\overline{A}C$$

(4) 由于 PAL 的与阵列可编程，所以需要求出输出函数的最简与或式。PAL16L8 输出低电平有效，应求出输出反函数的最简与或式。由表 8.4 利用卡诺图化简，得到输出反函数的最简与或式如下：

$$\overline{G}_3=\overline{B}_3$$

$$\overline{G}_2=\overline{B}_3\,\overline{B}_2+B_3B_2$$

$$\overline{G}_1=\overline{B}_2\,\overline{B}_1+B_2B_1$$

$$\overline{G}_0=\overline{B}_1\,\overline{B}_0+B_1B_0$$

PAL 器件或门阵列固定不能编程，或门阵列无信号的输入端应为 0，电路中全部输入变量的乘积应恒为 0。由于 PAL16L8 输出为三态门输出，故需要输出电路中最上面的与项为高电平时，输出才有效。实现 4 位二进制码与格雷码转换的 PAL 阵列结构如图 8.20 所示。

(5) 由表 8.5 所示的全加器的真值表可知：A、B 为两个由低位向高位串行输入的二进制数，C_{i-1} 为来自低位的进位信号，C_i 为向高位的进位信号，S 为本位和、串行输出。由真值表可求出输出函数的表达式并化简为

$$S=\overline{A}\,\overline{B}C_{i-1}+\overline{A}B\,\overline{C_{i-1}}+A\,\overline{B}\,\overline{C_{i-1}}+ABC_{i-1}$$

$$C_i=AB+BC_{i-1}+AC_{i-1}$$

因 C_i 是向高一位的进位信号，需要等到高一位数来到后，才和它们相加，C_i 要通过延时单元，所以选用 D 触发器，使 $D=C_i$，$Q=C_{i-1}$。CP 与 A、B 的串行移位同步。PLA 的阵列结构如图 8.21 所示。

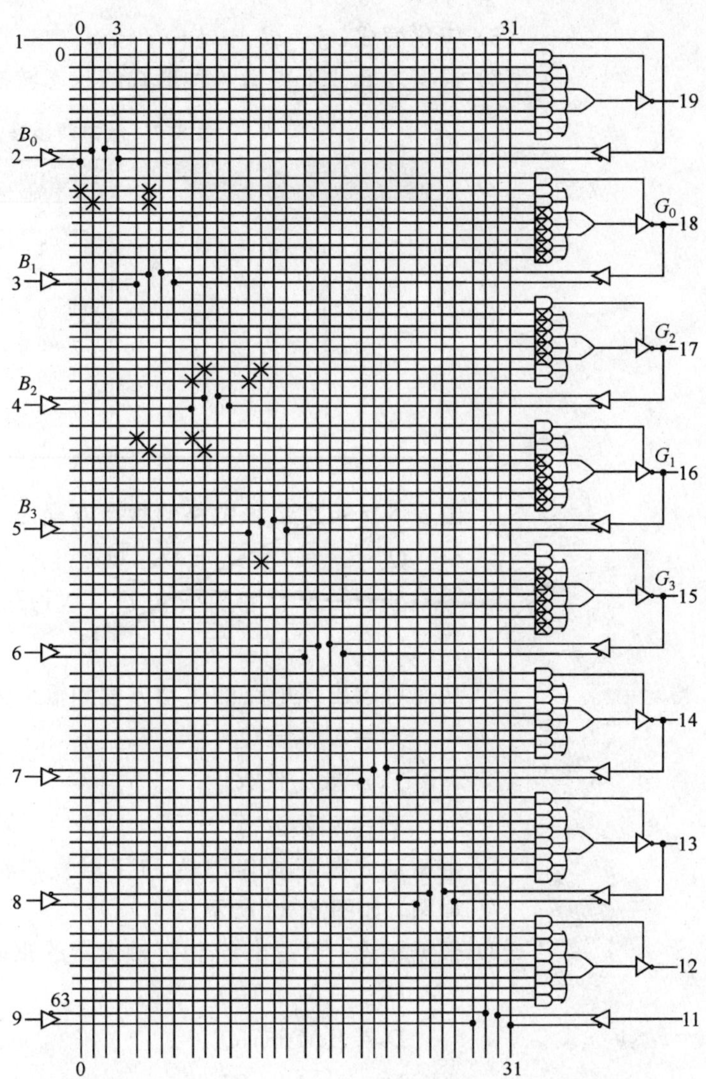

图 8.20 实现 4 位二进制码与格雷码转换的 PAL 阵列结构

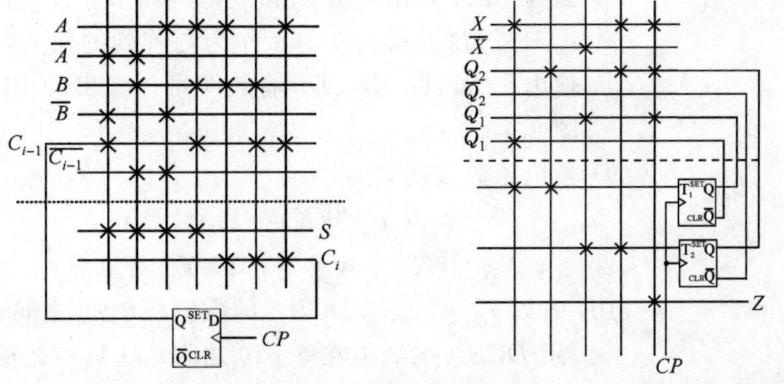

图 8.21 PLA 的阵列结构　**图 8.22** PLA 和 T 触发器实现的阵列逻辑图

(6) 应化简成：$y=ab+bd+ac+ad$

(7) 根据表 8.6 可得另一种形式的状态转换表，如表 8.7 所示。

表 8.7 状态转换表

X	Q_2	Q_1	Q_2^{n+1}	Q_1^{n+1}	Z
0	0	0	0	0	0
0	0	1	1	1	0
0	1	0	1	1	0
0	1	1	0	0	0
1	0	0	0	1	0
1	0	1	0	1	0
1	1	0	0	1	0
1	1	1	0	0	1

由表 8.7 可求出该电路的状态方程为

$$Q_2^{n+1}=\overline{X}\,\overline{Q_2}\,\overline{Q_1}+\overline{X}Q_2\,\overline{Q_1}$$

$$Q_1^{n+1}=\overline{X}\,\overline{Q_2}Q_1+\overline{X}Q_2\,\overline{Q_1}+X\,\overline{Q_2}\,\overline{Q_1}+X\,\overline{Q_2}Q_1$$
$$+XQ_2\,\overline{Q_1}$$

从而可求出该电路的驱动方程和输出方程分别如下：

$$T_1=X\overline{Q}_1+Q_2$$

$$T_2=\overline{X}Q_1+XQ_2$$

$$Z=XQ_1Q_2$$

由驱动方程可画出 PLA 和 T 触发器实现该电路的阵列逻辑图，如图 8.22 所示。

(8) 根据题意，可写出各个 D 触发器的驱动方程：

$$D_4=A\overline{M}+MQ_3$$

$$D_3=B\overline{M}+MQ_2$$

$$D_2=C\overline{M}+MQ_1$$

$$D_1=D\overline{M}$$

因为 PLA 是由与阵列和或阵列组成，设计时只要把 M、A、B、C、D 及 Q_3、Q_2、Q_1 作为与阵列的输入，而或阵列的输出作 D_4、D_3、D_2、D_1 输入即可。画出的 PLA 阵列图如图 8.23 所示。

(9) 输出函数表达式为

$$F_1=\overline{W}\,\overline{X}\,\overline{Y}+\overline{W}XY+WX\,\overline{Y}+W\,\overline{X}$$

$$F_2=\overline{W}XY+WX\,\overline{Y}+WXY+W\,\overline{X}$$

(10) 若以 $Y_0=1$ 表示 $DCBA$ 的数值在 0～5 之间；以 $Y_1=1$ 表示 $DCBA$ 的数值在 6～10 之间；以 $Y_2=1$ 表示 $DCBA$ 的数值在 11～15 之间，则得到表 8.8 所示的真值表。

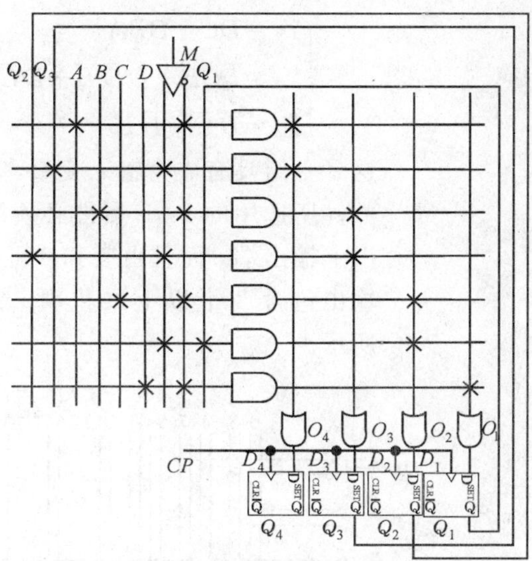

图 8.23 PLA 阵列逻辑图

表 8.8 真值表

十进制数	二进制数				Y_0	Y_1	Y_2
	D	*C*	*B*	*A*			
0	0	0	0	0	1	0	0
1	0	0	0	1	1	0	0
2	0	0	1	0	1	0	0
3	0	0	1	1	1	0	0
4	0	1	0	0	1	0	0
5	0	1	0	1	1	0	0
6	0	1	1	0	0	1	0
7	0	1	1	1	0	1	0
8	1	0	0	0	0	1	0
9	1	0	0	1	0	1	0
10	1	0	1	0	0	1	0
11	1	0	1	1	0	0	1
12	1	1	0	0	0	0	1
13	1	1	0	1	0	0	1
14	1	1	1	0	0	0	1
15	1	1	1	1	0	0	1

从真值表写出输出 Y_0、Y_1、Y_2 的逻辑函数式，经化简后得到

$$\begin{cases} Y_2 = DC + DBA \\ Y_1 = \overline{D}CB + D\,\overline{C}\,\overline{B} + D\,\overline{C}\,\overline{A} \\ Y_0 = \overline{D}\,\overline{C} + \overline{D}\,\overline{B} \end{cases}$$

这是一组具有 4 个输入变量，3 个输出变量的组合逻辑函数。所选用的 PAL 器件必须具有 4 个以上输入端和 3 个以上输出端，而且由表 8.8 可以看到，至少还应当有一个输出包含 3 个以上乘积项。编程后的逻辑图如图 8.24 所示。

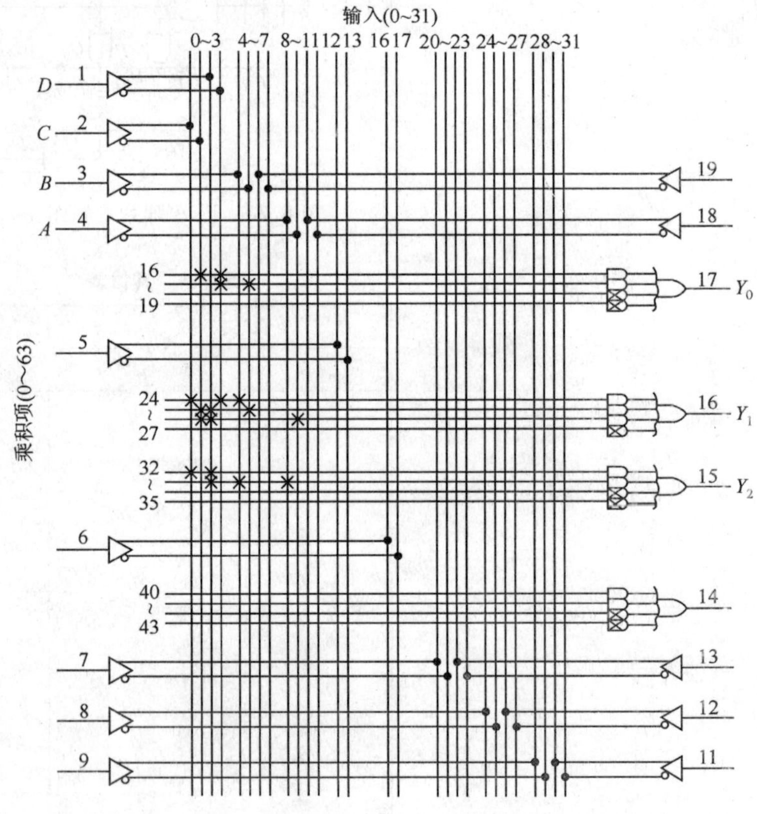

图 8.24　编程后的逻辑图

第9章 D/A和A/D转换

本章要点

本章主要介绍几种常用的D/A与A/D转换器的电路结构、工作原理及其应用。要求能够正确理解D/A与A/D转换器的工作原理，熟练地掌握它们的主要性能指标及其使用方法。

D/A转换

1. D/A转换器

把数字量转换成模拟量的过程叫D/A转换，其相应的电路称为D/A转换器，简称为DAC。

D/A转换器

D/A转换器的种类有权电阻网络DAC、T型电阻网络DAC、倒T型电阻网络DAC及权电流型DAC等4种类型。

DAC的主要性能指标有转换精度、转换速度及抗干扰能力等。在选用DAC时，应根据上述几个性能指标综合进行考虑。

(1) 权电阻网络DAC

图9.1所示为一个4位二进制的权电阻网络的D/A转换器，它由权电阻网络、模拟电子开关、反相加法器三部分组成。模拟电子开关受二进制数码的控制。当代码为1时，对应的模拟开关与参考电源V_{REF}接通；当代码为0时，对应的模拟开关接地。

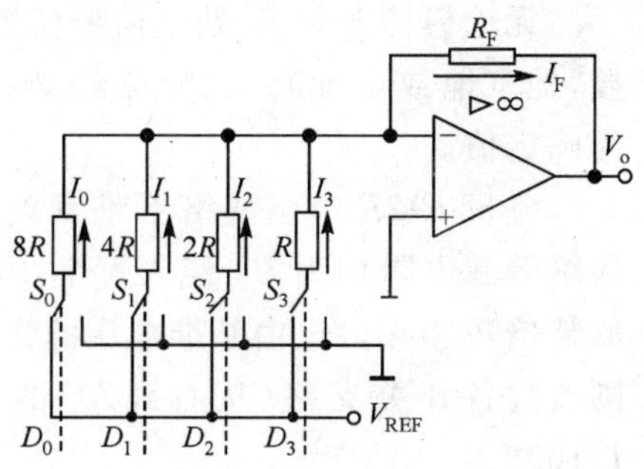

图9.1 权电阻网络DAC电路结构

根据反相加法器的原理可知

$$I_F = I_0 + I_1 + I_2 + I_3$$

其中，$I_0=\frac{V_{REF}}{8R}D_0$，$I_1=\frac{V_{REF}}{4R}D_1$，$I_2=\frac{V_{REF}}{2R}D_2$，$I_3=\frac{V_{REF}}{R}D_3$，且 $V_o=-I_F R_F$。

则权电阻网络DAC的输出电压为

$$\begin{aligned} V_o &= -(I_F \times R_F) \\ &= -\left(\frac{V_{REF}}{8R}D_0+\frac{V_{REF}}{4R}D_1+\frac{V_{REF}}{2R}D_2+\frac{V_{REF}}{R}D_3\right)\times R_F \\ &= -\frac{V_{REF}}{8R}\times R_F(2^0 D_0+2^1 D_1+2^2 D_2+2^3 D_3) \end{aligned}$$

(2) 倒T型电阻网络DAC

倒T型电阻网络DAC电路结构如图9.2所示。

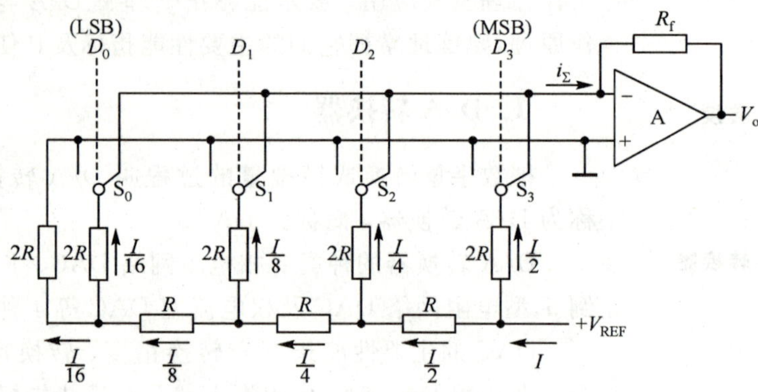

图9.2 倒T型电阻网络DAC电路结构

S_0～S_3 为模拟开关，R-$2R$ 电阻网络呈倒 T 形，运算放大器A构成求和电路。S_i 由输入数码 D_i 控制，当 $D_i=1$ 时，S_i 接运放反相输入端（“虚地”），I_i 流入求和电路；当 $D_i=0$ 时，S_i 将电阻 $2R$ 接地。

无论模拟开关 S_i 处于何种位置，与 S_i 相连的 $2R$ 电阻均等效接“地”（地或虚地）。这样流经 $2R$ 电阻的电流与开关位置无关，为确定值。

分析 R-$2R$ 电阻网络不难发现，从每个接点向左看的二端口网络等效电阻均为 R，流入每个 $2R$ 电阻的电流从高位到低位按2的整倍数递减。设由基准电压源提供的总电流为 $I(I=V_{REF}/R)$，则流过各开关支路（从右到左）的电流分别为 $I/2$、$I/4$、$I/8$ 和 $I/16$。

$$i_\Sigma = \frac{V_{REF}}{R}\left(\frac{D_0}{2^4}+\frac{D_1}{2^3}+\frac{D_2}{2^2}+\frac{D_3}{2^1}\right)$$

$$= \frac{V_{REF}}{2^4 R} \sum_{i=0}^{3} (D_i \cdot 2^i)$$

输出电压

$$V_o = -i\sum R_f$$

$$= -\frac{R_f}{R} \times \frac{V_{REF}}{2^4} \sum_{i=0}^{3} (D_i \cdot 2^i)$$

将输入数字量扩展到 n 位，可得 n 位倒 T 形电阻网络 D/A 转换器输出模拟量与输入数字量之间的一般关系式如下：

$$V_o = -\frac{R_f}{R} \times \frac{V_{REF}}{2^n} \left[\sum_{i=0}^{n-1} (D_i \cdot 2^i) \right]$$

设 $K = \frac{R_f}{R} \times \frac{V_{REF}}{2^n}$，$N_B$ 表示括号中的 n 位二进制数，则：

$$V_o = -KN_B$$

要使 D/A 转换器具有较高的精度，对电路中的参数有以下要求：

①基准电压稳定性好；②倒 T 形电阻网络中 R 和 $2R$ 电阻的阻值精度要高；③每个模拟开关的开关电压降要相等。为实现电流从高位到低位按 2 的整倍数递减，模拟开关的导通电阻也相应地按 2 的整倍数递增。

(3) 权电流型 D/A 转换器

为进一步提高 D/A 转换器的转换精度，可采用权电流型D/A 转换器，电路结构如图 9.3 所示。

这组恒流源从高位到低位电流的大小依次为 $I/2$、$I/4$、$I/8$、$I/16$。

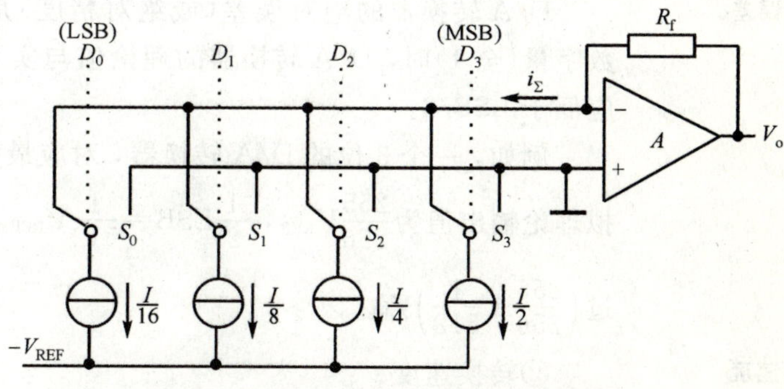

图 9.3 权电流型 D/A 转换器的原理电路

当输入数字量的某一位代码 $D_i = 1$ 时，开关 S_i 接运算放大器的反相输入端，相应的权电流流入求和电路；当 $D_i = 0$ 时，开关 S_i 接地。分析该电路可得出

$$
\begin{aligned}
V_o &= i_{\sum} R_f \\
&= R_f\left(\frac{I}{2}D_3 + \frac{I}{4}D_2 + \frac{I}{8}D_1 + \frac{I}{16}D_0\right) \\
&= \frac{I}{2^4} \cdot R_f (D_3 \cdot 2^3 + D_2 \cdot 2^2 + D_1 \cdot 2^1 + D_0 \cdot 2^0) \\
&= \frac{I}{2^4} \cdot R_f \sum_{i=0}^{3} D_i \cdot 2^i
\end{aligned}
$$

采用了恒流源电路之后，各支路权电流的大小均不受开关导通电阻和压降的影响，这就降低了对开关电路的要求，提高了转换精度。

(4) D/A 转换器的主要技术指标

转换精度

①转换精度：D/A 转换器的转换精度通常用分辨率和转换误差来描述。

分辨率

· 分辨率。D/A 转换器模拟输出电压可能被分离的等级数。输入数字量位数越多，输出电压可分离的等级越多，即分辨率越高。在实际应用中，往往用输入数字量的位数表示 D/A 转换器的分辨率。此外，D/A 转换器也可以用能分辨的最小输出电压(此时输入的数字代码只有最低有效位为 1，其余各位都是 0)与最大输出电压(此时输入的数字代码各有效位全为 1)之比给出。n 位 D/A 转换器的分辨率可表示为$\frac{1}{2^n-1}$。它表示 D/A 转换器在理论上可以达到的精度。

转换误差

· 转换误差。转换误差的来源很多，例如转换器中各元件参数值的误差，基准电源不够稳定和运算放大器的零漂的影响等。

绝对误差

D/A 转换器的绝对误差(或绝对精度)是指输入端加入最大数字量(全 1)时，D/A 转换器的理论值与实际值之差。该误差值应低于 LSB/2。

例如，一个 8 位的 D/A 转换器，对应最大数字量(FFH)的模拟理论输出值为$\frac{255}{256}V_{REF}$，$\frac{1}{2}$LSB$=\frac{1}{512}V_{REF}$，所以实际值不应超过$\left(\frac{255}{256}\pm\frac{1}{512}\right)V_{REF}$。

转换速度

②转换速度

建立时间

· 建立时间(t_{set})。指输入数字量变化时，输出电压变化到相应稳定电压值所需时间。一般用 D/A 转换器输入的数字量从全 0 变为全 1 时，输出电压达到规定的误差范围(±LSB/2)时所需时间表示。D/A 转换器的建立时间较快，单片集成 D/A 转换器建立时间最短可达 0.1μs 以内。

转换速率　　·转换速率(SR)。大信号工作状态下模拟电压的变化率。

2. A/D转换器

A/D转换
A/D转换器

把模拟量转换成数字量的过程叫A/D转换。其相应的电路叫做A/D转换器，简称为ADC。

A/D转换器分为直接A/D转换器和间接A/D转换器两种。在直接A/D转换器中，有并行比较型ADC和逐次逼近型ADC；间接A/D转换器中，有电压-时间变换型ADC和电压-频率变换型ADC。积分式A/D转换器就是电压-时间变换型的一种。

ADC的主要性能指标有转换精度和转换速度等。

在A/D转换器中，因为输入的模拟信号在时间上是连续的，而输出的数字信号是离散的，所以转换只能在一系列选定的瞬间对输入的模拟信号取样，然后把这些取样值转换成输出的数字量。因此，A/D转换的过程是首先对输入的模拟电压信号取样，取样结束后送保持时间，在这段时间内将取样的电压量化为数字量，并按一定的编码形式编码转换结果，然后再开始下一次取样，构成框图如图9.4所示。

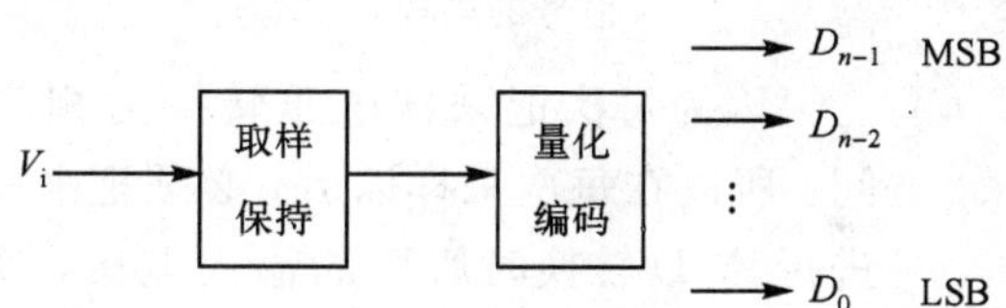

图9.4　A/D转换过程

(1) 采样-保持电路

采样-保持电路的基本形式如图9.5所示。

N沟道MOS管VT作为取样开关用。

当控制信号V_L为高电平时，VT导通，输入信号V_i经电阻R_i和VT向电容C_h充电。若取$R_i=R_f$，则充电结束后$V_o=-V_i=V_C$。

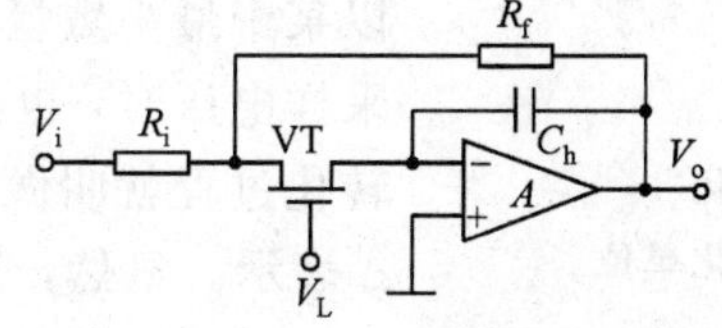

图9.5　采样-保持电路的基本形式

当控制信号返回低电平，VT截止。由于C_h无放电回路，所以V_o的数值被保存下来。

缺点是采样过程中需要通过R_i和VT向C_h充电，所以使采样速度受到了限制。同时，R_i的数值又不允许取得很小，否则会进一步降低采样电路的输入电阻。

采样定理

(2) 采样定理

可以证明，为了正确无误地用图9.6中所示的采样信号 V_S 表示模拟信号 V_i，必须满足下式：

$$f_S \geqslant 2f_{i\max}$$

式中，f_S 为采样频率，$f_{i\max}$ 为输入信号 V_i 的最高频率分量的频率。

在满足采样定理的条件下，可以用一个低通滤波器将信号 V_S 还原为 V_i，这个低通滤波器的电压传输系数 $|A(f)|$ 在低于 $f_{i\max}$ 的范围内应保持不变，而在 $f_S - f_{i\max}$ 以前应迅速下降为零，如图9.7所示。因此，采样定理规定了A/D转换的频率下限。

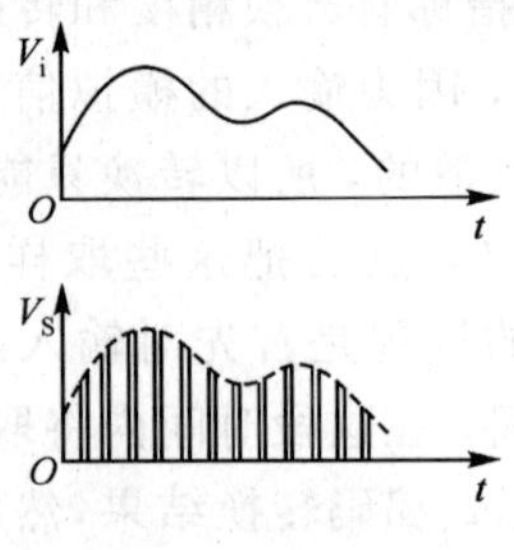

图9.6　对输入模拟信号的采样

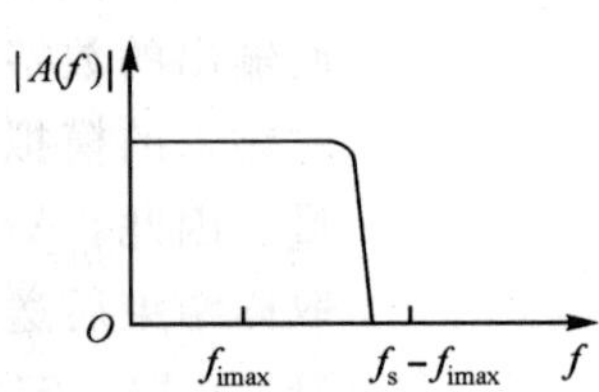

图9.7　还原采样信号所用滤波器的频率特性

因为每次把采样电压转换为相应的数字量都需要一定的时间，所以在每次采样以后，必须把采样电压保持一段时间。可见，进行A/D转换时所用的输入电压，实际上是每次采样结束时的 V_i 值。

(3) 量化和编码

众所周知，数字信号不仅在时间上是离散的，而且在数值上的变化也不是连续的。这就是说，任何一个数字量的大小，都是以某个最小数量单位的整倍数来表示的。因此，在用数字量表示采样电压时，也必须把它化成这个最小数量单位的整数倍，这个转化过程就叫做量化。所规定的最小数量单位叫做量化单位，用 Δ 表示。显然，数字信号最低有效位中的1表示的数量大小，就等于 Δ。把量化的数值用二进制代码表示，称为编码。这个二进制代码就是A/D转换的输出信号。

量化　量化单位　编码

既然模拟电压是连续的，那么它就不一定能被 Δ 整除，因而不可避免地会引入误差，我们把这种误差称为量化误差。在把模拟信号划分为不同的量化等级时，用不同的划分方法可以得到不同的量化误差。

量化误差

假定需要把0～+1V的模拟电压信号转换成3位二进制代码，这时便可以取 $\Delta=(1/8)$V，并规定凡数值在0～(1/8)V之间的模拟电压都当作 0×Δ 看待，用二进制的 000 表示；凡数值在 (1/8)～(2/8)V 之间的模拟电压都当作 1×Δ 看待，用二进制的 001 表示等，如图 9.8(a)所示。不难看出，最大的量化误差可达 Δ，即(1/8)V。

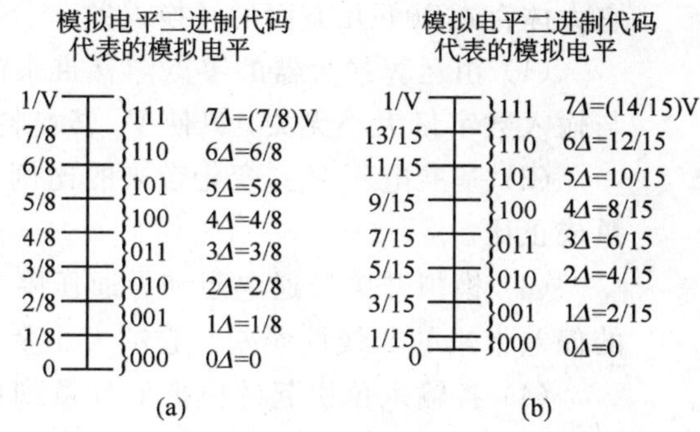

图 9.8　划分量化电平的两种方法

为了减少量化误差，通常采用图 9.8(b)所示的划分方法，取量化单位 Δ=(2/15)V，并将 000 代码所对应的模拟电压规定为 0～(1/15)V，即 0～Δ/2。这时，最大量化误差将减少为 Δ/2=(1/15)V。这个道理不难理解，因为现在把每个二进制代码所代表的模拟电压值规定为它所对应的模拟电压范围的中点，所以最大的量化误差自然就缩小为 Δ/2 了。

由于篇幅的限制，有关具体的 A/D 转换电路在这里就不再一一叙述了。

典型例题解析

例 9.1　常见的 DAC 主要有哪几种形式？其特点分别是什么？

解　常见的 DAC 主要有权电阻网络 DAC、T 型电阻网络 DAC、倒 T 型电阻网络 DAC 及权电流型 DAC 等 4 种类型。

权电阻网络 DAC 特点：结构简单，使用电阻元件数少；但电阻种类多，且电阻阻值差别大，很难集成，精度不易保证。

T 型电阻网络 DAC 特点：输出只与电阻比值有关，且电阻取值只有两种，易于集成；但电阻网络各支路存在传输时间差异，易造成动态误差，对转换精度和转换速度有较大影响。

倒 T 型电阻网络 DAC 特点：既具有 T 型网络的优点，又避免了它的缺点，转换精度和转换速度都得到提高。

权电流型 DAC 特点：引入了恒流源，减少了由模拟开关导通电阻、导通压降引起的非线性误差，且电流直接流入运放输入端，传输时间小，转换速度快；但其电路较复杂。

例 9.2　DAC可能存在哪几种转换误差？分析该误差的特点及误差产生的原因。

解　转换误差主要是由它的基本组成元件的参数偏差、参数分散性和性能不稳定性带来的。由D/A转换器的电路组成可知，它大体存在以下几方面的转换误差：

漂移误差　(1) 由运算放大器的零点漂移带来的漂移误差。该误差大小与输入数字量大小无关，只使 V_o 转换特性曲线发生平移。

比例系数误差　(2) 基准电压 V_{REF} 变化带来的比例系数误差。它与输入数字量成正比。

(3) 模拟开关导通电阻和导通压降以及电阻网络中阻容参数的偏差带来的非线性误差。它的大小及变化不规则。

非线性误差

动态误差　(4) 各输入位引起的模拟值分量到达运放输入端的传输时间不等而引起的动态误差。该误差的表现形式是使输出可能产生尖峰脉冲。

例 9.3　n 位权电阻网络DAC电路可参见图9.1，(1) 试推导出输出的模拟电压与输入的数字量之间的关系式。(2) 如果 $n=8$，$V_{REF}=5V$，且 $R_F=8R$，输入数码为36H，试求输出的电压值。

解　(1) 借助图9.1可得输出的模拟电压与输入的数字量之间的关系式为

$$V_o=-\frac{V_{REF}}{2^{n-1}R}R_F(2^0D_0+2^1D_1+2^2D_2+\cdots+2^{n-1}D_{n-1})$$

(2) 当输入的数字量为36H(即00110110)时，将各个条件代入公式得

$$V_o=-\frac{5}{2^7R}8R\times(2^1+2^2+2^4+2^5)=-\frac{5}{2^7}\times8\times54$$
$$=-16.875(V)$$

例 9.4　已知某D/A转换器的最小分辨电压 $V_{LSB}=4.9mV$，最大满刻度输出电压 $V_m=5V$，试问：该电路的输入数字量的位数 n 为多少？

解　在求解这类题时，首先并不需要写出完整的公式，而应尽可能地保留一个要求的未知量，避开其他多个暂时不需要求的未知量。比如该题，因事先并不知道是何种类型的DAC电路，但我们知道：最大输出电压与最小分辨电压之间的关系为

$$V_{LSB}=V_m/2^n$$

即　$4.9=5\times1000/2^n$

则得　$n=10$

例 9.5　某DAC电路如图9.9所示，图中当 $Q_i=1$ 时，相应的

模拟开关 S_i 打在 1 的位置；当 $Q_i=0$ 时，相应的模拟开关 S_i 打在 0 的位置。(1) 该电路属于哪一种 D/A 转换器？(2) 求输出的模拟电压 V_o 与输入的数字量 $Q_3Q_2Q_1Q_0$ 之间的关系式。(3) 若 $V_{REF}=-8V$，$R_F=R$，求 $Q_3Q_2Q_1Q_0$ 为 0001 和 0101 时的输出电压值 V_o。(4) 在条件与(3) 相同的情况下，当给计数器输入一连串的时钟脉冲 CP 时，输出的模拟电压与 CP 之间的波形图，设计数器的初始状态为 0。

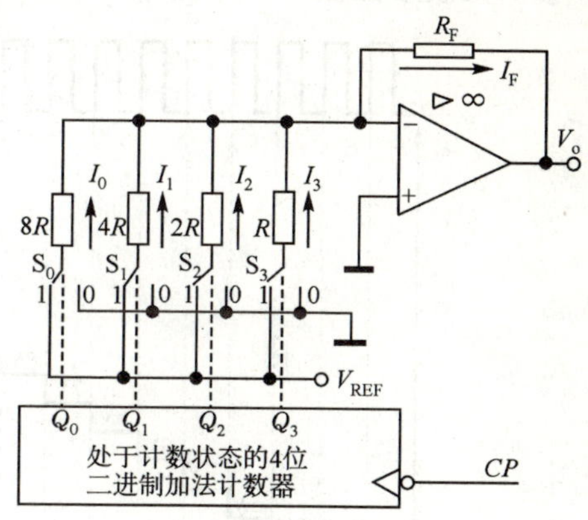

图 9.9 DAC 电路

解 (1) 该电路属于权电阻网络 D/A 转换器。

(2) 由电路图可得如下关系式：

$$I_F=I_0+I_1+I_2+I_3$$

其中，$I_0=\dfrac{V_{REF}}{8R}Q_0$，$I_1=\dfrac{V_{REF}}{4R}Q_1$，$I_2=\dfrac{V_{REF}}{2R}Q_2$，$I_3=\dfrac{V_{REF}}{R}Q_3$，且 $V_o=-I_FR_F$。则该电路输出的模拟电压 V_o 与输入的数字量 $Q_3Q_2Q_1Q_0$ 之间的关系式为

$$\begin{aligned}V_o&=-(I_FR_F)\\&=-\left(\frac{V_{REF}}{8R}Q_0+\frac{V_{REF}}{4R}Q_1+\frac{V_{REF}}{2R}Q_2+\frac{V_{REF}}{R}Q_3\right)\times R_F\\&=-\frac{V_{REF}}{8R}\times R_F(2^0Q_0+2^1Q_1+2^2Q_2+2^3Q_3)\end{aligned}$$

(3) 将给定的条件代入(2) 的结果中可得输出的模拟电压分别为

$$\begin{aligned}V_o&=-\frac{V_{REF}}{8R}\times R_F(2^0Q_0+2^1Q_1+2^2Q_2+2^3Q_3)\\&=-\frac{-8}{8R}R\times 2^0\\&=1(V)\end{aligned}$$

$$V_o = -\frac{V_{REF}}{8R} \times R_F(2^0 Q_0 + 2^1 Q_1 + 2^2 Q_2 + 2^3 Q_3)$$
$$= -\frac{-8}{8R} R \times (2^0 + 2^2)$$
$$= -5(V)$$

(4) 在条件与(3) 相同的情况下，当给计数器输入一连串的时钟脉冲 CP 时，输出的模拟电压 V_o 与 CP 之间的关系为一阶梯波，其波形如图 9.10 所示。

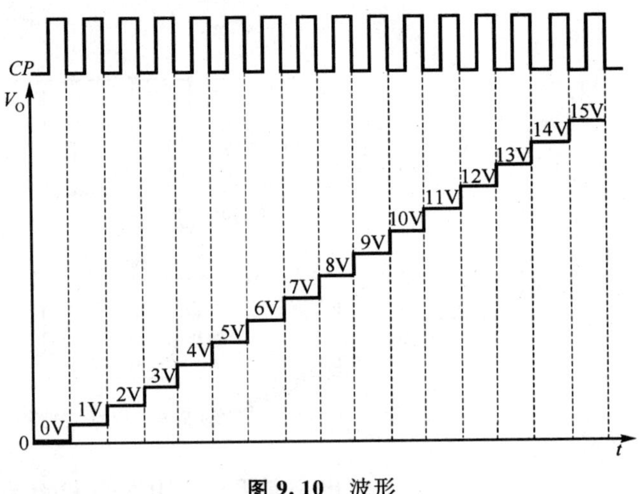

图 9.10　波形

例 9.6　双积分型 A/D 转换器如图 9.11 所示，回答下列问题：

(1) 若被测电压 $V_i = 2V$，要求分辨率≤0.2mV，则二进制计数器的计数总容量 N 应大于多少？

(2) 需要的二进制计数器的位数是多少位？

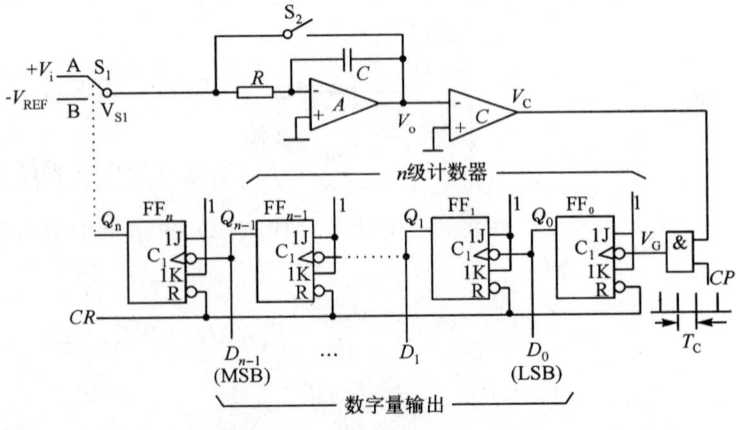

图 9.11　双积分型 A/D 转换器

(3) 若时钟脉冲频率 $f_{cp}=100\text{kHz}$，$|V_i|<|V_{REF}|$，已知 $|V_{REF}|=3\text{V}$，积分器输出电压 V_o 的最大值为 10V，问积分时间常数 RC 为多少毫秒？完成一次转换所需的最长时间为多少毫秒？

(4) 若 $|V_i|>|V_{REF}|$，则转换过程会产生什么现象？

解 (1) 二进制计数器的计数总容量 N 应大于 $\left(\frac{2\times10^3}{0.2}+1\right)=10001$。

(2) 由于 $2^{n-1}<N\leqslant2^n$，所以 $n=14$，因有附加计数器，故需 15 位二进制计数器。

(3) 由于

$$V_{o(max)}=\frac{|V_{REF}|\times2^n\times T_C}{RC}$$

$$T_C=\frac{1}{f_{CP}}=\frac{1}{100\text{kHz}}=1\times10^{-5}\text{s}=0.01\text{ms}$$

所以

$$RC=\frac{3\times2^{14}\times1\times10^{-5}\text{s}}{10}=0.049152\text{s}=49.152\text{ms}$$

完成一次转换所需的最长时间为

$$t=2\times2^nT_C=2\times2^{14}\times0.01\text{ms}=327.68\text{ms}$$

(4) 根据双积分型 A/D 转换器的工作原理可知，当 $|V_i|>|V_{REF}|$ 时，会使计数器在第二次计数时复位溢出后重新计数，使转换出错。

例 9.7 已知 10 位 A/D 转换器的基准电压 $V_{REF}=10.24\text{V}$，求当输入为 $V_i=5\text{V}$ 时的数字量输出。

解 一般地，A/D 转换器的基准电压就是输入信号的最大值。10 位 A/D 转换器的分辨率所能分辨的最小电压为

$$\frac{V_{REF}}{2^{10}}=\frac{10.24}{1024}=0.01(\text{V})$$

当输入的模拟电压为 $V_i=5\text{V}$ 时，输出的数字量为

$$\frac{V_i}{\text{最小分辨电压}}=\frac{5}{0.01}=500=(111110100)_2$$

例 9.8 在图 9.12 所示的 A/D 转换器中，$V_{REF}=7\text{V}$，试问：

(1) 电路的最小量化单位 Δ 等于多少？

(2) 当输入的模拟电压为 $V_i=5\text{V}$ 时，输出的数字量 $D_2D_1D_0$ 等于多少？此时的量化误差为多少？

解 (1) 由电路输入处的分压电阻可知，该电路的最小量化单位为

$$\Delta=\frac{2}{15}V_{REF}=\frac{14}{15}\text{V}$$

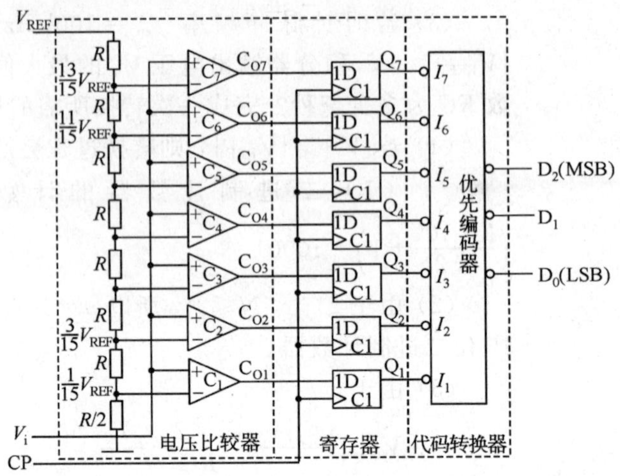

图 9.12 A/D转换器电路

(2) 当输入为 $V_i=5V$ 时，比较器 $C_1 \sim C_5$ 均输出为1，C_6 和 C_7 输出0，来一个时钟脉冲后，7个比较器的输出信号将分别送给7个寄存器的输出端，使得 $I_7I_6I_5I_4I_3I_2I_1=0011111$ 最后经过优先编码器编码后得到输出的3位二进制代码为101。

因此转换方案采用的是四舍五入的量化方法，故量化误差为 $1/2\Delta=7/15V$。

□ 自 测 题

1. 填空题

(1) 输入二进制的 n 位 D/A 转换器的 n 越大，分辨率越________。D/A 转换器的基本结构主要包含________、________和________三部分。

(2) D/A和A/D转换器的主要技术指标是________和________。

(3) 若 n 是输入信号的有效位数，则D/A转换器的分辨率是________。

(4) 一个10位的倒T型电阻网络的DAC，$V_{REF}=+5V$，$R_F=2R$，则当 $D=(0101010100)_2$ 时，对应的输出电压 V_o =________。

(5) 一个10位DAC的最小分辨电压为0.025V，则它能表示最大电压是________V。

(6) 一个8位的DAC，当输入为10000001时输出电压为5V，则输入为01010000时，输出电压为________V。

(7) 若一个14位的D/A转换器的满刻度输出电压为 $V_{omax}=10V$，

当输入的二进制数为 10111010101111 时，输出电压为______V。

(8) 在 3 位二进制 A/D 转换器中，已知最大输入模拟电压为 10V，Δ 是量化单位，并采取“只舍不取”的方法划分量化电平，则 1Δ 代表的量化电压为______V。

(9) A/D 转换的基本步骤是______、______、______、______四个。

(10) A/D 转换器的量化方式有______、______两种；逐次比较 A/D 转换器只能采用______方式。

2. 应用题

(1) 一个完整的 A/D 转换器应包括哪几部分电路？

(2) A/D 转换器的量化方法有哪几种？哪一种误差小？

(3) 4 位权电阻 D/A 转换器电路如图 9.13 所示，已知 $R=10\text{M}\Omega$，$R_F=50\text{k}\Omega$，$V_{REF}=10\text{V}$。求：

① V_o 的输出范围。

② 当输入的数字量为 1001 时的输出电压。

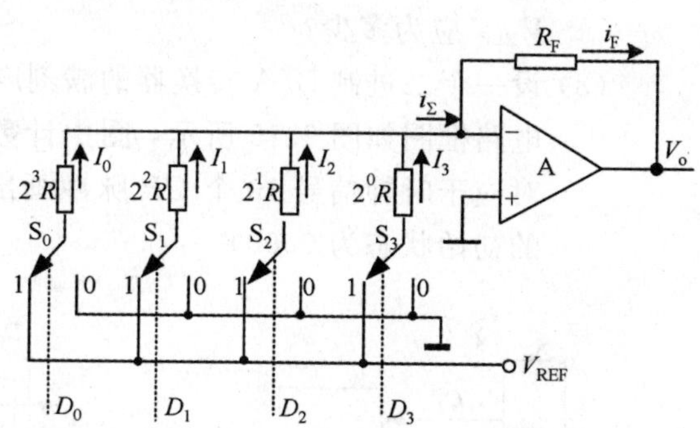

图 9.13 4 位权电阻 D/A 转换器电路

(4) 倒 T 型电阻网络 D/A 转换器如图 9.14 所示。

① 根据电路工作原理，写出 V_o 的表达式。

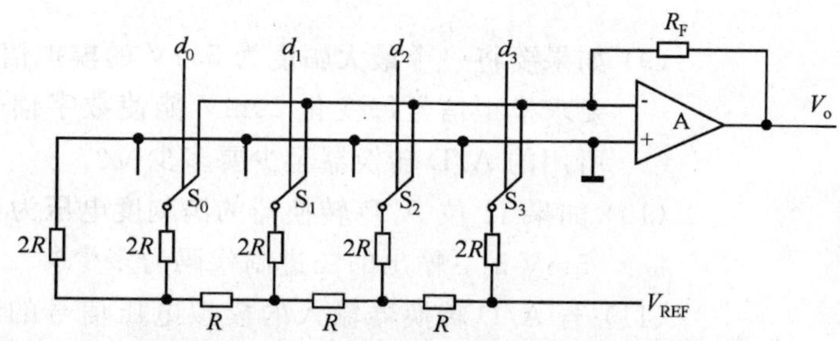

图 9.14 倒 T 型电阻网络 D/A 转换器电路

② 若电阻网络为8位，$R=20\text{k}\Omega$，$R_F=60\text{k}\Omega$，$V_{REF}=-10.04\text{V}$，求V_o的输出范围。

(5) 4位T型D/A转换器，已知$R=50\text{k}\Omega$，$R_F=150\text{k}\Omega$，$V_{REF}=-10\text{V}$，已测得输出电压$V_o=7.5\text{V}$。

①求输入D的状态。

②电阻R的大小对输出误差的影响如何？

(6) 一个8位逐次比较A/D转换器装置，设它的基准电压为10V，输出数码是串行码，试问：

① 装置中，环行计数器内含有多少个触发器？在JK触发器转换机构中又含有多少个触发器？

② 在每次转换开始，第一个系统时钟信号CP输入后，内部的D/A输出电压是多少？

③ 在装置中，电压比较器两个输入端分别接什么信号？

④ 设时钟信号频率为5MHz，两次取样之间的间隔至少应为多长时间？

(7) 一个8位电压并串联A/D转换器，设基准电压$V_{REF}=12\text{V}$，采用舍尾取整的量化方式，请回答：低4位A/D的基准电压V_{REF}'应为多少？

(8) 设一个二进制D/A转换器的满刻度输出电压V_{om}为8V，实验电路框图如图9.15所示，图中计数器由JK触发器构成，试对应于时钟信号10个CP脉冲画出输出电压波形(设触发器的初始状态为0000)。

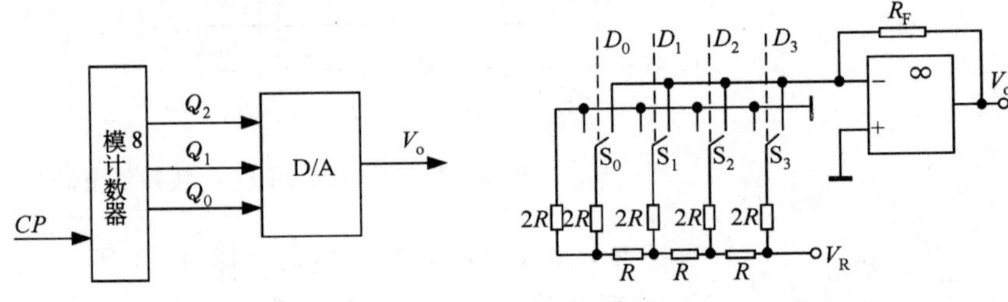

图9.15　实验电路框图　　**图9.16**　D/A转换电路

(9) 如果要将一个最大幅度为5.1V的模拟信号转换为数字信号，要求模拟信号每变化20mV能使数字信号最低位发生变化，所用的A/D转换器至少要多少位？

(10) 如果11位A/D转换器的满刻度电压为10V，当输入电压为5mV时，输出的二进制代码为多少？

(11) 若A/D转换器输入的模拟电压信号的最高变化为20kHz，说明取样频率的下限是多少？

(12) 一个 8 位 D/A 转换器的最小输出电压为 0.02V，当输入代码为 11011001 时，输出电压 V_o 为多少？

(13) 图 9.16 所示 D/A 转换电路中，已知 $V_R = 5V$，$R_F = R$ 试计算：

①输入数字量的 $D_3D_2D_1D_0$ 每一位为 1 时在输出端产生的电压值。

②输入为全 0 和 1001 时对应的输出电压值。

(14) n 位权电阻 D/A 转换器如图 9.17 所示。

①试推导输出电压 V_o 与输入数字量之间的关系式；

②如 $n=8$，$V_{REF} = -10V$，当 $R_f = 1/8R$ 时，如输入数码为 20H，试求输出电压值。

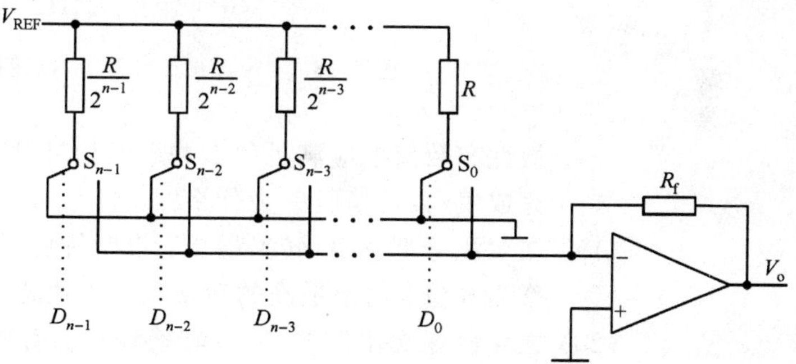

图 9.17 n 位权电阻 D/A 转换器

(15) 在图 9.18 所示的 4 位逐次比较型 A/D 转换器中，设 $V_{REF} = 10V$，$V_i = 8.26V$，试画出在时钟脉冲作用下 V_o' 的波形并写出转换结果。

(16) 在某双积分型 A/D 转换器中，计数器为十进制计数器，其最大计数容量为 $(3000)_D$。已知计数时钟频率 $f_{cp} = 30kHz$，积分器中 $R = 100k\Omega$，$C = 1\mu F$，输入电压 V_i 的变化范围为 0 ～5V。试求：

①第一次积分时间 T_1。

②求积分器的最大输出电压 $|V_{omax}|$。

③当 $V_{REF} = 10V$，第二次积分计数器计数值 $\lambda = (1500)_{10}$ 时，输入电压 V_i 的平均值为多少？

(17) 在应用 A/D 转换器作模/数转换过程中应注意哪些主要问题，如某人用满刻度为 10V 的 8 位 A/D 转换器对输入信号为 0.5V 范围内的电压进行模/数转换，你认为这样使用正确吗？为什么？

(18) 在双积分型 A/D 转换器中，输入电压 V_i 和参考电压 V_{REF} 在

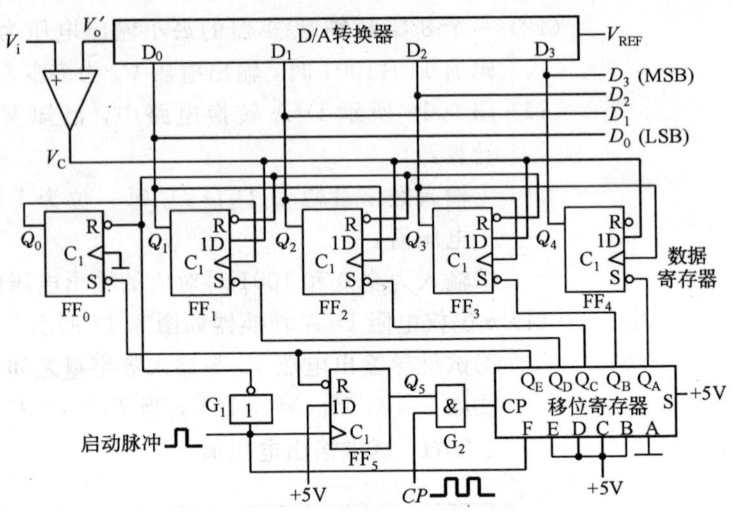

图 9.18　4位逐次比较型A/D转换器

极性和数值上应满足什么关系？如果$|V_i|>|V_{REF}|$，电路能完成模/数转换吗？为什么？

(19) 在双积分型A/D转换器中，设时钟脉冲频率为f_{cp}，其分辨率为n位，写出最高的转换频率表达式。

(20) 在4位逐次比较型A/D转换器中，若将位数n扩大为10，已知时钟频率为1MHz，则完成一次转换所需时间是多少？如果要求完成一次转换的时间小于100μs，问时钟频率应选多大？

(21) 图9.19所示的电路中，计数器74LS290已接成5421BCD码十进制计数状态，Q_0为最低位，Q_3为最高位，设计数器输出的高电平为3.6V，低电平为0V。求：

①用图示元件连接成一个以计数器输出作为D/A转换器输入的4位D/A转换器。

②当$Q_3Q_2Q_1Q_0=1011$时，求输出电压V_o的值。

③试画出在一连续的时钟脉冲作用下，转换器输出的模拟电

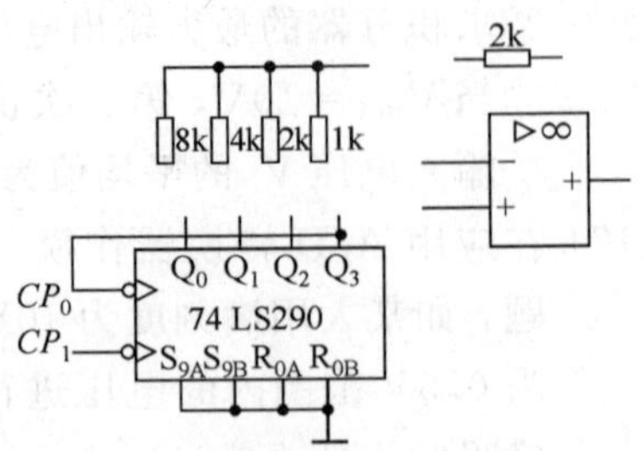

图 9.19　电路

压与外加的时钟脉冲之间关系的波形。

自测题答案

1. (1) 越高　模拟电子开关　电阻网络　求和电路

(2) 转换精度　转换速度

(3) $1/(2^n-1)$

(4) 3.32V

(5) 25.575

(6) 3.1

(7) 14.59

(8) 10/8

(9) 取样、保持、量化、编码

(10) 四舍五入　舍尾取整　舍尾取整

2. (1) 一个完整的A/D转换器应包括采样、保持、量化和编码等几部分电路。

(2) 对采样值进行的量化方法一般有两种：①舍尾取整法；②四舍五入法。

采用舍尾取整法产生的量化误差为Δ(量化单位)，而采用四舍五入法产生的量化误差为Δ/2，所以，采用四舍五入法产生的量化误差要小一些。

(3) ①

$$\begin{aligned} i_{\sum} &= I_0 + I_1 + I_2 + I_3 \\ &= \frac{V_{REF}}{2^3 R}D_0 + \frac{V_{REF}}{2^2 R}D_1 + \frac{V_{REF}}{2^1 R}D_2 + \frac{V_{REF}}{2^0 R}D_3 \\ &= \frac{V_{REF}}{2^3 R}(2^0 D_0 + 2^1 D_1 + 2^2 D_2 + 2^3 D_3) \end{aligned}$$

$$V_o = -i_{\sum} R_F = -\frac{V_{REF}}{2^3 R}R_F(2^0 D_0 + 2^1 D_1 + 2^2 D_2 + 2^3 D_3)$$

当 $D_3 D_2 D_1 D_0 = 1111$ 时

$$V_o = -\frac{10\times 50}{2^3\times 10000}(2^3+2^2+2^1+2^0) = -0.09375(\text{V})$$

当 $D_3 D_2 D_1 D_0 = 0000$ 时

$$V_o = 0$$

所以，V_o 的输出范围为 $-0.09375\sim 0\text{V}$

$$②V_o = -\frac{10\times 50}{2^3\times 10000}(2^3+2^0) = -0.05125(\text{V})$$

(4) $①V_o = -i_{\sum} R_F = -\frac{V_{REF}}{2^4 R}R_F(2^0 D_0 + 2^1 D_1 + 2^2 D_2 + 2^3 D_3)$

②$V_o = -\dfrac{60\times(-10.04)}{2^8\times 20}(2^0+2^1+2^2+2^3+2^4+2^5+2^6+2^7)$

$= -960.075(V)$

范围为$-960.075\sim 0V$

(5) ①$V_o = -\dfrac{R_F V_{REF}}{2^4 R}\cdot D_n = \dfrac{150\times 10}{2^4\times 50}\cdot (D)_2 = 7.5(V)$

故 $D=0100$。

②R 的大小对输出的误差无影响。

(6) ①环行计数器应由 9 个触发器构成，转换机构中应含有 8 个 JK 触发器。

②输入第一个 CP 后，内部 D/A 转换器的电压是 V_{REF} 的一半，即 5V。

③电压比较器反相输入端应接内部 D/A 转换器的输出电压，同相输入端应接取样保持电路的输出电压，即取样电压。

④因数码输出为串行码，所以转换一次至少需要 n 个 CP 脉冲，即转换时间为 8 个 CP 周期。每个 CP 周期脉宽为

$$T_{CP} = \frac{1}{5\times 10^6}s = 0.2\times 10^{-6}s = 0.2\mu s$$

设 t 为每次转换时间，即两个采样脉冲的间隔时间，因为

$$t = 8T_{CP} = 8\times 0.2\mu s = 1.6\mu s$$

所以两次采样之间的间隔至少应为 $1.6\mu s$。

(7) 低 4 位 A/D 的基准电压 V_{REF}' 应等于高 4 位的量化单位，因为量化采用舍尾取整的量化方式，量化单位为

$$\frac{V_{REF}}{2^n} = \frac{12}{2^4}V = 0.75V$$

所以低 4 位 A/D 的基准电压为

$$V_{REF}' = 0.75V$$

整体 A/D 的量化单位为

$$\frac{V_{REF}}{2^n} = \frac{12}{2^8}V = 0.046875V$$

(8) 最小可分辨电压 $\Delta = V_{REF}/2^n = 8/2^3 V = 1V$

对应于时钟 CP 的输出电压 V_o 的波形如图 9.20 所示。

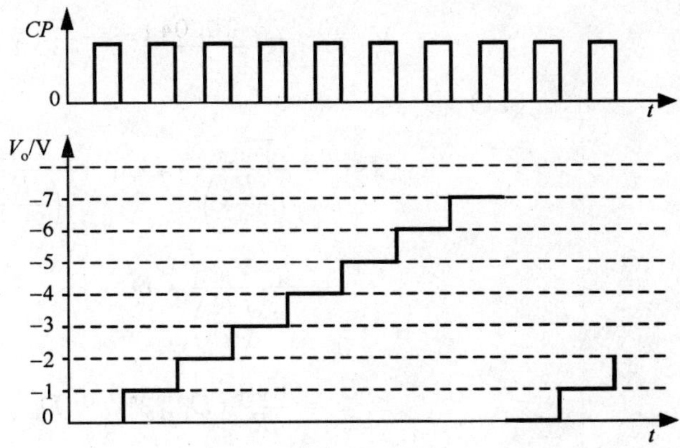

图 9.20 对应于时钟 CP 的输出电压波形

(9) 设 A/D 转换器需要 n 位，则有 $2^n-1=5.1/0.02=255$，则 $2^n=256$，所以 $n=8$。

(10) 设输入的二进制代码用 D 表示，则有 $(D)_{10}=(2^{11}-1)\times 0.005/10=1$，则输入的二进制代码为 00000000001。

(11) 为了保证能从采样信号将原来的被采样信号还原，必须满足：$f_s \geqslant 2f_{i(max)}$，则采样频率的下限应为 40kHz。

(12) 设 $A=0.02$V，则 $V_o=A\times(2^7+2^6+2^4+2^3+2^0)=0.02\times(128+64+16+8+1)=0.02\times217=4.34$(V)

(13)

$$I=\frac{V_R}{R}$$

$$i_\Sigma=\frac{1}{2^4}ID_0+\frac{1}{2^3}ID_1+\frac{1}{2^2}ID_2+\frac{1}{2^1}ID_3$$

$$=\frac{1}{2^4}I(2^0D_0+2^1D_1+2^2D_2+2^3D_3)$$

$$V_o=-i_\Sigma R_F$$

$$=-\frac{V_R}{2^2R}R_F(2^0D_0+2^1D_1+2^2D_2+2^3D_3)$$

$$=-\frac{V_R}{2^4}(2^0D_0+2^1D_1+2^2D_2+2^3D_3)$$

① 当 $D_3D_2D_1D_0=1111$ 时

$$V_o=-\frac{5}{2^4}(2^3+2^2+2^1+2^0)=-\frac{75}{16}=-4.7(\text{V})$$

② 当 $D_3D_2D_1D_0=0000$ 时

$V_o=0$

③ 当 $D_3D_2D_1D_0=1001$ 时

$$V_o = -\frac{5}{2^4}(2^3+2^0) = -\frac{45}{2^4}(\mathrm{V})$$

(14) ①

$$I_{\sum} = \frac{V_{REF}}{\left(\frac{R}{2^{n-1}}\right)} \cdot D_{n-1} + \frac{V_{REF}}{\left(\frac{R}{2^{n-2}}\right)} \cdot D_{n-2} + \cdots + \frac{V_{REF}}{\left(\frac{R}{2^0}\right)} \cdot D_0$$

$$= \frac{V_{REF}}{R}(D_{n-1}2^{n-1} + D_{n-2}2^{n-2} + \cdots + D_0 2^0)$$

$$= \frac{V_{REF}}{R}\sum_{i=0}^{n-1} D_i 2^i$$

$$V_o = -I_{\sum} R_f = -\frac{V_{REF}R_f}{R}\sum_{i=0}^{n-1} D_i 2^i$$

② $n=8$，$V_{REF}=-10\mathrm{V}$，当 $R_f = 1/8R$ 时

$$V_o = \frac{10}{8}\sum_{i=0}^{n-1} D_i 2^i$$

将输入数码 $(20)_H = (32)_D$ 代入上式，得 $V_o = 40\mathrm{V}$

(15) D/A 转换器输出电压

$$V_o' = \frac{V_{REF}}{2^n}\sum_{i=0}^{n-1} D_i 2^i = \frac{10}{2^4}\sum_{i=0}^{3} D_i 2^i$$

第 1 个 CP 脉冲作用下，$D_3\ D_2\ D_1\ D_0=1000$，$V_o - \frac{10}{16}\times 8 = 5\mathrm{V}$，$V_i=8.26\mathrm{V}$，$V_i > V_o'$，产生比较结果 $V_C=1$。此结果将在下一个 CP 脉冲作用下存入 FF_4，使 $Q_4=D_3=1$。

第 2 个 CP 脉冲作用下，$D_3\ D_2\ D_1\ D_0=1100$，$V_o=\frac{10}{16}\times 8 + \frac{10}{16}\times 4 = 7.5\mathrm{V}$，$V_i=8.26\mathrm{V}$，$V_i > V_o'$，产生比较结果使 $V_C=1$。此结果将在下一个 CP 脉冲作用下存入 FF_3，使 $Q_3=D_2=1$。

第 3 个 CP 脉冲作用下，$D_3\ D_2\ D_1\ D_0=1110$，$V'_o=\frac{10}{16}\times 8 + \frac{10}{16}\times 4 + \frac{10}{16}\times 2 = 8.75\mathrm{V}$，$V_i=8.26\mathrm{V}$，$V_i < V_o'$，产生比较结果使 $V_C=0$。此结果将在下一个 CP 脉冲作用下存入 FF_2，使 $Q_2=D_1=0$。

第 4 个 CP 脉冲作用下，$D_3\ D_2\ D_1\ D_0=1101$，$V_o=\frac{10}{16}\times 8$

$+\frac{10}{16}\times4+\frac{10}{16}\times1=8.125\text{V}$，$V_i=8.26\text{V}$，$V_i>V_o'$，产生比较结果使 $V_C=1$。在第 5 个 CP 脉冲作用下，可将其存入 FF_1，使 $Q_1=D_0=1$。

第 5 个 CP 脉冲作用后，4 位逐次比较型 A/D 转换器完成一次转换。与 $V_i=8.26\text{V}$ 成正比的转换结果 $Q_3Q_2Q_1Q_0=1101$。

在时钟脉冲作用下 V_o' 的波形如图 9.21 所示。

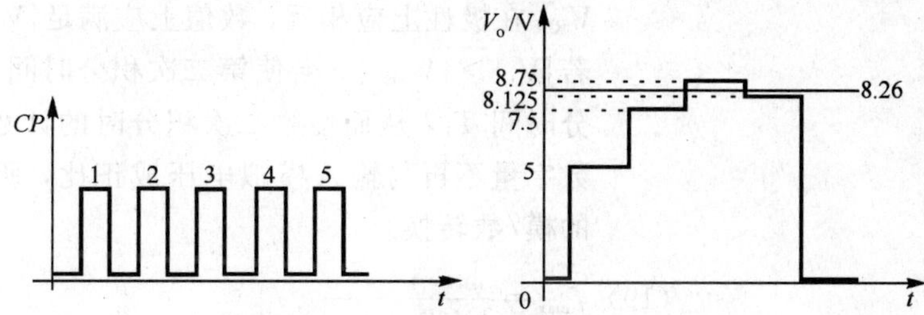

图 9.21 在时钟脉冲作用下 V_o' 的波形

(16) ① 第一次积分时间是固定的，它应该是计数器计满 $(3000)_d$ 时所对应的时间：

$$T_1=3000\times T_{CP}=\frac{3\times10^3}{30\times10^3}=0.1(\text{s})$$

②第一次积分时：$V_o=\frac{-1}{RC}\int V_i\text{d}t=\frac{-V_i}{RC}t$

当 $t=T_1$，V_i 取 5V 时，得 V_o 的最大值

$$|V_{omax}|=\frac{5}{100\times10^3\times10^{-6}}0.1=5(\text{V})$$

③由第一次积分得 $V_{omax}=\frac{-V_i}{RC}T_1$

第二次积分：

$$V_o=\frac{-1}{RC}\int-V_{REF}\text{d}t+V_{omax}=\frac{V_{REF}}{RC}t+V_{omax}$$

$$T=T_2\text{ 时，}V_o=0\text{，得}\frac{V_{REF}}{RC}T_2=\frac{V_i}{RC}T_1$$

将 $T_2=T_{CP}$代入，得

$$V_i=\frac{V_{REF}T_{CP}}{T_1}=\frac{1500\times10}{0.1\times30\times10^3}=5(\text{V})$$

(17) 在应用 A/D 转换器作模/数转换过程中应注意以下主要问题：

① 了解各控制信号的转换时序。

② 调节零点和满刻度值。

③ 根据输入电压的动态范围，调节与之相适应的参考电压，以保证一定的转换精度。

④ 正确地接地。

如某人用满度为10V的8位A/D转换器对输入信号为0.5V范围内的电压进行模/数转换，是不正确的，因为此时的输入电压动态范围远小于满度值，不能保证转换精度。

(18) 在双积分型A/D转换器中，输入电压 V_i 和参考电压 V_{REF} 在极性上应相反，数值上应满足 $|V_i|<|V_{REF}|$。

若 $|V_i|>|V_{REF}|$，会使第二次积分时间 T_2 大于第一次积分时间 T_1，从而使第二次积分时的计数值大于 2^n，这一数字量不再与输入模拟电压成正比，所以不能完成正常的模/数转换。

(19) $f_{max}=\dfrac{1}{2\times 2^n\times f_{CP}}$

(20) 完成一次转换所需时间是 $T=(n+1)\ T_{CP}=11s$。

如果要求完成一次转换的时间小于100μs，时钟频率应大于110kHz。

(21) ① 连接图如图9.22所示。

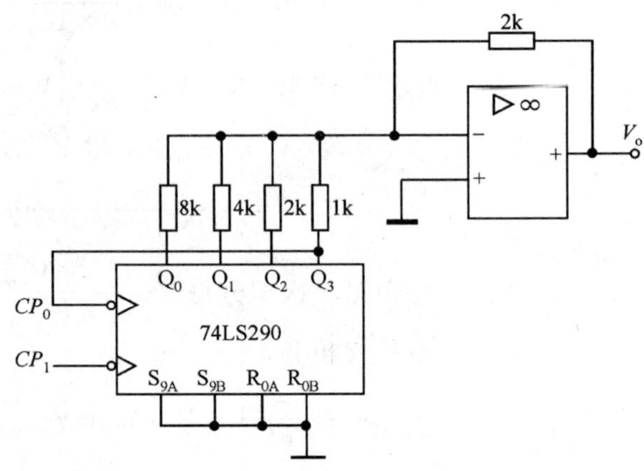

图9.22　连接图

② 由电路可求出输出的模拟电压与计数器的输出之间的关系式为

$$V_o=-\left(\frac{3.6}{8k}Q_0+\frac{3.6}{4k}Q_1+\frac{3.6}{2k}Q_2+\frac{3.6}{1k}Q_3\right)\times 2k$$

当输入的数字量为 $Q_3Q_2Q_1Q_0=1011$ 时，输出的模拟电压为

$$V_o = -\left(\frac{3.6}{8k}\times 1+\frac{3.6}{4k}\times 1+\frac{3.6}{2k}\times 0+\frac{3.6}{1k}\times 1\right)\times 2k$$
$$= -9.9(V)$$

③ 在一连续的计数脉冲作用下，可得模拟电压与时钟脉冲及计数器的输出之间的关系列于表 9.1 中，其波形如图 9.23 所示

表 9.1　模拟电压与时钟脉冲及计数器的输出之间的关系

CP	Q_0	Q_3	Q_2	Q_1	V_o/V
0	0	0	0	0	0
1	0	0	0	1	−1.8
2	0	0	1	0	−3.6
3	0	0	1	1	−5.4
4	0	1	0	0	−7.2
5	1	0	0	0	−0.9
6	1	0	0	1	−2.7
7	1	0	1	0	−4.5
8	1	0	1	1	−6.3
9	1	1	0	0	−8.1
10	0	0	0	0	0

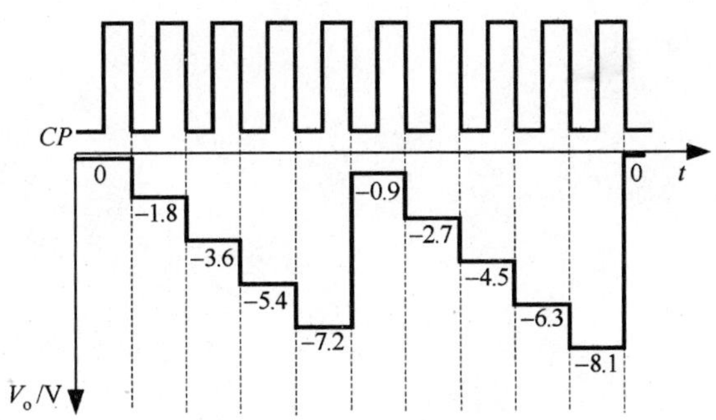

图 9.23　波形